中国建筑教育
Chinese Architectural Education

2014全国建筑院系建筑学优秀教案集

Collection of Teaching Plan for Architecture Design and Theory in Architectural School of China 2014

全国高等学校建筑学专业指导委员会 编

Compiled by National Supervision Board of Architectural Education

中国建筑工业出版社

CHINA ARCHITECTURE & BUILDING PRESS

图书在版编目（CIP）数据

2014全国建筑院系建筑学优秀教案集/全国高等学校建筑学专业指导委员会
编.—北京：中国建筑工业出版社，2015.10
（中国建筑教育）
ISBN 978-7-112-18337-1

Ⅰ.①2… Ⅱ.①全… Ⅲ.①建筑学—教案（教育）—高等学校 Ⅳ.①TU-42

中国版本图书馆CIP数据核字（2015）第175976号

责任编辑：徐 纺 滕云飞
责任校对：赵 颖 关 健

中国建筑教育
2014全国建筑院系建筑学优秀教案集
全国高等学校建筑学专业指导委员会 编
＊
中国建筑工业出版社出版、发行（北京西郊百万庄）
各地新华书店、建筑书店经销
北京京点图文设计有限公司制版
北京盛通印刷股份有限公司印刷
＊
开本：880×1230毫米 1/16 印张：15½ 字数：470千字
2015年9月第一版 2015年9月第一次印刷
定价：**115.00元**（含增值服务）
ISBN 978-7-112-18337-1
　　　（27597）

版权所有 翻印必究
如有印装质量问题，可寄本社退换
（邮政编码 100037）

建筑设计教学的示范性展示
——2014年全国建筑院系建筑设计教案和教学成果观摩与评选的感悟

王建国

　　2014年10月，全国高等院校建筑学专业指导委员会年会在美丽的海滨城市大连如期召开。为了筹备这次年度盛会，东道主大连理工大学建筑与艺术学院做了大量的认真细致及卓有成效的会议准备工作。由全国高等学校建筑学学科专业指导委员会主办，大连理工大学建筑与艺术学院承办的2014年全国高等学校建筑设计教案和教学成果评选活动也在同期圆满结束。为了更好地宣传、表彰、交流各校在过去一年里在建筑设计教学改革、教案研讨、教学组织等方面所取得的教学成果，在中国建筑工业出版社（华东分社）鼎力支持下，决定出版获奖成果。

　　本次教案和教学成果（作业）评选共收到全国55所院校的教案（作业）127份，共计1118张。经过专家委员会的认真评审，54份教案获奖，占选送教案的42.5%，获奖学校34所，涵盖了国内从评估过的建筑院校到尚未评估过的一般高校。从获奖教案和作业的年级分布看，一到三年级获奖教案获奖比例（48%）明显胜出，说明全国多数建筑院校在建筑设计基础阶段教学上，已经在教学理念、教学目标、教学内容、教学课程体系建设、教学实施组织和成果评定等方面渐趋成熟和稳定。而四年级（五年级1份）获奖比例不到29%，评委在现场点评时亦明显感到教案设置、教学内容、教学方法和教学成果等方面良莠并存，各校高年级教案对课程设置多元化的探求也一定程度上牺牲了成果的完整性，以及与低年级建筑设计教案之间的体系性关联。我个人认为，在全国建筑教育的近年发展流变中，低年级的教学由于各校高度重视基础的夯实，已逐渐成为较为稳定的"流"，高年级教学尚处在延展和改革的"变"的过程中。

　　对于这样的流变未来趋势，我本人却乐见其成。首先，在全国建筑学办学规模急剧扩张的背景下，建筑教育必然呈现出多元化发展的态势。根据专指委初步的调查统计，目前从工科院校到综合性大学，从艺术类院校到农林、师范类学校，都办有建筑学专业。各种类型和层次的学校办学水平存在差异。虽然通过建筑学专业教育评估的学校数量稳步增加[①]，但教育部推行的卓越工程师计划使得部分院校改变了建筑教学计划，甚至学制和年限都有可能部分改变；同时，中国当今建筑教育也面临国际化的挑战，如堪培拉协议背景下的专业教育多边互认等。不仅如此，建筑教育人才培养的社会职场需求也在发生深刻变化，未来建筑教育人才产品出口并不一定都当职业建筑师，外资公司、中外合资公司和明星设计事务所吸引了相当一批建筑学专业毕业生；周边行业和机构也吸引了相当一批人才，如政府城市规划和建设管理部门、各类房地产公司、模型公司、效果图公司、出版社、图文制作、摄影工作室等。因此，曾经依靠慢熟和顿悟的精英教育与注重资本和市场作用的实效性社会职场需求之间所存在的鸿沟必然会在高年级设计课程设置、教案研究和教学特色等方面反映出来。

　　为此，专指委已经决定将2015年评选的对象确定为四、五年级建筑设计教案和教学成果，希望通过数年的持续跟踪、关注和研讨，探索出能够符合国际化发展要求、适应当今"新型城镇化"要求的、因地域和地区不同的、从低年级到高年级的完整教学课程体系，通过每年一次的观摩评比交流，看到更多的优秀教案和教学成果涌现。

　　是为序。

王建国，东南大学建筑学院教授，全国高等学校建筑学专业指导委员会主任

注释：

① 引自赵琦司长在中国建筑学会建筑教育评估分会成立大会上的讲话，截止到2012年，已有48所高校通过建筑学专业教育评估，其中本科专业点47个，硕士专业点28个。

目　录
Contents

目 录
Contents

评委会剪影

行为空间组合及符合地域环境现代建筑营造

（二年级）

教案简要说明

游戏空间——幼儿园设计

基地选址于小区临街地段，呈三角形状态，来往人流较为复杂。设计理念只在考虑儿童活动天性"玩耍、活泼、好动"。因此从幼儿的使用功能出发，别出心裁地利用滑梯、楼梯、坡道等交通体系来练习屋顶和地面的交流。同时，室外交通体系的加入，增强了幼儿的活动能力。

平面布局紧密结合地形，造型舒展，三角形元素的运用彰显了幼儿园建筑的活泼个性。

消解在宏村——美术馆设计

基地选在面向宏村的雷岗山上，面向宏村。美术馆选在这里，主要为了体现传统地区的地域性空间类型，诠释内向型空间的模式。

构思来源于一个立方体，把立方体与内置庭院相结合，以达到与宏村的肌理有机联系的目的，用次消解与分割的手法，再在二层做了一次减法，进一步消解体块的关系，使之与宏村肌理相完美吻合。在材料上，使用了砖等宏村已有的材质。力求达到体块与材质上都有宏村的皖南元素。

经济技术指标：

占 地 面 积：7000m²；建 筑 面 积：2500m²；容积率：0.5；绿化率：48%。

游戏空间——幼儿园设计 设计者：杨伟伟
消解在宏村——美术馆设计 设计者：卢正
指导老师：周庆华 徐丽萍 高业田 洪涛
编撰/主持此教案的教师：周庆华等

行为空间组合及符合地域环境现代建筑营造

二年级建筑设计教案

01

教学过程

■ 设计原理讲述

在开始正式上课的前一周，提前组织开题会，任课老师进行专题讲座，针对不同类别的建筑进行理论讲课，内容包括设计任务书、功能要求、基本设计原理、不同用地特征和用地选择原则，让学生了解到如何协调功能、形体和空间的关系，帮助和引导完善所有学生正确的建筑认识，发挥学生自我个性。了解任务书的目的是熟悉与服务相关的诸多因素，如基地环境、历史文脉、自然环境，并收集和综合相关设计资料，形成初步的概念构思，最后进行实例与范图讲解。

■ 教学方法与革新

手绘表达 → 方案构思 ← 制作模型

计算机建模

教师采用多元的教学方法：专题讲座时，针对全年级需要了解的知识，采用集中讲授的方法；小组讨论，可以调动学生的积极性，老师也会拿出实际的设计案例深入分析，讨论其利与弊。从中得出可供借鉴的经验，组织学生地段的实地调研，让学生把理论与实际相结合。整个教学过程中，方案构思的表达，通过手绘、做模型、计算机建模，不断发展和完善方案，教师积极营造一个开放的环境，设立学习小组讨论，鼓励学生展示自己的设计，表达设计观点、设计思路，让其他同学进行讨论评价，活跃学生的思维。

■ 阶段性任务

老师向同学介绍课程设计的目的和意义，引导学生对设计地段进行实地调研，设计基地与规模，设计任务要求，主要实施方案：问卷调查、杜群访谈、收集相关文献资料、提交分析报告。

第一阶段

这个阶段为草图设计阶段，不断优化方案，建立总体构思，这个阶段的教学特点是启发式教学，给予学生自由发挥的空间，方案初步构思、sketchup模型、手工模型，鼓励学生多方案对比。

第二阶段

这个阶段主要开始深入的细化方案，在把班级分成几个小组、同学借助各种方法介绍自己的方案，接着根据老师提出的意见进行修改，教师进行详细的一对一辅导。教师鼓励学生利用模型探讨建筑结构和表皮特征，教师协助学生解决技术及细节问题，引导学生进入设计表达阶段。

第三阶段

开始准备图纸表达，教师辅导学生上版小样和布图。鼓励学生借鉴各种表达风格，要让学生明白"成果表达"是建筑设计强有力的组成部分。表达是设计深化的一种重要手段，教师要求学生不断地将排好版的图纸草稿按出图要求打印出来。

第四阶段

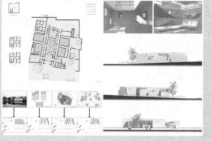

■ 方案评析及教学成果

行为空间组合及符合地域环境现代建筑营造

二年级建筑设计教案

02

教学设置

■ 整体体系框架

建筑学专业作为一门综合性很强的学科，涉及了多学科，建筑设计课是建筑学教育的主干课程，从大一开始就贯穿了整个本科教学。在五年的专业教学中，我们将分为四个阶段，不同的阶段以不同的教学重点为训练核心。二年级处于建筑学专业教育的入门阶段，不仅需要完善的知识结构体系，还要有针对性地设计好每一次教学活动，为学生进一步的专业学习打好坚实的基础。

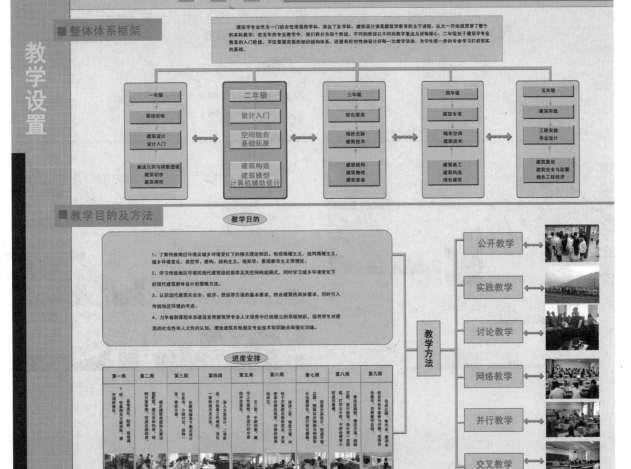

```
┌─────────┐  ┌─────────┐  ┌─────────┐  ┌─────────┐  ┌─────────┐
│  一年级  │  │  二年级  │  │  三年级  │  │  四年级  │  │  五年级  │
├─────────┤  ├─────────┤  ├─────────┤  ├─────────┤  ├─────────┤
│ 基础训练 │  │ 设计入门 │  │ 综合提高 │  │ 建筑专项 │  │ 建筑实践 │
├─────────┤  ├─────────┤  ├─────────┤  ├─────────┤  ├─────────┤
│ 建筑设计 │  │ 空间组合 │  │ 场所文脉 │  │ 城市空间 │  │ 工程实践 │
│ 设计入门 │  │ 基础拓展 │  │ 建筑技术 │  │ 建筑技术 │  │ 毕业设计 │
├─────────┤  ├─────────┤  ├─────────┤  ├─────────┤  ├─────────┤
│画法几何与 │  │ 建筑构造 │  │ 建筑结构 │  │ 建筑施工 │  │ 建筑策划 │
│阴影透视   │  │ 建筑模型 │  │ 建筑物理 │  │ 建筑构造 │  │建筑安全与防灾│
│建筑初步   │  │计算机辅助│  │ 建筑设备 │  │ 绿色建筑 │  │绿色工程经济│
│建筑模型   │  │设计      │  │         │  │         │  │         │
└─────────┘  └─────────┘  └─────────┘  └─────────┘  └─────────┘
```

■ 教学目的及方法

教学目的

1、了解传统地区环境及城乡环境变化下的相关理论知识，包括地域主义、批判地域主义、城乡环境变化、类型学、建构、结构主义、地形学、景观都市主义等理论。

2、学习传统地区环境的现代建筑组织程序及其空间构成模式，同时学习城乡环境变化下的现代建筑群体设计的策略方法。

3、认识现代建筑在安全、经济、舒适等方面的基本要求，结合建筑的具体要求，同时引入传统地区环境的考点。

4、力争做到课程体系建设发挥建筑学专业人才培养中已经建立的系统知识，培养学生对建筑的社会性和人文性的认知，增加建筑其他相关专业技术知识融合和强化训练。

教学方法

- 公开教学
- 实践教学
- 讨论教学
- 网络教学
- 并行教学
- 交叉教学

进度安排

第一周	第二周	第三周	第四周	第五周	第六周	第七周	第八周	第九周

■ 课程题目选择

	别墅	小型餐饮建筑	幼儿园	美术馆（展览馆）
训练要素	建立尺度概念、学习用形式美的构图规律进行立面设计与体型设计、了解居型因素和建筑的特点，建筑与环境要有机结合，从基地条件出发，创造出个性特色的建筑形象与空间。	训练在城市有限的场地内，组织好较为复杂的小型公共建筑功能，培养方案构思与创意能力。重点学习内部空间设计，训练对空间感知与设计能力，了解家具与人体尺度关系。	让学生了解幼儿园建筑的相关规范和基本原理，学习建筑空间和形式的处理方法，加强对建筑空间的理解，加强运用图纸表达设计的能力。	训练学生对公共建筑的功能、流线、以及建筑外立面造型的掌控和设计思路，处理好建筑和周围环境关系，加深学习方案图纸的表达。
设计内容	建筑总面积350-400㎡，包含起居室、工作室、主卧室、次卧室、客人卧室、餐厅、厨房、卫生间（3间以上）、储藏空间、洗衣房、车库。	总建筑面积不超过450㎡，建筑2层，包括咖啡厅、服务柜台、门厅、客用厕所、洗涤消毒、库房、更衣、厕所、办公管理。	建筑面积2000-2200㎡，包含活动室、卧室、卫生间、衣帽间、音体活动室、图书手工室游戏厅、办公室、会议室、保健室、晨检室、隔离室、贮藏室、传达室、教工厕所、厨房、开水间、休息室、室外场地。	总建筑面积约2000㎡，包括基本陈列室、专题陈列室和附属部分、陈列临时储藏室、报告厅、接待室、藏品库。工具储藏室、摄影室、研究室、制作室、管理办公室、配电间、售品部、停车场。
设计要求	因地制宜，与自然景色结合，与周围环境协调，功能组织合理，布局灵活自由，空间层次丰富，体型优美，尺度亲切，具有良好的室内外空间关系。	立面造型设计要新颖，功能分区和组织交通流线要合理清晰，正确的运用形式的构图规律，注重入口空间的设计，要具有强烈的认知性和诱导性。	功能分区明确、流线组织合理、建筑空间与体块组合丰富影响，设计独特造型，做好室外活动场地设计，结构及构造选型合理，空间及设施符合儿童人体尺度要求。	立意新颖、功能明确、功能组织合理、流线通畅，建筑造型要表达文化建筑特点，合理解决展示的展示立意，处理好建筑与城市、环境的关系，室内外环境设计。
设计成果				

KINDERGARTEN DESIGN 01

游戏空间
Play in the Space
Activity

游戏空间
Activity

KINDERGARTEN DESIGN 02

消解在宏村
宏村美术馆设计 I

消解在宏村
宏村美术馆设计 II

安徽建筑大学

4

木构·营造·空间
一年级建筑初步课程教案之木造

（一年级）

教案简要说明

以学生动手实践为先导，通过课题的学习及实践，建立以材料为起点、以动手为先导的设计能力，激发以材料和建造为设计出发点的思维模式。研究其中的构造逻辑和营造手法，探究其在空间设计中的重要意义。建立起"营造"的概念，掌握基本的空间语言、行为语言及环境语言。强化学生"造建筑"，而非单纯"画建筑"的观念。

熟悉木质材料特性，理解木构件的连接方式，掌握其技术手段，在实做的过程中感受建筑营造的含义。熟练掌握木材的加工方法、构造形式、结构关系及形成不同空间形式的可能性。熟练掌握分析图示的画法，提高手绘表达能力。强调以造引导绘，以绘推进造的互动训练，避免空想和为绘图而绘图的僵化学习模式。

转木 设计者：孙艺畅 蔡晨 瓮宇 李民 黄俊凯 相杨 王晓飞 王诗阳
移木异境 设计者：王欣 李雪飞 张亮亮 钱笑天 卢薪升 骆路遥 张屹然 吴兴晔
清风毓影 设计者：李响 彭思琪 翁亚妮
指导老师：贾东 潘明率 蒋玲 彭历 朱虎 任雪冰 王晓博 安平 秦柯 靳铭宇 杨瑞 安沛君 孙帅
编撰/主持此教案的教师：彭历

木构·营造·空间
一年级建筑初步课程教案之木造

木构·营造·空间

一年级建筑初步课程教案之木造 **01**

▌前后题目衔接关系

同源同理同步的一年级教学平台	第一学期			第二学期		
	纸板造	石膏造	木造	聚苯造	铁丝造	综合造
材料特性认知	纸板材料构成特性	石膏材料的指代性	木材在建造中的应用	块状材料构成特性	线性材料构成特性	综合材料应用
理论知识学习	空间的组织与划分	古典园林空间研习	木构建筑理论知识	建筑密度及城市肌理	建筑装饰艺术	小型建筑设计
手绘表达培养	平、立、剖面图画法 徒手钢笔画练习	透视图的画法 徒手钢笔画练习	水彩渲染画法 徒手钢笔画练习	徒手墨线抄绘 徒手钢笔画练习	钢笔画细部描绘 徒手钢笔画练习	综合表达 徒手钢笔画练习
模型制作练习	特定范围内的空间划分与组织	古典园林空间推衍	木构建筑或室外装置的建造	模拟城市外部空间及组合	具有一定承载力的建筑构件	小型游客中心

不具备专业基础知识 ▸▸▸ 空间划分训练 ▸▸▸ 浇筑成型训练 ▸▸▸ 空间营造训练 ▸▸▸ 假期训练 ▸▸▸ 体块组合训练 ▸▸▸ 线性组合训练 ▸▸▸ 综合训练 ▸▸▸ 二年级

▌教学目标

1.通过课题的学习及实践，建立起"营造"的概念，掌握基本的空间语言、行为语言及环境语言。强化学生"造建筑"，而非单纯"画建筑"的观念。
2.通过课题的学习及实践，建立以材料为起点、以动手为先导的设计能力，激发以材料和建造为设计出发点的思维模式。研究其中的构造逻辑和营造手法，探究木在空间设计中的重要意义。
3.通过课题的学习及实践，熟悉木质材料特性，理解木构件的连接方式，掌握其技术手段，在实做的过程中感受建筑营造的含义。
4.通过课题的学习及实践，熟练掌握木材的加工方法、构造形式、结构关系及形成不同空间形式的可能性。
6.通过课题的学习及实践，熟练掌握相关的画法，提高手绘表达能力。强调以造引导、以绘推进的互动训练，避免空想和为绘图而绘图的僵化学习模式。
7.通过课题的学习及实践，培养团队协作能力。

▌任务要求

1.收集资料
•收集木构模型制作相关资料，初步了解相关制作工艺。
•收集相关建筑资料，重点了解木构建筑或空间小品的形式、功能、工艺等内容，为后期的设计及制作奠定基础。
•收集感兴趣的大师经典案例资料，进而对案例的突出成就、设计手法、空间特点、营造工艺等有所了解。
2.模型制作
•通过模型的制作，深入理解材料的特性，掌握木构建的组合、连接及构建空间的制作工艺。
•理解木构件在建筑空间划分、组织及建造等方面的重要作用，掌握基本的空间营造手法，具有创造性的再现经典案例中的空间特点。
3.图纸绘制
•选择一个经典案例进行分析，可以从空间、交通、视线、结构、造型等方面着手，通过图示和文字表达完整。
•将模型制作过程、分析及模型成果等展现在图纸中。

▌成果要求

1.模型要求
•以截面为正方形的木条为建造材料，以组为单位设计建造一个木结构空间小品，比例1:500，体现出经典案例学习分析中总结出的特点及手法。
•模型可以是一座小型建筑，也可以是一种室外装置物，但又不是具象的模拟真实建筑和装置，要体现出似屋非屋的空间构成特点，重在实现各种空间及变化的可能性。
2.图纸要求
•图幅A1，钢笔或铅笔绘制，以小组为单位，不少于2页图纸。
•图纸内容应包括：经典案例分析所需内容、设计说明、设计分析、模型平面图、立面图、模型制作过程及模型成果展示等内容。
•版面形式自主设计。
3.汇报文件
包括所收集资料的重点内容、模型制作及成果展示、图纸展示、学习体验、经验总结等内容。

▌教学方法

以动手为先导，以启发为手段，以培养潜质为目的。

讲解分析
1.介绍课程概况、教学目标、训练目的以及与前后课程训练的关联。
2.讲授空间建构相关概念和理论，从功能、形式、结构、工艺等方面引导同学的思考。
3.以材料特性为出发点结合建造方式对大师作品进行剖析，引导学生建立将二维图纸与实际材料的营造概念结合的思维模式。引发同学对材料可塑性的思考，体验结构、构造、工艺在建筑设计上的逻辑和表现力。
4.讲授试做案例及制作过程，分析优秀作业及制图方法。

试做演示
1.通过教师的提前和现场试做，结合课程讲授内容，直观的介绍木构材料特性，演示各类工具的作用和使用方法，展示完整的设计及制作过程。
2.详细演示及讲解制做过程中的每一环节及注意事项，示范塑造基本的形体、虚实、机理变化的手法。单体建构及组合方式给绘图带来变化的可能性。
3.演示经典案例分析中各类型分析图的分析方法及制图方法。

讨论引导
1.教师在课程进程中分阶段对每位同学、每组同学、全体同学进行互动讨论。先由学生对自己的作品进行从设计构思、概念模型等方面进行介绍，然后由同学对其进行评价、质疑、辩论等，教师进行必要的引导和评价。
2.在这一过程中，教师只是起到引导思维，发散思维的作用，而不是对学生的作品作出对与错绝对评判，因此让学生模型的发展方向有开放且丰富的，相同的课题，不同的出发点，不同的推理过程，在讨论中相互碰撞，引发了同学们的头脑风暴，在动手的基础上强化了思维过程，教与学相互激发，创作出丰富的设计成果。

模拟建构
1.在多轮草图与草模的推导与试做后确定最终的设计方案。
2.借助3DMAX、Sketchup等电脑软件对设计方案进行模拟建造，精确推导模型尺度、建构手法、节点形式、构件组合、空间变化等内容。在虚拟建造的各个环节中对材料、构造、结构进行研究，从材料和建造的实际操作中体验和培养逻辑正确的设计和工作思维。

归纳总结
1.模型制作完成、图纸绘制结束后，进行集体展示、集体评图，进行集中的讨论和答疑。
2.在此过程中总结知识理解、思考方法、设计过程、制作过程、设计表达等各个方面的经验与问题。
3.突出图纸绘制与实体建造紧密结合的重要意义，强化造建筑而非单纯画建筑的思维模式。

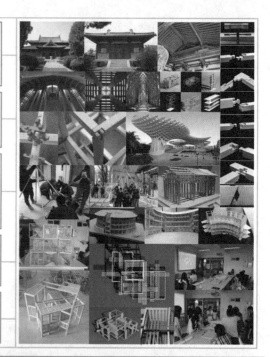

木构·营造·空间

一年级建筑初步课程教案之木造 **02**

教学过程与进度安排

开题与解题

教学内容
1. 介绍课程概况及题目设定。
2. 讲授空间建构相关概念和理论,明确材料、营造在建筑设计中的重要意义。
3. 以分析木质材料特性为出发点结合建造方式对经典案例进行剖析,建立二维图纸与建造间的对应关系。
4. 讲授木构件的基本做法。
5. 课下实地调研或成或在建的木构建筑或室外装置。

教学方法
讲授解题法。

成果要求
1. 通过资料查找收集与木构造相关的资料并制作成PPT。
2. 通过实地观摩、测绘、体验,理解建造的过程与意义,将成果制作成展板。
3. 制作任意形式的木构小模型2个,制作成PPT展示作品。

参考举例

学生作业举例

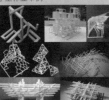

试做与讨论

教学内容
1. 每位同学汇报资料收集、调研成果,并从构思、设计、制作、工艺等方面介绍小模型建构作品。
2. 通过第一阶段的训练分析材料特性和建造体验。
3. 开展互动讨论,分析其中的成功经验与存在问题。
4. 针对普遍存在的问题教师现场进行木构制作演示,侧重从图纸到实体建构的过程演示及引导。

教学方法
讨论引导法、试做演示法。

成果要求
1. 每位同学制作一个符合课题要求的木构模型,比例1:1000,应考虑空间营造、行为参与、节点连接等要素。
2. 以图片形式记录设计和制作的每个环节。

制作方法演示

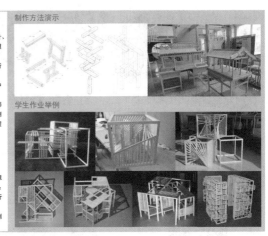

学生作业举例

草模推导与模拟建造

教学内容
1. 每位同学从构思、设计、制作等方面介绍自己的作品,展开互动讨论,引导学生进一步理解和掌握材料特性、营造手法、空间组合的手法。
2. 每组评选出最具发展潜质的模型为成组作品进行深化设计,以图纸和模型建构结合的形式进行推衍。
3. 通过三次草图草模的推敲确定最终设计方案,借助软件对最终方案进行虚拟建构。

教学方法
讨论引导法、模拟建构法。

成果要求
1. 每组同学以完整草图和草模进行3轮模型推导。
2. 通过模拟建造,精确推导模型尺度、建构手法、节点形式、构件组合、空间变化等内容。

学生作业举例

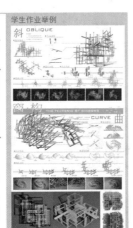

正式模型制作

教学内容
1. 指导每组同学完成正式模型制作。
2. 初步讲解模型拍摄方法。

教学方法
讲解分析法、讨论引导法。

成果要求
1. 以截面为正方形的木条为建造材料,以组为单位设计建造一个木结构空间小品,比例1:500,体现出经典案例学习分析中总结出的特点及手法。
2. 模型可以是一座小型建筑,也可以是一种室外装置物,但又不是具象的模拟真实建筑和装置,要体现似屋非屋的空间构成特点,重在借助材料特性实现营造各种空间及变化的可能性。
3. 以图片形式记录制作的每一个环节。

学生作业举例

图纸表达

教学内容
1. 讲解正式图纸绘制及排版注意事项。
2. 讲解构图知识及排版方法。
3. 详细讲解并演示模型拍摄方法。
4. 讲解并演示利用软件修改照片的基本方法。
5. 分析历届学生优秀作业。

教学方法
讲解分析法、讨论引导法、试做演示法。

成果要求
1. 灵活运用分析图示画法,画出不少于4项的分析内容。
2. 模型照片不少10张。
3. 以组为单位完成A1图纸,内容参见成果要求。

参考举例

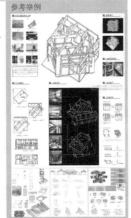

点评总结

教学内容
1. 听取学生汇报学习成果。
2. 结合模型制作,分析图示、正图表达等各阶段要点进行各组辅导、集中讲评。
3. 通过集中评讲和总结再次强化学生"造建筑",而非单纯"画建筑"的设计思维,深化木质材料特性、木构件的连接方式,建构空间的理解,强调在实做的过程中感受建筑营造的逻辑与表现力。
4. 评定本届学生作业。

教学方法
讲解分析法、讨论引导法。

成果要求
整理拍摄存档相关模型和图纸作业。

学生作业举例

汇报与讲评

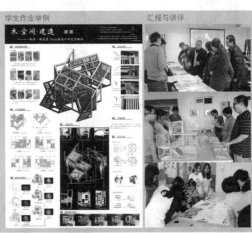

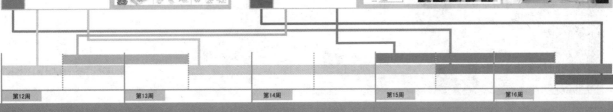

第12周　　第13周　　第14周　　第15周　　第16周

木构·营造·空间

一年级建筑初步课程教案之木造 **03**

▌作业点评

转木

材料认知
设计构思
建构推导
模型制作
图纸表达

课题设计了五个可合并的正立方体，在其中设计了丰富变化的连续空间，对中国传统园林中的空间进行了现代、构成化的解读。
1. 材料认知：充分发挥了木条的线性特点，采用中国传统榫卯的连接方式，形成了丰富变化的空间。
2. 设计构思：从拙政园行进中变化空间出发，推衍出木条形成的曲面空间，将园林空间建筑化、构成化，创造出五个相互独立又可合并的单体。
3. 建构推导：五个木构单体，外框采用了最简单的线框正立方体，起主要支撑作用和外部空间限定。内部用木条构成与外部正方体相联系，相辅相成，共同受力。
4. 模型制作：用小模型探讨立意与空间演变，用大模型研讨人在空间中的行进与结构逻辑。
5. 图纸表达：图面表达清晰完整，从园林分析出发，进行方案立意、演化，充分表现形态结构逻辑，最后表达清晰的局部细节。

移木异境

材料认知
设计构思
建构推导
模型制作
图纸表达

课题从木构材料认知出发，以对木构建筑及木构装置营造的研究为基础，结合安腾忠雄4x4小屋这一案例分析进行了独具创新的可移动木构空间设计及建造。
1. 材料认知：通过对不同类型木质材料的对比研究，分析了木构材料的特性，对木模拟真实木构建筑营造的表现力和建造方法有较深入的认知。
2. 设计构思：作品以4根木方为基本建构单位，通过结合真实建筑案例进行创作，对空间塑造、组合和变化、光影控制、构造工艺、节点处理有很好的体现，通过行为认知分析，对人的活动特点、心理变化有较好的体现。
3. 建构推导：推导过程合理严谨、很好的体现了设计构思，并结合虚拟建造完善了设计构思的真实建构数据。
4. 模型制作：步骤合理、作品完整，对设计具有较高的还原度，精细度略显不足。
5. 图纸表达：对分析图纸的画法与设计作品的表达有灵活的运用。

清风毓影

材料认知
设计构思
建构推导
模型制作
图纸表达

课题选取木质材料进行探究，通过系统研究木构建筑的营造技术与艺术特色，结合"舱体"模块的组合概念，以及人的行为心理特征，营造出独具特色的木构空间作品。
1. 材料认知：通过研究不同木质材料的特性，对其模拟真实木构建筑的营造方法与材质表现力有清晰地认知。
2. 设计构思：作品以方为基本构成单元，通过模块空间重构，使设计作品在空间属性、空间形式、视线光影控制、行为参与等方面具有巧妙构思，形式表现力求突破。
3. 建构推导：推导过程逻辑清晰、结构完整，系统地展现了设计构思，通过多元化技术手段完善了设计意图的综合表达。
4. 模型制作：步骤合理、作品完整、制作精细，较好地表达了设计作品。
5. 图纸表达：通过综合表达训练，对图纸的表现与作品的具体表达有灵活地运用。

▌教学总结与反馈

教学心得

从作业成果看，学生通过亲身实践，对木构材料特性有了很好的认知，进而通过木构营造工艺的学习与思考，对真实建筑从二维图纸设计到建造成型的过程有了直观而具体认识，对木构建筑的表现力和营造方法有了初步的理解。在实践实做的过程中通过主动思考和切身体验的方式，学生对空间的形成、空间布局、空间组织、空间变化、行为参与、心理感受、光影控制、工艺应用等基础理论知识达到了由学转用的训练目的。培养出良好的空间感、尺度感以及塑造能力，强化了"造建筑"、而非单纯"画建筑"的设计思维和逻辑。并从经典案例中学习了所需的设计构思与营造手法，通过图纸表达的训练培养了良好的绘图能力，为后续的学习奠定了良好的基础。达到了"实践实做、过程发现、潜质养成"的专业基础教育与训练的目的。

不足之处在于模型制作精度及对设计的高度还原能力有待提升。

形态构成

（一年级）

教案简要说明

教学目标：
初步掌握设计思维方法
初步了解形式美的原则
初步了解形态构成的设计方法
初步建立二维－三维的平立转换关系
初步具备实体构成的实践操作能力

设计内容：
1. 选取实物进行认知观察、分析、提取，认识形式美的规律与原则；
2. 以实物观察为基础进行平面－立体构成抽象设计；并完成与建筑形态的关联分析；
3. 以上述成果为基础进行扩展研究：围绕形态进一步研究形态－主题、形态－功能、形态－结构、形态－材料等方面的关系，完成具有休息等功能的实体构成设计。

学习重点：
1. 观察笔记（实物观察/调研/体验）：可以参考一下线索进行分析

线索 1 基本要素　基本形——观察对象中可以分解的点、线、面、体

真实尺寸——观察对象的真实尺寸及其与环境的比例关系（尺度）

线索 2 骨骼结构　自然形态与结构——描绘观察对象的自然形态与结构

受力方式与结构——了解内/外部力量与形态关系

时间过程与结构——运动过程中的线性示意图

线索 3 抽象提炼　试着把观察对象分解为几何形状，并表现出重量、宽度、位置、组合方式

线索 4 感知体验　寻找能代表你所观察对象的诗歌、歌曲、绘画、建筑各一例，说明它们与观察对象之间的关联

2. 平面构成（抽象构成方案设计/分析）
选取实物，运用所学习的观察方法，提炼基本形、结构骨骼、组合原则，完成平面构成设计。

3. 立体构成（抽象构成方案设计/分析）
完成二维－三维的平面－立体生成过程分析，形态分析，构成（组合）方式分析，寻找与自己形态构成设计方案相关联的建筑实例进行关联分析。

4. 实体构成（实物模型设计/制作）
依据以上设计方法，从形态研究出发，完成具有休息等功能的实体构成，进一步考虑形态－设计主题、形态－功能、形态－结构、形态－材料等的相互关系，理解形态设计与设计其他相关方面的辩证统一关系。

形态构成——舞动「黑·白·灰」 设计者：叶培霖　杨博文
形态构成——折.叠 设计者：顾俣轩　袁浩
形态构成——锁.扣 设计者：汪子京　祁美蕙
指导老师：赵睿　张青　刘悦　熊瑛　张帆
编撰/主持此教案的教师：吕元

基于认知实践的基础教学

一年级第二学期 形态构成 教案

1

目标
- 初步掌握建筑设计思维方法
- 初步了解构成美的基本原则
- 初步了解形态构成的设计方法；
- 初步建立二维、三维的平立转换关系
- 初步具备实体构成实践操作能力

任务书
一、设计主题：形态构成

二、设计内容
1. 从理论物质进行认知训练、分析、描写，认识到形式美的规律与原则；
2. 以实物形态为基础延续平面、立体构成原理的设计，并完成平面到形态的关系分析；
3. 以上述成果为基础延续进行平面研究、图底形态延续进一步研究形态、主题、形态-功能、形态-结构、形态-材料等方面的关系，完成具有休闲感知的创作思维的实体构成训练。

三、学习重点
1. 观察笔记（实物观察进行以下三处进行分析）
2. 平面构成（抽象构成的方案设计+分析）
3. 立体构成

方法
- 认知-体验+操作型实践学习
- 过程-成果并重型教学控制
- 讲评-应用+实践应用

---

2 **一年级教学框架**

1 建筑学专业教学体系

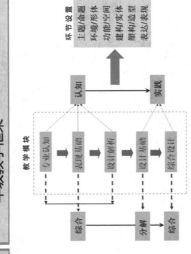

3 5个教学模块 / 6个环节设置

6个环节设置
1 主题与命题
2 环境与形体
3 功能与空间
4 建构与实体
5 塑造与造型
6 表达与表现

专业认知 — 表现基础 — 设计解析 — 设计基础 — 综合设计实践

第一学期 / 第二学期

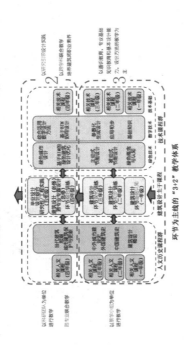

教学阶段：一年级　教学周期：16周　教学时间：2014.03-04

基于认知实践的基础教学

一年级第二学期　形态构成　教案

4 教学过程

2

阶段1 认知观察	阶段2 抽象提炼-构成设计-关联分析		阶段3 扩展研究
观察笔记	**平面构成**	**立体构成**	**实体构成**
(实物观察调研/体验)	(抽象构成方案设计/分析)		(实物模型设计/制作)
第1周	第2-3周	第3-4周	第5-6周

阶段目标

成果展示

教学阶段：一年级　教学周期：6周　教学专业：建筑学　教学时间：2014.03-04

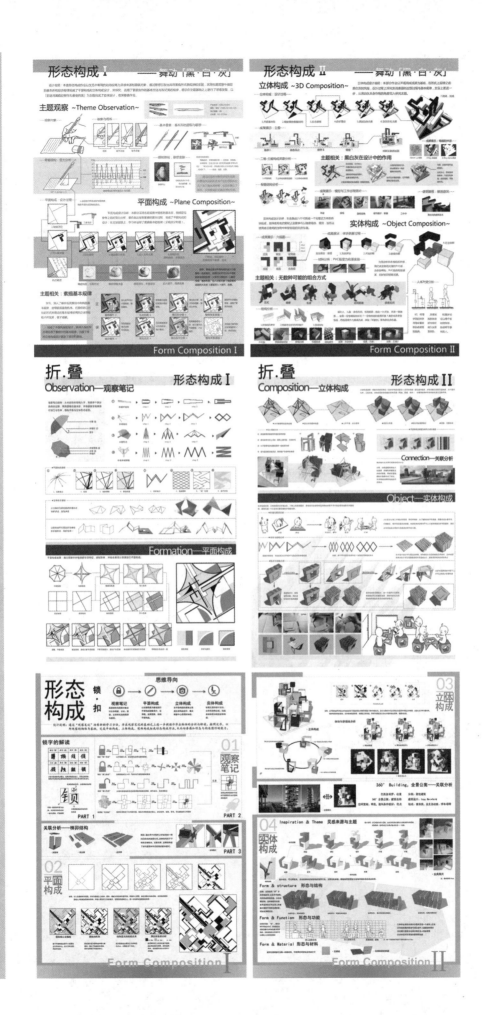

建筑系馆设计

（三年级）

教案简要说明

云与密林——建筑系馆设计

建筑的整体外观采用中国的传统坡屋顶的形式作基本元素，再根据下部建筑的功能调整其形状，并在其上布置划分尺度接近的太阳能板木檩条，分别起到供能和采光的作用。设计中引入了太阳能板这种新型能源，以实现建筑的节能目的。这种引入，带来了屋顶的基本机理，继而促成了木檩条的产生，一起形成完整的屋顶平面，最终形成了云的意象。另外，加入开放和半开放的院落来保证采光和通风，从而为使用者带来了一系列的室外活动空间，也让室内外有了更多的交流，并且在整体空间布局上增加了一定的通透性，也避免了屋顶过于沉重和呆板。为了支撑设计中的大屋顶，下部建筑的柱子延长以支撑屋顶，并且因此在屋顶和下部功能空间之间形成了大量的灰空间，大大增加的建筑的公共活动空间，提供使用者足够的户外活动空间。为了辅助屋顶的支撑结构，在建筑的三面加上了细而密的白色柱子，形成了建筑的外围立面，并且营造了一种树林的氛围，产生了一系列趣味性空间。

建筑系馆设计

系馆首先需满足建筑学等专业学生的使用需求，即有适宜光照的制图空间，方便交流的公共空间，还有适宜长时间停留的工作空间；其次，系馆还要有其与众不同的地方，作为建筑系馆，应该充分体现建筑学专业的特色，应有其独特的建筑形象与精神；最后，从使用者的角度来看，建筑系馆的使用对象是广大的建筑学子，一个富有启发性的舒适，有趣味的空间才是真正让学子们向往的建筑系馆。据此，设计采用传统的 E 字形排列，使大量空间南北朝向，主要空间全部南向布置，保证了制图与设计空间的最适宜光照。另外，在每两列建筑间营造出了轻松愉悦的街道感，为同学间的交流提供了舒适的空间。每列建筑采用退台式设计，所有建筑的屋顶之间构成了竖向的交通，设置屋顶花园。建筑体量灵活，轻盈，给人轻松愉悦之感。

山林系馆——建筑系馆设计

设计从谢时臣的山水画中汲取灵感，丰富交游空间和多种行为的可能，同时联想到传统的教学建筑，缺乏外部公共活动空间，尤其是对于建筑系馆这样一个极其需要交流的特殊场所，显得更为重要。故此本设计试图以多层次的户外空间，中庭，天井，庭院，以及众多的平台和交流场所，打造可交游的、轻松的、活跃的空间氛围。试图活跃建筑系学生平日学习氛围。传统的建筑系馆的功能被模糊了，取而代之的是最大限度感受到自然的可交游的系馆。

云与密林 建筑系馆设计 设计者：杨昆
建筑系馆设计 设计者：刘天舒 赵思媛
山林系馆 建筑系馆设计 设计者：葛洁麒 王行
指导老师：金秋野 赵可昕 蒋方 许政 徐千禾
编撰/主持此教案的教师：金秋野

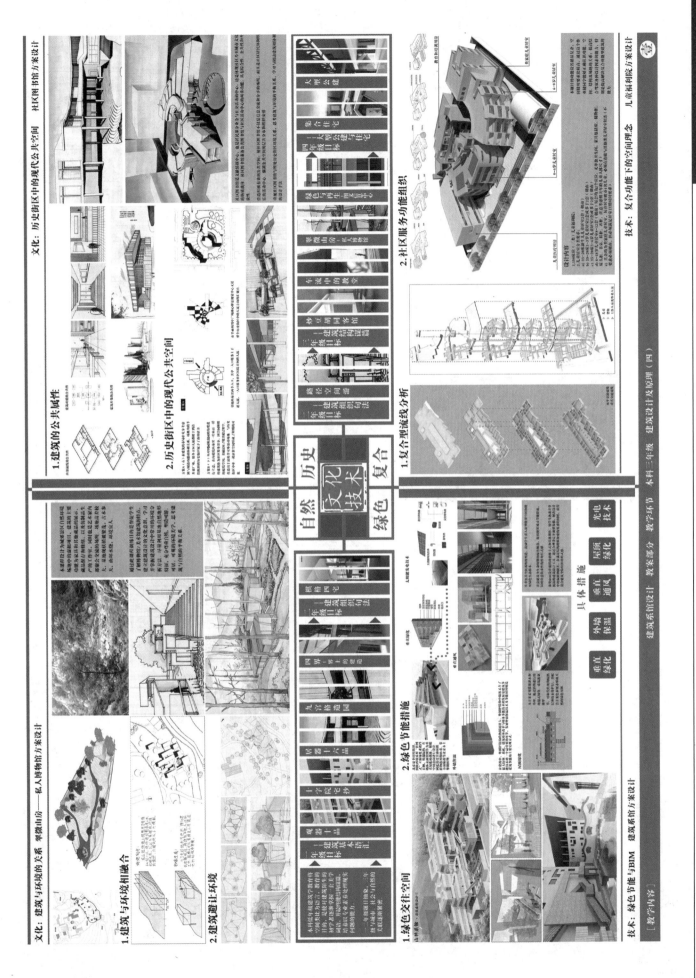

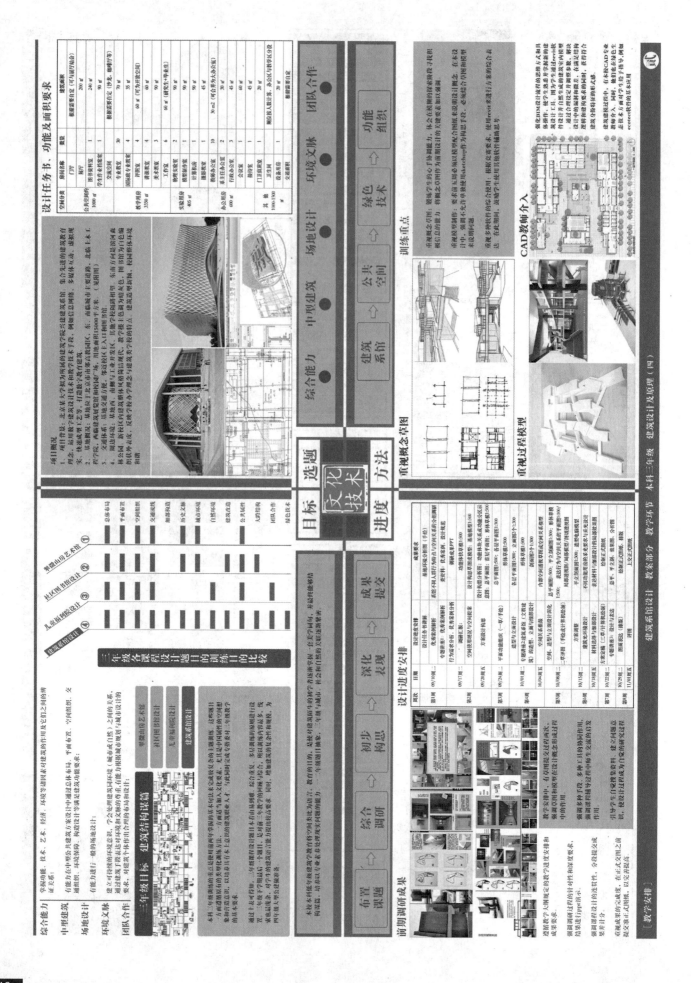

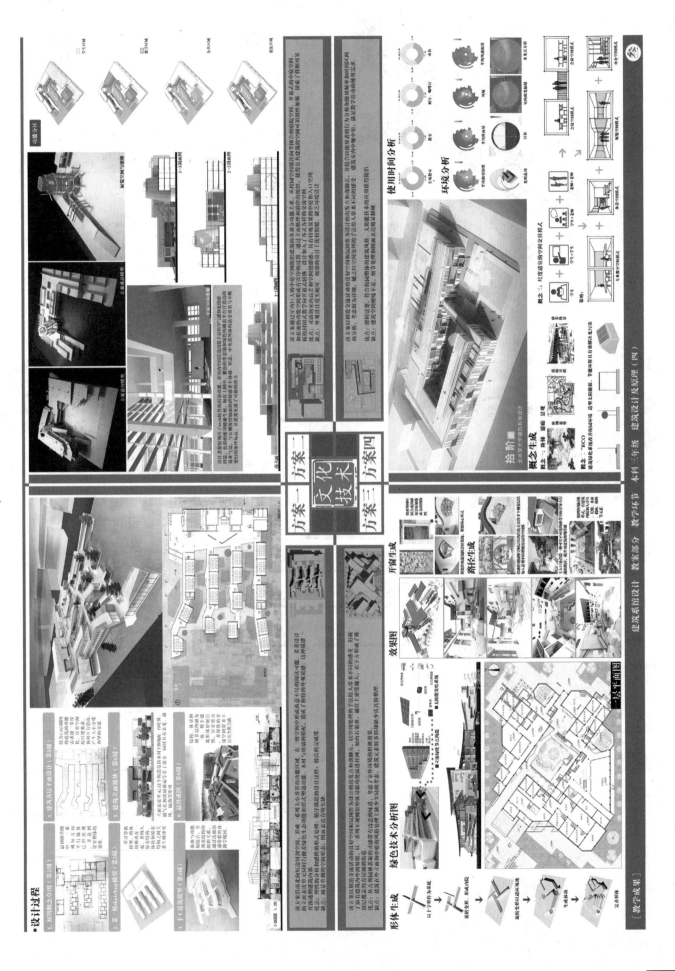

校园驿站设计

（一年级）

教案简要说明

作业 1. 校园驿站设计

北京交通大学建筑与艺术学院建筑系

设计方案尝试运用对空间体量进行分割的空间操作方法，营造了具有校园驿站特点的灰空间。灰空间很好地与既有的场地环境、内部空间功能组织相协调，形成了本方案的特色。将"分割"这一空间操作手法与"灰空间"这一空间特质相对应起来，是一年级阶段能够掌握的、完成的、比较好的尝试，也是该课题教案设计的目的所在。

作业 2. 校园驿站设计

北京交通大学建筑与艺术学院建筑系

设计方案从分析场地的限制要素入手，着力构建一处能够融合于校园环境的驿站场所空间。尝试灵活地处理建筑的顶面，使之与场地环境更好地衔接，同时场地的灵活划分也对建筑融入环境起到了较为积极的作用。能够承接上一个设计题目对场地的重视，是该方案的一个设计亮点。同时作为一年级的学生来说，场地空间的处理手法和建筑空间的处理方式都比较成熟。

作业 3. 校园驿站设计

北京交通大学建筑与艺术学院建筑系

设计方案尝试了对体量的"折"的操作方法，结合室内空间功能的组织，形成了一个具有趣味性的校园驿站空间。在体量的折的部分巧妙地布置相应的建筑功能，形成了内部空间流动性，同时建筑体量的变化也给场地所处的校园空间带来了一定的趣味性。这正是在教案的设置中希望引导学生将空间操作方法与所营造的空间氛围对应起来所做出的尝试。设计表达有待加强。

作业1：校园驿站设计 设计者：黄杰
作业2：校园驿站设计 设计者：吕守拓
作业3：校园驿站设计 设计者：郑新然
指导老师：罗奇 杨涵 鲍英华 程力真 常工
编撰/主持此教案的教师：蒙小英 等

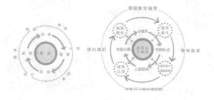

交叉·融贯 建筑设计基础课程
ARCHITECTURAL DESIGN FUNDAMENTALS

基础·认知

✎ 教学框架 ✎

建筑设计基础是建筑学专业一年级专业基础课程，是建筑学专业的启蒙课程。它在五年专业教学课程培养目标中的定位是"基础·认知"，其教学目的主要是培养学生对空间的基本认知，掌握空间与设计基本的表达方法，使学生初步了解建筑设计的基本过程和方法，为后续设计课程搭建起良好的设计基础平台。

自2009年以来，建筑设计基础课程试图以"学生如何学"为教学导向构建新教学模式，初步形成了从建筑设计基础课程群的融贯教学和将学作为设计研究与发展的主角两方面共同推进以学生为主体的建筑基础教育。

"一轴二翼"下的一年级专业课程体系

2010年以来，在贯穿"一轴二翼"的教学体系和专业体验认知的基础上，一年级专业课程体系建设加大了专业基础课程与建筑设计主干课程衔接互动的力度，初步构建起建筑设计基础课程群，见"一轴二翼"下的一年级专业课程体系框图中的9门课程。课程群教学以建筑设计基础课程的"轴"为核心，两翼课程内容与教学安排直接对接"轴"的要求，具体知识内容构建如框图。

✎ 一年级设计基础课程体系 ✎

课程群根据认知规律和借鉴国内先进建筑基础教育经验，设置了四个专题的练习：从非建筑、近建筑或似建筑再到建筑，完成建筑认知，4个专题从简至繁是空间生成、人居空间、校园小筑和小建筑，形成轴式的承接。课程围绕建筑设计基本问题：功能、环境、材料展开，以使用基本要素（杆件、板片、盒子）塑造空间为教学的核心，基本要素空间以不同面额反复出现，贯穿空间认知与创造和设计表达两条主线。同时各个课题依次引入人体尺度、功能、场地、建筑材料等不同因素，最终在综合设计训练中整合全年所学知识点。

"一轴二翼"下的一年级专业课程体系框架 ✓

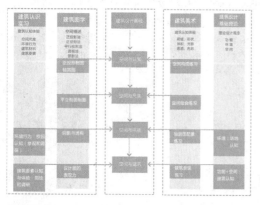

建筑设计基础课程群

建筑设计基础课程群以设计能力为核心，群内其他课程的知识点主要围绕设计课展开。针对每个设计专题内容和教学基本要求的不同，群内课程如建筑美术、建筑图学提供相应的训练支撑，形成交叉融贯的课程群教学体系，详见左图。

建筑图学和建筑美术课的训练以学生自己的设计成果为素材进行练习，通过密封的相应性建立课程群内各课程教学内容、知识点之间的联系，主动引导学生建立起课程之间知识点的关系与自觉运用。

专题构架 ✓

技术实践类课程作业
建筑图学

设计核心类课程作业
建筑设计基础·空间生成

建筑设计基础·人居空间

理论拓展类课程作业
建筑美术

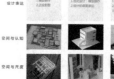

建筑设计基础·校园小筑

建筑设计基础·社区图书室

建筑设计基础理论 ✓

立面重构

交叉·融贯 建筑设计基础课程
ARCHITECTURAL DESIGN FUNDAMENTALS

空间与建筑专题 ⌄

小建筑设计课题其目的是通过完整的设计过程训练，要求学生综合运用一年级对场地、环境、功能的认知，了解开展建筑设计的基本步骤和建筑设计的基本问题，基本具备建筑设计表达的能力，为二年级的设计入门教学奠定基础。近五年来，该课题的基地和具体内容都进行了不断探索，使空间设计的目标得到强化。

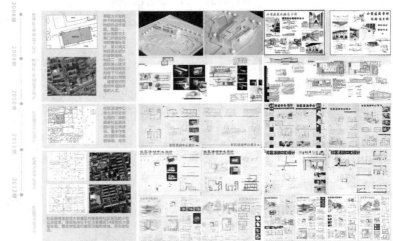

2008-2013年空间与建筑专题教学内容演变

校园驿站设计 ⌄

设计任务书：

校园驿站设计课程为一年级建筑设计基础课程的最后一个课题，结合我院本科教学的"交通"课题设置特色，以建筑是阅读、交流功能为主的体验和服务的"驿站"。是想满足校园内部服务大学生的小型公共建筑。根据本课程教学的"交叉融贯"思想，本课题选用前一个课题"空间与环境——校园构筑物及环境设计"课题的基地。位于校园东南角，课题要求学生在第一阶段的抽象设计基础上，进行建筑分析和场地、形态的组合，完成小型建筑空间的设计训练。

教学目标是在校园小驿站设计的基地上，考虑具体场地条件将建筑空间的影响，建立从外部环境出发进行建筑设计的观念。在校园小驿站设计的基础上，进行功能配置，考虑建筑物特定功能与空间内结构的互动。理解功能对建筑设计的内在作用机制。认识建筑材料及其相应的结构、构造与空间的互动。

一、面积规模
建筑层数为一层或二层，总建筑面积：180±5%平方米，建筑高度：≤（6.60+1.80）米，室内外高差0.3-0.6米（可以考虑用台阶或场地地形设计解决），女儿墙根据是否上人或高度为0.45-1.20米，该建筑基本指标组成如下：
• 阅览空间：40-45平方米，可考虑书籍阅览、报刊阅览、多媒体阅览等不同区域。
• 茶室：40-50平方米；提供茶水饮料。其中包含一定面积的操作区、制作饮品。
• 办公用房2间：共计25-30平方米。
• 卫生间：8-10平方米，分为男厕、女厕。
• 考虑为快递自理、银行提款机、自助复印机等自助服务设施提供一定的面积。
• 考虑一定面积的门厅、楼梯、走道等公共空间，楼梯楼层宽度不小于1.1米（注：旋转楼梯不可作为疏散楼梯）。

二、基地图
基地选定在校园芳华园东南角，基地用地红线与校园小筑间17m×20m，在东侧建筑红线后退用地红线2m，见附图，基地东侧为电气工程楼，四侧、北侧为芳华园绿地，南侧为思源情思后厅。

校园构筑物及环境设计成果模型

教学设计与过程 ⌄

建筑设计基础课程群其他课程对本课题教学内容的支撑

建筑技术   建筑认识实习

第1周：场地认知分析

第2周：体量生成与空间构思

第3-4周：空间概念与空间生成

第5-6周：设计深入与建筑生成

第7-8周：建筑表达集体评选

切割·灰空间生成
校园驿站设计

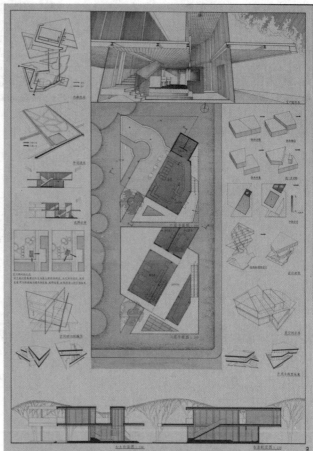

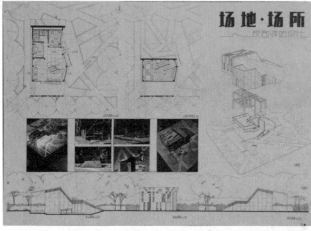

场地·场所
校园驿站设计

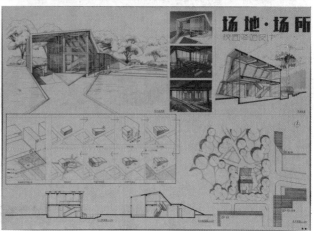

场地·场所
校园驿站设计

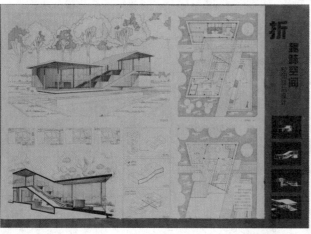

折
趣味空间
校园驿站设计

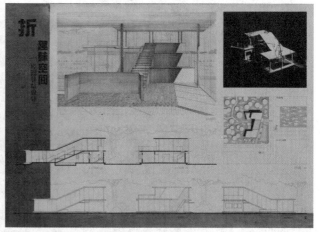

折
趣味空间
校园驿站设计

设计表达基础线条练习——城市建筑空间形态认知

（一年级）

教案简要说明

本课题是建筑学一年级上学期第一个设计题目。具体任务是通过对选定城市的谷歌地球照片资料的收集，通过运用谷歌地球等软件，以及设计资料室的使用，了解并掌握设计资料的搜索与整理，从而为设计铺垫资料基础。通过对城市空间形态以及建筑形态的体验认知，了解认知城市建筑的途径与方法，了解初步的形态规律以及表达方式。建筑设计基础的第一堂训练，从宏观城市入手到建筑形态的细节，形态层级结构的逐渐展开有助于初学者建立初始的兴趣与严谨的学习习惯。具象到抽象的蒙描训练更容易让学生的注意力集中在学习内容上，从而建立起抽象图纸的具象概念，为今后的学习打下图示思维的基础。

此教案总体上分为三个核心任务：1. 通过 Google 地球，选定一个城市，在城市规划、城市设计、建筑三个大尺度层级上，最多细分出城市、街区、街道、场地、建筑等五个层级，进行城市建筑形态实景照片资料的收集，作为进一步认知、体验、分析的资料基础。2. 通过对上述资料的整理，用拷贝纸将实景照片抽象成各种线条图。进而初步了解建筑图纸的视觉含义以及图纸的种类。初步了解总图、鸟瞰图、透视图、立面图、分析图、建筑速写等建筑表达常用图。用硬笔徒手线条表达训练。3. 通过对上述形态的图示训练，将城市形态建筑形态细分为如下方面进行更为深入、全面的体验认知。可将这些形态细分的方方面面统称为形态的基本属性，包括：街道、绿化、场地、建筑以及形状大小数量、尺度、开放度、密度、视线、路线、材料、可达性组合方式、功能、方向、层级、位置比例、对称性等。具体分析可从上述内容中选取。

巴黎——城市空间形态认知 设计者：王天祎 刘辛遥
北京故宫——设计表达基础训练 设计者：张铭哲 赵雨曦
威尼斯——城市空间形态认知 设计者：杨喆雨 王渊洁
指导老师：李慧莉 王丹 周荃 丁晓博 郎亮 王津红 郭飞 刘九菊 路晓东
编撰/主持此教案的教师：邵明

1 设计表达基础线条练习——城市建筑空间形态认知

建筑设计基础课程平台建构

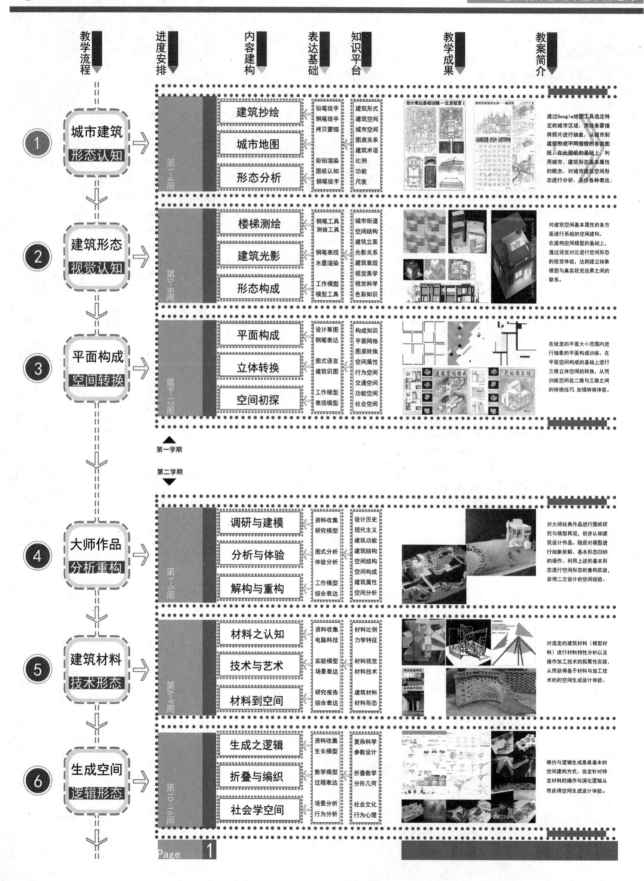

教学流程　进度安排　内容建构　表达基础　知识平台　教学成果　教案简介

① 城市建筑 形态认知

第1-4周

- 建筑抄绘
- 城市地图
- 形态分析

铅笔徒手
钢笔徒手
拷贝蒙描

彩铅渲染
图纸认知
钢笔徒手

建筑形式
建筑空间
城市空间
图底关系
建筑术语
比例
功能
尺度

设计表达基础训练—北京故宫I　城市空间形态认知——成成图I

通过Google地图工具选定特定的城市区域，用线条勾描将照片进行抽象，从城市到建筑形成不同层级的各类图纸，在此图纸的基础上，利用城市、建筑形态基本属性的概念，对城市建筑空间形态进行分析，并作各种表达。

② 建筑形态 视觉认知

第5-8周

- 楼梯测绘
- 建筑光影
- 形态构成

钢笔工具
测绘工具

钢笔表现
水墨渲染

工作模型
模型工具

城市街道
空间结构
建筑立面
光影关系
建筑表现
视觉美学
视觉科学
色彩知识

对建筑空间基本属性的各方面进行系统的空间建构。在建构空间模型的基础上，通过视觉对比进行空间形态的视觉体验，达到建立抽象模型与真实视觉效果之间的联系。

③ 平面构成 空间转换

第9-12周

- 平面构成
- 立体转换
- 空间初探

设计草图
钢笔表达

图式语言
建筑识图

工作模型
表现模型

构成知识
平面网格
图底转换
空间属性
行为空间
交通空间
功能空间
社会空间

在给定的平面大小范围内进行抽象的平面构成训练。在平面空间构成的基础上进行三维立体空间的转换，从而训练空间在二维与三维之间的转换技巧，加强转换体验。

第一学期

第二学期

④ 大师作品 分析重构

第1-5周

- 调研与建模
- 分析与体验
- 解构与重构

资料收集
研究模型

图式分析
体验分析

工作模型
综合表达

设计历史
现代主义
建筑功能
建筑结构
空间构成
建筑属性
空间分析

对大师经典作品进行图纸研究与模型再现，初步认知建筑设计作品，随后进行抽象与加工，基本形态归纳的操作，利用上述的基本形态进行空间形态的重构实验，获得二次设计的空间经验。

⑤ 建筑材料 技术形态

第6-9周

- 材料之认知
- 技术与艺术
- 材料到空间

资料收集
电脑科技

实验模型
场景表达

研究报告
综合表达

材料比例
力学特征

材料视觉
材料技术

建筑材料
材料形态

对选定的建筑材料（模型材料）进行材料特性分析以及操作加工技术的拓展性实验，从而获得基于材料与加工技术的空间生成与设计体验。

⑥ 生成空间 逻辑形态

第10-16周

- 生成之逻辑
- 折叠与编织
- 社会学空间

资料收集
生长模型

数学模型
过程表达

场景分析
行为分析

复杂科学
参数设计

折叠数学
分形几何

社会文化
行为心理

模仿与逻辑生成是最基本的空间建构方式。设定针对特定材料的操作与演化逻辑从而获得空间生成与设计体验。

2 设计表达基础线条练习——城市建筑空间形态认知

从城市到建筑——从具象到抽象

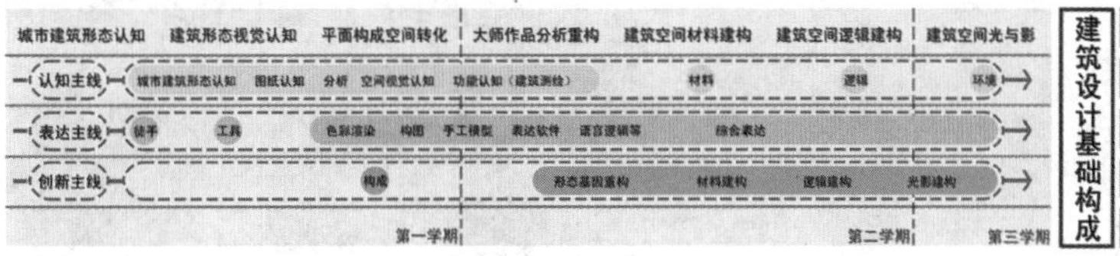

城市建筑形态认知	建筑形态视觉认知	平面构成空间转化	大师作品分析重构	建筑空间材料建构	建筑空间逻辑建构	建筑空间光与影	建筑设计基础构成
认知主线	城市建筑形态认知	图纸认知	分析 空间视觉认知	功能认知（建筑测绘）	材料	逻辑	环境
表达主线	徒手	工具	色彩渲染 构图	手工模型 表达软件 语言逻辑等			结合表达
创新主线	抽象			形态基础重构	材料构成	逻辑建构	光影构成

● 综合表达基础
● 专业知识基础
● 形态构成基础
● 分析研究基础
● 相关知识基础

第一学期　　　　　　　　　　　第二学期　　第三学期

训练步骤　　**工具选择**　　**核心任务**　　**知识要点**　　**操作要求**　　**教学框架**

1 认知

1-A 调研 → 通过谷歌地球收集城市照片

1-B 建模 → 运用形态学原理将空间分级

案例照片收集

核心任务1：

通过Google地球，选定一个城市，在城市规划、城市设计、建筑三个大尺度层级上，最多细分出城市、街区、街道、场地、建筑等五个层级，进行城市建筑形态实景照片资料的收集作为进一步认知、体验、分析的资料基础。

知识点：
● 建筑群体认知
● 城市乡街道认知
● 建筑单体认知
● 建筑与城市空间

城市须在历史文化名城、现代大都会中选择；建筑须在历史文化建筑、著名建筑设计作品中选择；或与指导老师探讨做出不一样的选择。

概念：空间形态层级信息体验认知

城市　　街区　　街道　　场地　　建筑

城市空间分级

城市空间形态认知——威尼斯

第1周
第2周

教学目标

● 通过运用谷歌地球等软件，以及设计资料室的使用，了解并掌握设计资料的搜索与整理从而为设计辅建资料基础。

● 通过对城市空间形态认知以及建筑形态的体验认知，了解认知城市建筑的途径与方法，了解初步的形态规律以及表达方式。

教学思路

● 建筑设计基础的第一堂训练，从宏观城市入手到建筑形态的细节，形态层级结构的逻辑渐展开有助于初学者建立初始的兴趣与严谨的学习习惯。宽幅的表达训练更容易让学生的注意力集中在学习内容上，具象到抽象的转换在此过程中悄然完成，为今后的建筑学方式打下图示思维的基础。

● 具象形态 → 抽象形态 → 形态系统

2 表达

2-A 转换 → 通过基础表达工具进行转换

2-B 体验 → 通过图纸系统工具进行表达

具象抽象转换

核心任务2：

通过对上述资料的整理，用拷贝纸将实景照片抽象成各种线条草图。进而初步了解建筑图纸的视觉含义以及图纸的种类，初步了解总图、鸟瞰图、透视图、立面图、分析图、建筑速写等等建筑表达常用图。（硬笔徒手线条表达训练）

知识点：
● 图纸表达
● 书面语言表达
● 平面构图

能够正确抽象出道路、建筑、场地、街区、自然形态等，能够正确理解并应用图纸比例的概念，流畅徒手使用铅笔针管笔等工具

教学环节

● 知识授课，原理讲解
● 绘图表达示范
● 小组讨论，展示。

概念：具象到抽象转换与表达体验

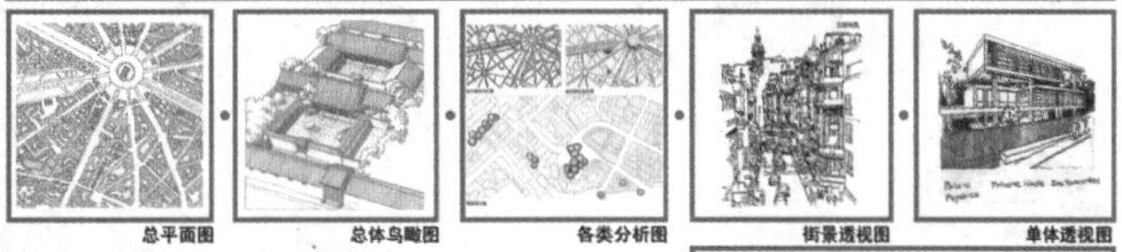

总平面图　　总体鸟瞰图　　各类分析图　　街景透视图　　单体透视图

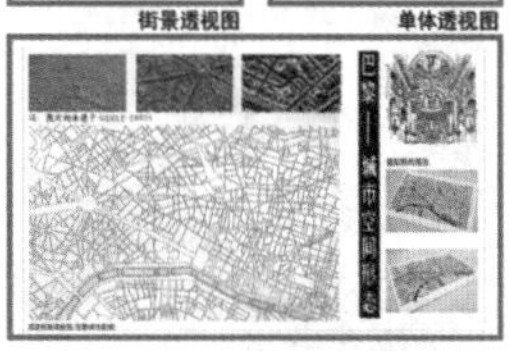

图纸表达系统

教学重点

● 理论讲解，理解形态信息的层级结构
● 图示的重要作用
● 形态的基本属性的概念

第2周
第3周

3 分析

3-A 分析 → 通过形态基本属性进行分析

3-B 表达 → 通过表达工具进行分类表达

形态分类分析

核心任务3：

通过对上述形态的图示训练，将城市形态建筑形态细分为如下方面进行更为深入、全面的体验认知如何将这些形态细分的方方面面统称为形态的基本属性，包括：形状大小数量、尺度、开放度、密度、视线、路线、材料、可达性组合方式、功能、方向、层级、位置比例、对称性等。

知识点：
● 分析的要素方面
● 实例分析
● 通过分析找问题
● 场地与环境

尽可能理解形态的基本属性，能够在抽象的图形中发现形态学规律并能合理的表达，通过形态学分析，初步了解城市建筑形态。

任务要求

● 利用Google Earth软件发现、寻找一个喜欢的城市鸟瞰照片，按照一定的比例打印。

● 按照讲解的形态层级理论将城市形态形态为若干个层级在透明纸上进行抽象累描。

概念：形态基本属性科学分析认知

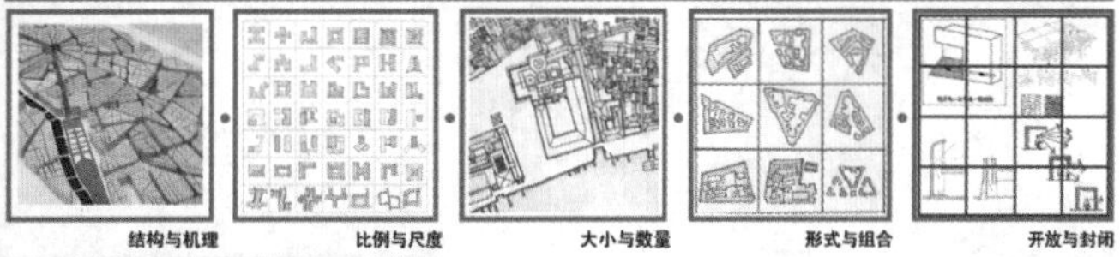

结构与机理　　比例与尺度　　大小与数量　　形式与组合　　开放与封闭

综合认知表达

第4周

● 利用形态基本属性的理念对城市、建筑形态进行形态学分类，从而形成形态学分析图纸，进而对城市建筑形态有初步的科学认知。

● 将所得体验、分析成果综合表达

● 图纸尺寸A1，时长4周。

设计表达基础训练—北京故宫Ⅰ

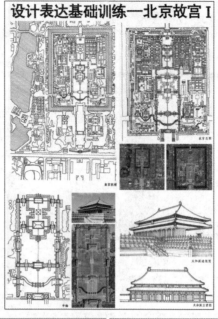

设计表达基础训练—北京故宫Ⅱ

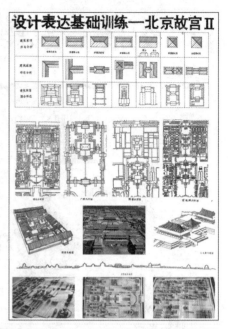

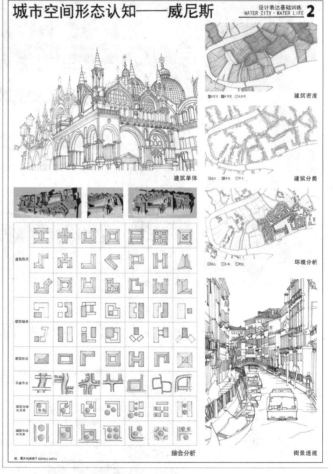

由"构成空间"导向"使用空间"——校园咖啡厅/书吧建筑设计

（二年级）

教案简要说明

本课题是二年级建筑设计系列训练的首个单元，是"设计基础"向"设计初步"过渡的重要环节。课程旨在引导学生在一年级以视觉性要素为主导的"构成性"空间设计的基础之上，完成基于客观场地、承载一定功能的，以满足人体尺度与活动需求的"使用性"空间设计训练。

"构成空间"指关于形态、比例、材料、建造等要素的空间构成练习；"使用空间"指基于视觉要素且与人体尺度、行为心理、功能流线相关联的空间体验训练；"导向"指通过教学环节的设置，引导学生由"构成性"空间设计向一般性建筑设计转变。

教学思路在延续以空间设计为主线的同时，引入"场地–感知"与"功能–认知"两个环节，形成空间、环境、功能三线并行的设计教学架构。

教学目标旨在训练学生在熟悉的场地内，组织好简单的小型公共建筑的功能与空间，培养方案构思与表达的能力。课题重点训练对场地的感知、行为的认知及空间的设计能力，并进行家具与陈设布置及景观设计，创造富于个性与特色的建筑环境与氛围。具体在本课题中体现为：（1）学习基于客观场地的简单空间分化设计；（2）学习人体尺度、行为心理、功能分化与空间的互动；（3）理解结构、材料及构造要素与空间的互动；（4）学习通过实物模型与二维图纸进行设计研究的工作方法，了解建筑设计的基本程序；（5）初步掌握基本的建筑制图的方法与规范。

教学开展主要分为3个阶段、7个环节

1. 场地感知
（1）任务解读
（2）基地探索
目标与内容：了解并感知建筑与场地的客观依存关系；学习观察、记录场地及其周边的物质空间存在与环境行为。对场地进行观察与体验并进行必要的简单性测绘与记录；对基础性调研数据进行归纳总结形成设计依据文本。
教学方法：实地探访；观察体验；分组讨论。
阶段成果：场地观察资料；调研成果报告。

2. 功能认知
（1）案例研究
目标与内容：学习收集、整理典型性案例的相关资料并作出简要分析；了解功能组织的基本原则及其与空间分化的互动关系。进行代表性案例分析并对建成作品进行实地参观，建立功能与空间互动的直观认知。
教学方法：案例抄绘；专题讲授；头脑风暴。
阶段成果：案例抄绘图纸；实地考察报告。
（2）概念构思
目标与内容：培养基于场地感知及功能认知的空间构思与表达；了解建筑设计的根本目的与基本要求。利用研究模型与探索草图快速表达设计构思；进行多方案比较与整合；进行初步成果发表、点评及观摩。
教学方法：模型研究；草图绘制；集体评图。
阶段成果：手工概念模型；徒手阶段草图。

3. 空间操作
（1）方案发展
目标与内容：学习人体尺度及行为心理与空间的互动；学习建筑与场地的空间关联性设计；培养空间操作的理性思维。利用实体模型进行空间行径模拟，修正空间功能性问题；绘制形式生成分析图，检验空间操作的逻辑性。
教学方法：行径检验；逻辑还原；课堂辅导。
阶段成果：手工研究模型；徒手过程草图。
（2）设计完善
目标与内容：理解结构、材料及构造要素与空间的互动；学习空间界面处理的基本原则与典型性手法；培养空间操作的感性表达。以实体模型结合二维草图进行设计研究的方法完成空间建构；对建筑细部、气候边界等要素做出有效回应，完善设计。
教学方法：模型建构；范本研读；集体评图。
阶段成果：手工结构模型；工具阶段草图。
（3）案例研究
目标与内容：学习建筑制图与表现的基本方法与规范；绘制正式图纸，制作表现模型，完成设计表达。
教学方法：设计发表；专家点评；观摩交流。
阶段成果：手工表达模型；工具正式图纸；多媒体演示文件。

庭韵——校园咖啡厅设计　设计者：赵玥　忻润益　张艺铭
林间——校园咖啡厅设计　设计者：马晓娇　郭禹婷　彭禹州
指导老师：王时原　丁晓博　刘九菊
编撰/主持此教案的教师：郎亮

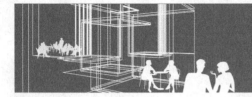

二年级建筑设计课程
由"构成空间"导向"使用空间"
——校园咖啡厅/书吧建筑设计

1

整体课程体系

一年级	二年级	三年级	四年级	五年级
基 础 平 台			综合平台	实践平台
认知&体验	空间&功能	空间&环境	技术&城市	实践&创新

- ◎城市建筑形态认知
- ◎立体构成
- ◎大师作品分析重构
- ◎空间建构

- ◎校园咖啡厅/书吧
- ◎小住宅
- ◎幼儿园

- ◎青少年活动中心
- ◎集合住宅
- ◎观演剧院
- ◎建筑更新/博物馆

- ◎综合办公楼
- ◎社区规划
- ◎体育馆
- ◎城市设计

- ◎设计专题
- ◎毕业设计

二年级教学单元设置

单一空间·分化	关联空间·聚合	主从空间·联结	单元空间·集结
设计训练 I	**设计训练 II**	**设计训练 III**	**设计训练 IV**

题目 校园咖啡厅/书吧
目标
- 学习基于客观场地的简单空间分化设计
- 学习人体尺度、行为心理、功能分化与空间的互动
- 观解结构、材料及构造要素与空间的互动

题目 小住宅
目标
- 学习基于自然场地及其要素的建筑内外部空间整合设计
- 学习生活模式、居住行为与空间的互动,理解功能的确定性与弹性
- 学习"空间-地形-景观"之间互动的设计方法
- 了解适宜性技术的基本知识

题目 售货处
目标
- 学习设计中特定区环境中的建筑空间设计,理解群体事件对定形空间形成的控制与限定
- 学习展示中主次要素系统组织方法,注重空间路径与行为等设计语言的有效运用
- 学习"空间-形式-通构"之间互动的设计方法

题目 幼儿园
目标
- 学习基于特殊人群行为、需求及感受的空间要素的设计与组织
- 学习空间功能和流线的组织关系,理解空间的分化与集合
- 理解结构形式对空间的限定及组织

由"构成空间"导向"使用空间"——校园咖啡厅/书吧建筑设计教案

专业:建筑学/城乡规划学　　年级:二年级　　学期:2013年秋　　学时:7.5周　　学生人数:90人

课题解读

构成空间　关于形态、比例、材料、建造等要素的空间构成练习
使用空间　基于视觉要素且与人体尺度、行为心理、功能流线相关联的空间体验训练
导　　向　通过教学环节的设置,引导学生由构成性空间设计向一般性建筑设计转变

本课题是二年级建筑设计系列训练的首个单元,是"设计基础"向"设计初步"过渡的重要环节。课程旨在引导学生在一年级的以视觉性要素为主导的**构成性空间**设计的基础之上,完成基于客观场地、承载一定功能的以满足人体尺度与活动需求的**使用性空间**设计训练。

教学思路

环 境		场地-感知	
空 间	构成性空间设计训练		使用性空间设计训练
功 能		功能-认知	

目标与要求

课题设计旨在训练学生在熟悉的场地内,组织好简单的小型公共建筑的功能与空间,培养方案构思与表达的能力。课题重点训练对**场地的感知**、**行为的认知**及**空间的设计**能力,并进行家具与陈设布置及景观设计,创造富于个性与特色的建筑环境与氛围。

- T1　学习基于客观场地的简单空间分化设计
- T2　学习人体尺度、行为心理、功能分化与空间的互动
- T3　理解结构、材料与构造要素与空间的互动
- T4　学习通过实物模型与二维图纸进行设计研究的工作方法,了解建筑设计的基本程序
- T5　初步掌握基本的建筑制图的方法与规范

任务设置

设计任务　学生在给定基地中任选其一,根据任务书要求设计一座校园咖啡厅或者书吧;
　　　　　建筑以休憩、交流、阅读等活动为主,兼供简单饮品与茶点,成为契合当代学生生活、激发校园空间活力的场所。
技术指标　总建筑面积:400m²;建筑高度:≤9m(不多于2层);
功能配置　客用部分:【咖啡厅】咖啡厅:200m²(设110-120座位);图书角:30m²;付货柜台:10-15m²
　　　　　　　　　　【书 吧】阅览区:200m²(设书架60-70延米、50-60座位),沙龙:20-30m²;吧台:10-15m²
　　　　　服务部分:【咖啡厅】制作间:20m²;洗消间:12m²;库房:12m²
　　　　　　　　　　【书 吧】洗消间:12m²;库房:12m²
　　　　　辅助部分:【咖啡厅&书 吧】更衣间:12m²;办公用房:24m²,门厅、连廊、楼梯间、卫生间等辅助空间:面积自定
成果要求　模型:比例1/100;明确表达建筑内、外部空间及与周边环境的关系,材料自定
　　　　　图纸:A1(≥2);内容包括:总平面图1/200、分析图、平面图1/100、立面图1/100(≥4)、剖面图1/100(≥2)、透视图(≥2)

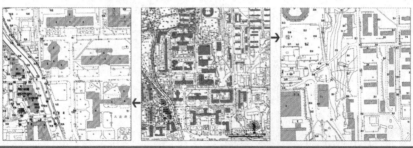

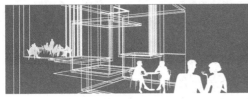

二年级建筑设计课程
由"构成空间"导向"使用空间"
——校园咖啡厅/书吧建筑设计 2

教学流程框架

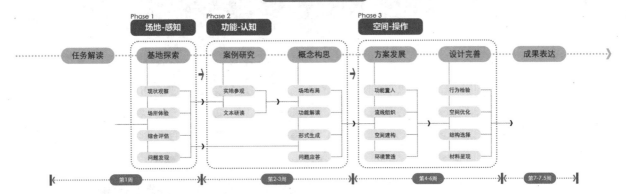

Phase 1 场地-感知 | **Phase 2 功能-认知** | **Phase 3 空间-操作**

任务解读 → 基地探索 → 案例研究 → 概念构思 → 方案发展 → 设计完善 → 成果表达

- 基地探索：现状观察 / 场所体验 / 综合评估 / 问题发现
- 案例研究：实地参观 / 文本研读
- 概念构思：场地布局 / 功能解读 / 形式生成 / 问题应答
- 方案发展：功能置入 / 流线组织 / 空间建构 / 环境营造
- 设计完善：行为检验 / 空间优化 / 结构选择 / 材料呈现

第1周 | 第2-3周 | 第4-6周 | 第7-7.5周

阶段目标与成果要求

任务解读

Phase 1　场地-感知

阶段目标	教学方法	基地探索	教学内容	阶段成果
了解并感知建筑与场地的客观依存关系 学习观察记录场地及其周边的物质空间存在与环境行为	实地探访 观察体验 分组讨论	基地探索	对场地进行观察体验并进行必要的简单性测绘与记录 对基础性调研数据进行归纳总结形成设计依据文本	场地观察资料 调研成果报告

Phase 2　功能-认知

阶段目标	教学方法		教学内容	阶段成果
学习收集、整理典型案例的相关资料并做出简要分析 了解功能组织的基本原则及其与空间分化的互动关系	案例抄绘 专题讲授 头脑风暴	案例研究	进行代表性案例分析并对建成作品进行实地参观 建立功能与空间互动的直观认知	案例抄绘图纸 实地考察报告
培养基于场地感知与功能认知的空间构思与表达 了解建筑设计的根本目的与基本要求	模型研究 草图绘制 集体评图	概念构思	利用研究模型与探索草图快速表达设计构思 进行多方案比较与整合 进行初步成果发表、点评及观摩	手工概念模型 徒手阶段草图

Phase 3　空间-操作

阶段目标	教学方法		教学内容	阶段成果
学习人体尺度及行为心理与空间的互动 学习建筑与场地的空间关联性设计 培养空间操作的理性思维	行径检验 逻辑还原 课堂辅导	方案发展	利用实体模型进行空间行径模拟，修正空间功能问题 绘制形式生成分析图，检验空间操作的逻辑性	手工概念模型 徒手阶段草图
理解结构、材料及构造要素与空间的互动 学习空间界面处理的基本原则与典型性手法 培养空间操作的感性表达	模型建构 范本研读 集体评图	设计完善	以实体模型结合二维草图进行设计研究的方法完成空间建构与优化 对建筑细部、气候边界等做出有效回应，完善设计	手工结构模型 工具阶段草图
学习建筑制图与表现的基本方法与规范	设计发表 专家点评 观摩交流	成果表达	绘制正式图纸，制作表现模型，完成设计表达 优秀作业公开答辩	手工表现模型 工具正式图纸 媒体演示文件

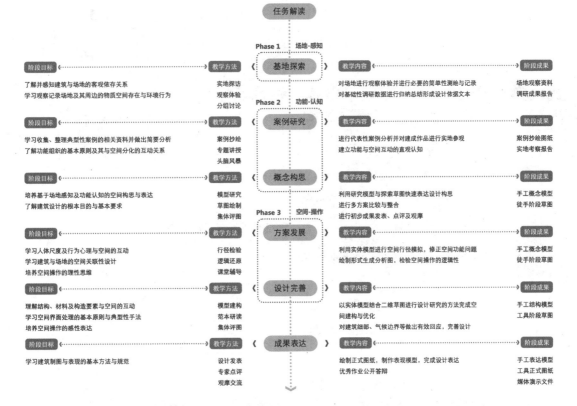

环境·场所·建构——青少年活动中心建筑设计

（三年级）

教案简要说明

本课题是三年级"空间涵构·环境整合"系列的首个课题，从二年级所训练的空间与空间的关系开始转向关注建筑与环境的关系，并从城市和人的视角赋予空间一定的内涵和价值。本课题选择的建筑类型是具有复合功能的休闲类公共建筑——青少年活动中心，提供的三个基地都处于城市建成环境中，且各自具有不同的代表性。

本课题的能力培养目标包括分析能力、整合能力和深化能力三个方面。重点培养学生处理建筑与环境关系的能力，能够依据调研和分析结论进行设计构思；培养学生整合性思考能力，能够综合处理复合性公共空间的功能、形式、技术问题；加强学生设计深化及表达能力，能够通过手工模型和数字技术对方案进行精细表达。

结合能力培养目标，本课题提出"3×3"主题推进教学模式。整个设计课题分为"建成环境中的建筑"、"空间场所性与活力"、"精细化建构与表达"3个进阶式主题，分别对应设计过程中的"调研·构思""设计·发展""深化·表达"3个阶段。每个主题教学都由研究—设计—评价3个教学环节构成。相应地，在教学组织中，首先将学生群体分为3个设计小组，每个设计小组内又分为3个研究小组，以配合3个不同环节的教学，同时也能锻炼学生的团队合作与交流能力。

此外，在教学内容方面，秉承学院"1+N"多线程教学思想，除了在3个主题的主线教学中训练以"环境和空间"为重点的建筑基本要素之外，在每个主题的教学中还适时加入相应的子线教学以丰富教学内容、拓展学生能力。比如，在主题1的基地研究环节中加入地域性建筑中的建成环境要素内容；在主题2中通过加入对青少年行为心理调查使学生开始接触环境行为学的相关理论和方法；在主题3中通过研究"共享空间的生态策略"加强学生对可持续建筑理念的理解和思考。

本课题的3个教学主题及其教学组织具体分析如下：

（1）"建成环境中的建筑"主题。教学周期为2.5周，其阶段任务为建成环境系统认知，包括案例研究、基地研究和概念设计。在该主题中引入"从城市到建筑"的设计分析方法，如名作剖析、城市记录和概念快题等，阶段成果包括调研报告、概念草图和概念模型。

（2）"空间场所性与活力"主题。教学周期为2.5周，其阶段任务为多元空间积极整合，包括专题研究、总体设计和空间设计。在该主题中引导学生"从行为到空间"思考建筑设计，采用主题研讨、行动观察和场景模拟等具体方法，阶段成果包括研究报告、方案草图和工作模型。

（3）"精细化建构与表达"主题。教学周期为2.5周，其阶段任务为人性场所深度建构，包括专题研究、总图深化和细部设计。在该主题中引导学生转变视角，通过主题研讨、空间切片等具体方法，"从全局到微观"进行设计与表达。在课程最后，通过结题答辩的方式对最终设计成果进行验收和评价。

方块花园——青少年活动中心设计 设计者：赵楠 赵明哲 刘乃菲
街景交融——青少年活动中心建筑设计 设计者：陈恒生 王博伦 接杨
指导老师：于辉 刘九菊 李冰
编撰/主持此教案的教师：吴亮

三年级建筑设计课程

环境·场所·建构——青少年活动中心建筑设计

1

1 建筑设计课程体系

	一年级	二年级	三年级	四年级	五年级
	基 础 平 台			综合平台	实践平台
	认知&体验	空间&形式	空间&环境	技术&城市	实践&创新

三年级上学期：建筑设计3		三年级下学期：建筑设计4	
建 筑 · 城 市 · 自 然		建 筑 · 社 会 · 文 化	
青少年活动中心	度假宾馆	集合住宅	历史街区/文博建筑

空 间	空间·场所	空间·生态	空间·包容	空间·符号
环 境	建成环境	自然环境	人居环境	人文环境

课题设置

本课题是三年级"空间涵构·环境整合"系列的首个课题，从二年级所训练的空间与空间的关系开始转向关注建筑与环境的关系，并从城市和人的视角来赋予空间一定的内涵和价值。本课题选择的建筑类型是具有复合功能的休闲类公共建筑—青少年活动中心，提供的三个基地都处于城市建成环境中，且各自具有不同的代表性。

空间+空间 VS 建筑+环境

前课题	本课题	后课题
六班幼儿园建筑设计	青少年活动中心建筑设计	度假宾馆建筑设计

场所+建成环境 VS 生态+自然环境

2 环境·场所·建构 —— 青少年活动中心建筑设计任务书

任务概况

青少年活动中心是城市面向全体青少年进行素质教育的重要基地，是城市青少年的科技教育中心、团队及艺术活动的基地、信息交流和健康娱乐的场所，是一个以青少年为中心，适应青少年多种需求及其未来发展变化趋势的，融教育性、知识性、趣味性、参与性为一体的现代化公共文化建筑。现拟在大连市新建一座4000平方米的青少年活动中心（社区级），具体基地情况详见地形图。

练习重点

1 **分析能力**：重点培养处理建筑与环境关系的能力，能够依据调研和分析结论进行设计构思
2 **整合能力**：培养整合性思考能力，能够综合处理复合公共空间的功能、形式、技术问题
3 **深化能力**：加强设计深化和表达能力，能够通过手工模型和数字技术对方案进行精细表达

设计要求

1 **环境**：建筑设计要结合基地环境，呼应和利用特定的环境要素，提升建成环境的整体品质
2 **空间**：在功能流线合理的基础上，塑造符合青少年行为心理的公共交往空间，注重空间的活力与灵活性
3 **形式**：体型和立面设计要体现环境和空间特征，注重虚实对比和对光线的利用，重点部位要做进行细部设计
4 **技术**：合理选择结构体系，尝试通过新兴材料和适宜的技术措施提高建筑整体的生态性能

设计内容

总平面规划内容及要求

内容	要求
入口广场	组织人流和车流集散，应设置机动车停放场地；创造具有吸引力的城市开放空间环境
建筑用地	建筑自身空间结构所占有的用地区域
活动场地	能够提供文体娱乐、室外体验、庭园观赏等活动所需要的场地空间
杂务内院	内部业务和职工生活辅助用地部分

建筑空间组成及要求

空间类别	空间组成	使用要求	使用面积（m²）
公共活动用房	游艺及健身	可以进行棋类、乒乓球、键球、健美操等室内文体活动的活动室若干间	720
	展览	分为临时展厅和艺术展厅、科技展厅、人文展厅三个主题展厅	600
	阅览	分为文化期刊阅览室、文化书籍阅览室和多媒体资料室	600
	多功能厅	要求有小舞台，具有表演、放映等功能，能够举办报告会及小型文艺演出	300
学习辅导用房	综合排练	用于舞蹈、声乐、乐器等节目排练	600
	专用教室	书法、绘画、科技及计算机等学习教室若干间	
开放性公用空间	门厅	室内外活动的过渡并作为交通枢纽空间	
	共享空间	休息、交流、自主活动等公用空间	自定
	餐饮服务	餐厅、咖啡酒吧、茶座等	
行政管理及辅助用房	办公室	各类办公室及休息室若干间	180
	其他	库房、设备用房、卫生间等	自定

成果要求

图纸规格：A1（841x594mm）图纸
图纸内容：总平面图 1:500、各层平面图 1:200、立面图（不少于2个）1:200、剖面图（不少于2个）1:200、重要节点详图、三维表现图、分析图、设计说明、经济技术指标
手工模型：表达出建筑内、外部空间以及与基地周边环境的关系；1:200

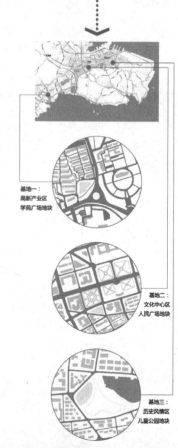

基地一：
高新产业区
学苑广场地块

基地二：
文化中心区
人民广场地块

基地三：
历史风情区
儿童公园地块

❸ 教学过程 — "3X3" 主题推进模式

教学模式	"3X3"进阶式主题
	3--主题单元：建成环境+空间场所+建构表达 x 3--教学环节：研究环节+设计环节+评价环节

教学理念	"1+n" 多线程教学
	1--主线教学："环境和空间"为重点的建筑基本要素 + n--子线教学：地域性建筑+环境行为学+可持续建筑

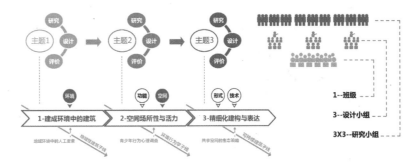

1--建成环境中的建筑　2-空间场所性与活力　3-精细化建构与表达

地域环境中的人工要素　地域性建筑子线
青少年行为心理调查　环境行为学子线
共享空间的生态策略　可持续建筑子线

1--班级
3--设计小组
3X3--研究小组

教学组织	**—1—** **建成环境中的建筑** 调研·构思 阶段	**—2—** **空间场所性与活力** 设计·发展 阶段	**—3—** **精细化建构与表达** 深化·表达 阶段
能力目标	基于实证调查的建筑前期分析能力	以空间为核心的建筑要素整合能力	基于建构和审美的设计方案深化能力
阶段任务	**建成环境系统认知** • 案例研究：环境·空间·建构 • 基地调研：场地调研和分析 • 概念设计：依据研究分析结论，通过模型和草图提出设计概念	**多元空间积极整合** • 专题研究：公共空间与交往行为 • 总体设计：确定总图关系 • 空间设计：解决功能、流线等基本问题；创造具有活力的场所空间	**人性场所深度建构** • 专题研究：技术介入与艺术刻画 • 总图深化：场地环境设计 • 细部设计：共享空间的生态设计、立面设计、整体方案的细化表达
教学方法	**从城市到建筑** • 名作剖析：研究小组分别以环境、空间、建构为主题对指定的案例进行对比分析并共同归纳 • 城市记录：根据教师讲授的城市建成环境各类要素，研究小组分别对三个基地进行信息采集和现场记录，同时制作基地模型 • 概念快题：布置课间快题设计，图纸表达设计概念并制作概念模型，课上师生互动交流	**从行为到空间** • 主题研讨：邀请环境行为领域教授以"空间行为及其调查方法"为主题进行讲课并组织研讨 • 行动观察：研究小组选择具有代表性的青少年集中活动场所，采用行动观察法对其空间使用特征进行调查和分析 • 场景模拟：通过工作模型推敲并表达建筑内部空间的结构和形态，进行可视化的场景模拟	**从全局到微观** • 主题研讨：邀请可持续建筑领域教师以"公共建筑的生态设计"为主题进行讲课并组织研讨 • 空间切片：选取方案中的特色空间或重点部位制作大比例的剖面模型，要求体现真实的建构逻辑和材料质感 • 结题答辩：本课题最后一次课组织由任课教师和外请嘉宾参加的结题答辩并现场评分
进度计划	0.5W —— 1W —— 1.5W —— 2W —— 2.5W 开题　案例分析　场地分析　概念设计　草评 集中　　　小组讨论　　　集中	3W —— 3.5W —— 4W —— 4.5W —— 5W 研讨　总体设计　空间设计　空间设计　草评 集中　　　设计指导　　　集中	5.5W —— 6W —— 6.5W —— 7W —— 7.5W 研讨　总图深化　细部设计　综合表达　正评 集中　　　设计指导　　　集中
阶段成果	**环境整合·构思提案** • 调研报告：以研究小组为单位，PDF格式发表 • 概念草图：徒手表达，以分析概念生成过程为主 • 概念模型：按比例手工制作，表达体量关系	**空间复合·单体草案** • 研究报告：以研究小组为单位，PDF格式发表 • 方案草图：工具制图，以室内外空间设计为主 • 工作模型：按比例手工制作，表达内部空间	**建构综合·整体方案** • 研究报告：以研究小组为单位，PDF格式发表 • 方案正图：计算机软件制作，内容按任务书要求 • 成果模型：按比例手工制作，辅以节点模型
范例展示			

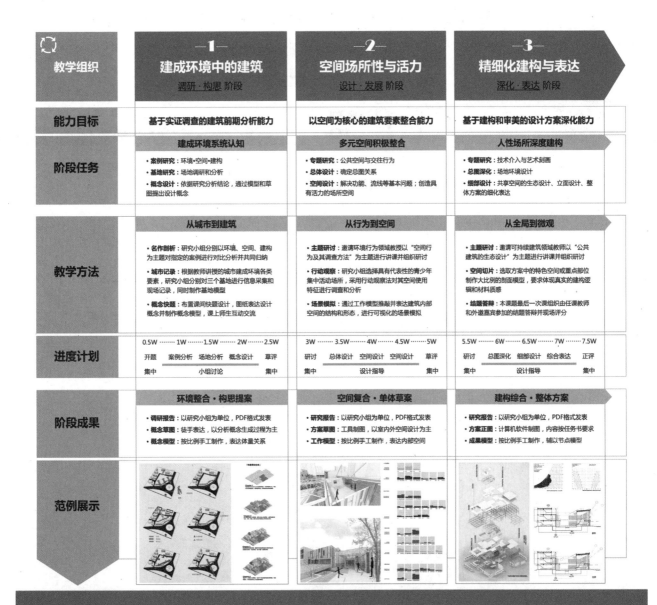

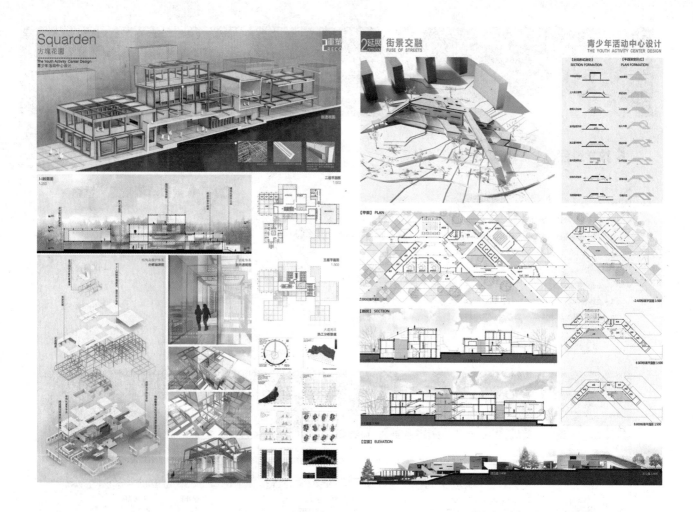

Squarden
方隅花园
The Youth Activity Center Design
青少年活动中心设计

街景交融
FUSE OF STREETS

青少年活动中心设计
THE YOUTH ACTIVITY CENTER DESIGN

大连理工大学

34

算法生成设计

（四年级）

教案简要说明

  该课程设计通过对建筑原型问题的提炼，尝试建立了影响设计过程的时、空限定算法模型，以实现基于演化模型对设计原型的递进式探索。

  从技术的角度来看，该课程设计有一定难度，课题完成需要对抽象的数学几何问题进行深入研究，同时需要大量的程序探索和代码工作。其设计成果可以提供较大的后续研究空间。如最优路径算法程序模块可以映射至疏散人流设计或城市设计中的道路系统规划；半边平面程序模块可以映射至建筑功能布局设计或城市设计的地块划分。

  通过8周的工作，课题的完成度相当高，在参数选择上仍有继续完善的空间。

多智能体原型 设计者：郭梓峰
模式识别 设计者：季云竹
指导老师：李飚 华好
编撰/主持此教案的教师：李飚 等

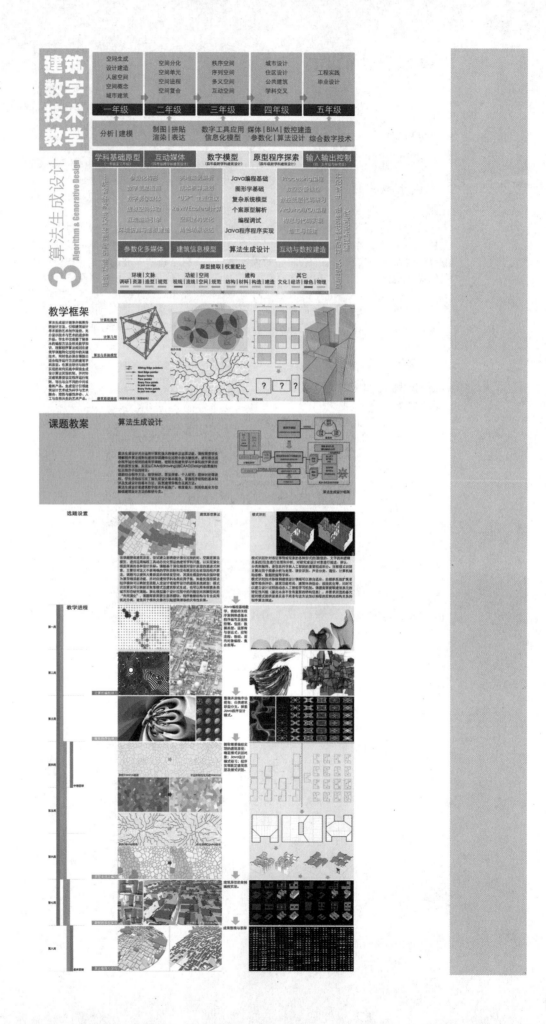

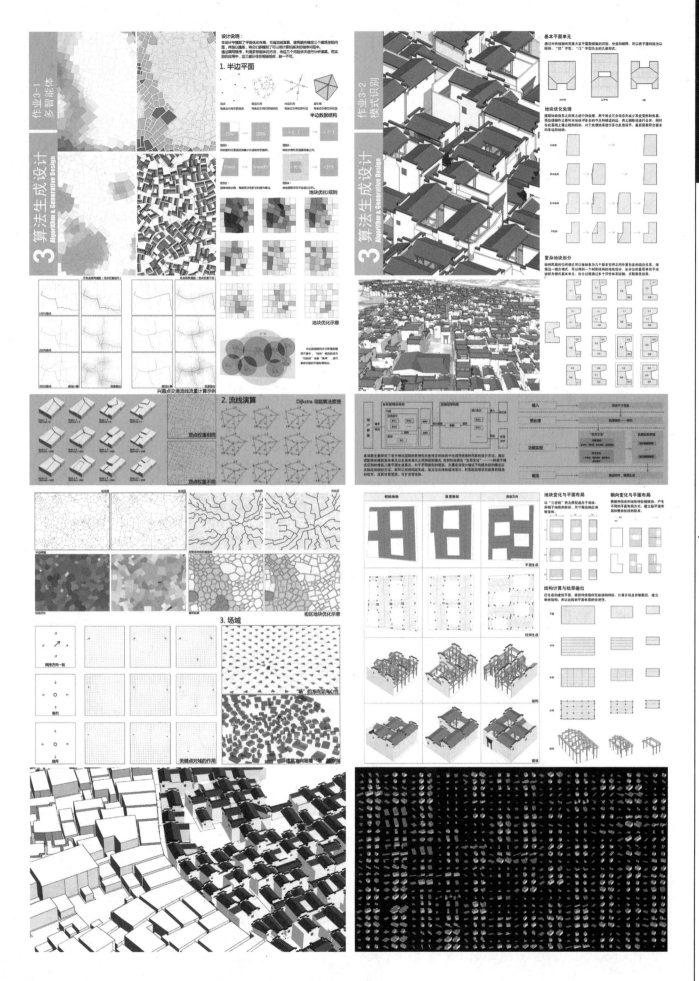

维度·尺度——城市要素分析思路与方法

（四年级）

教案简要说明

一、教案的目标设定

作为地区大规模本科院校的建筑学专业，建筑学的本科教学总体目标是依托地方特色、面向区域发展，培养既具有创新思维、务实作风和良好道德，又具备良好人文艺术素养、德智体美全面发展的高素质应用型创新人才。城市设计教学的定位是在高年级建筑设计教学的基础上，培养学生树立整体和谐的城市环境观念，尊重与理解城市，认知与分析城市，学习基于维度与尺度两大向量的城市要素分析思路与方法，并以此转化为城市空间组织和建筑形态生成的基本线索。

1. 维度与尺度作为城市设计学习的基石与核心。

2. 面向地域的循序渐进"过程式"教学。

二、教学的基本方法

1. 注重设计过程控制

抓紧设计进度的控制，在前期调研、设计概念、整体设计方案、最终设计成果四个时间节点上，进行 ppt 汇报答辩及公开讲评，以纠正学生设计作业普遍存在的"前松后紧"毛病，培养学生按计划推进设计进度的良好工作习惯。

2. 以注重团队、兼顾个人为标准

以团队整体设计成果为主要考核点，兼顾学生个体的表现，使学生培养既能凸显自身特色和能力，又能以大局为重、适当妥协和相互配合的团队合作能力。

3. 鼓励多元化的成果表达手段

肯定和鼓励学生采用设计图纸、工作模型、电脑模型、动画等丰富手段来表达设计成果，并注重培养学生的设计方案口头讲述能力。同时注重对成果表达当中落实传统文化、现代技术和低碳理念的学习、掌握和应用。

老城"织造"——广州市光复南路传统街区更新设计 设计者：黄豪 钟孟康 王志佳 邱春果 李曼乔 彭悦

寻脉·衍新——广州市光复南路传统街区更新设计 设计者：陈俏 启欣 黄嘉欣 陈华坤 邱香港

指导老师： 李飚 华好

编撰/主持此教案的教师： 何韶颖

维度·尺度
城市要素分析思路与方法

■ 教案的目标设定

作为地区大报握本科院校的建筑学专业，建筑学的本科教学总体目标应依托地方特色、面向区域发展，培养既具有创新思维、务实作风和较好的道德，具备良好人文艺术素养、德智体美全面发展的高素质应用型创新人才。城市设计教学的定位应在高年级建筑设计教学的基础上，培养学生树立整体和谐的城市环境观念，衡量与理解城市，认知与分析城市，学习基于维度与尺度两大衡量的城市要素分析思路与方法，并以此转化为城市空间组织和建筑形态生成的基本线索。

1、维度与尺度作为城市设计学习的基石与核心

"维度"概念来源于国外著作《城市设计的维度》，该著作将城市设计的思想、理论、研究、和实践从广度系统展开，展现了城市设计理论和实践的六个关键维度——社会的、视觉的、功能的、时间的、形态的和认知的，为城市设计理论学习提供了全方位的视野。"尺度"概念也始终贯穿在5年的建筑学本科教学过程之中，从低年级基于身体空间的"微观"尺度，到高年级基于城市空间的"宏观"尺度，基于尺度教学训练为城市设计的实践分析提供了多层次的手段。通过"维度"与"尺度"的整合训练，四年级的城市设计课程将更为有效的形成城市设计理论与实践之间的有机联系。

2、面向地域的循序渐进"过程式"教学

立足岭南的地缘优势，围绕地方城乡建设实际，是本学院建筑学本科高年级教学的课程特色所在。因此，在城市设计课程中，通过由来接低年级基础课程的系统性感知的教育，循序渐进过渡到高年级理论联系实际的开放教学，并通过"学、研、用"结合的模式提高学生的专业实践能力和创新能力，我们称之为"过程式"教学。在结合岭南实践的主体框架下，将地方文化和生态节能等相关知识引入到课程教学中，着重进行实践能力和综合能力的提升和培养，使城市设计教学与服务地方实践得以紧密结合。

	主体	衡量	环境	形式
一年级	我／个人	身体（微观）尺度	广州自然地貌与气候特征	个人完成
二年级	你们／具体人群	社群（中观）尺度	广州社群交往空间	小组合作
三年级	我们／区域人群	区域（宏观）尺度	广东城市街区	个人完成／小组合作
四年级	我们／城市人群	（六个）维度＋（三种）尺度	广东城市／城镇传统街区	个人完成／小组合作／小组合作

城市设计的"维度＋尺度"与前三年建筑设计的尺度训练的关系示意

■ 教案的核心内容

■ 面对复杂的城市或城镇传统街区环境如何进行问题解读与现状分析？
■ 城市设计要素主要包括哪些内容？要素的维度分析和尺度分析包括那些内容？
■ 城市设计的主题和设计理念的基础来源是什么？如何辅以？
■ 城市设计理念如何通过体系组织建筑和空间形态来导引表达出来？
■ 城市设计要素分析的成果如何应用到街区、地块和建筑形态之间组合关系的优化调整？如何有效推进城市设计要素的整合？

■ 教案的主题设置

主要设置在城市要素最为集中的地段或区域，如传统街区、工业遗址、交通枢纽、城中村、城市滨水区、大学老校区等，并根据项目的要求和设计地域城市要素分析与整合的重点，但是都以公共空间为主要切入点，强调历史文化的保护与公共活动的需求相结合，在此基础上兼顾考虑景观、交通、景观、生态等综合配搭因素，引导学生对历史保护、地域特色、社会取向以及绿色生活的关注与思考。

■ 教学的基本方法

1. 注重设计过程控制

抓住设计进度的控制，在前期调研、设计概念、整体设计方案、最终设计成果等时间节点上，进行ppt汇报展示及开评评，以此纠正学生设计作业普遍存在的"前松后紧"毛病，培养学生按计划推进设计进度的良好工作习惯。

2. 以注重团队、兼顾个人为标准

以团队设计成果为主要考核点，兼顾学生个人的表现，使学生既能凸显自身特色和能力，又能以大局为重，适当协助和锻炼与配合的团队合作能力。

3. 鼓励多元化的成果表达手段

肯定和鼓励学生采用设计图纸、工作模型、电脑模型、动画等丰富手段来表达设计成果，并注重培养学生的设计方案口头讲述能力。同时注重对成果表达当中展示传统文化、现代技术和低碳理念的学习、掌握和应用。

■ 建筑设计课程总体框架

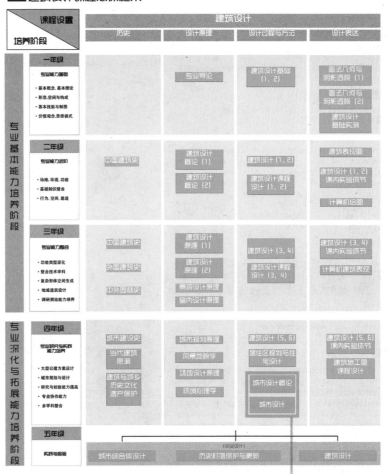

课程设置 培养阶段	建筑设计			
	历史	设计原理	设计过程与方法	设计表达
一年级 专业能力基础 ·基本概念、基本理论 ·形态、空间与构成 ·基本技能与制图 ·价值观念·思维模式		专业导论	建筑设计基础（1、2）	画法几何与阴影透视（1）画法几何与阴影透视（2）建筑设计基础实例
二年级 专业基本能力培养阶段 专业能力进阶 ·场地、环境、功能 ·基础知识综合 ·行为、空间、建造	中国建筑史	建筑设计概论（1）建筑设计概论（2）	建筑设计（1、2）建筑设计课程设计（1、2）	建筑表现图建筑设计（1、2）课内实验环节计算机绘图
三年级 专业能力整合 ·功能类型深化 ·整合技术学科 ·复杂形体空间生成 ·地域建筑设计 ·调研测绘能力培养	中国建筑史外国建筑史中外园林史	建筑设计原理（1）建筑设计原理（2）景观设计原理室内设计原理	建筑设计（3、4）建筑设计课程设计（3、4）	建筑设计（3、4）课内实验环节计算机建筑表现
四年级 专业深化与拓展能力培养阶段 专业研究与实践能力培养 ·大型公建方案设计 ·城市规划设计 ·研究与创新能力提高 ·专业协作能力 ·多学科综合	城市建设史当代建筑思潮建筑与城乡历史文化遗产保护	城市规划原理风景园林学场地设计原理环境心理学	建筑设计（5、6）居住区规划与住宅设计城市设计概论城市设计	建筑设计（5、6）课内实验环节建筑施工图课程设计
五年级 实践与积累			城市综合体设计 历史村落保护与更新 建筑设计	

广州市光复南路传统街区更新设计

年级：四年级上、下学期　学制：5年　时间：26周（上学期《城市设计概论》16周；下学期《城市设计》10周）　学生人数：145人（三个班）

■ 教学重点

1. 维度与尺度分析能力

通过主题案例分析和尺度分析环节，帮助学生系统理解城市现象和城市问题；通过实地踏勘和访谈认知，培养学生开展城市调研的能力；通过调研成果汇报展示，培养学生的资料整理与综合分析的能力。

2. 空间形态创新设计能力

鼓励群体化的设计理念，结合空间结构组织、空间序列设计和空间节点处理三个设计步骤的训练，将前期研究结论应用到空间形态设计中；加强对交通组织、市政设施布置以及景观设计能力的培养。

3. 团队精神和合作意识

采用小组合作设计模式，在前期调研、专题研究、空间设计、成果表达等过程中，加强学生团队合作能力的训练，培养学生妥善协调和处理设计过程中出现的各种矛盾及分歧的能力。

4. 综合表达能力

口头表达——汇报、答辩
文字表达——设计文本
图纸表达——设计图纸
模型表达——工作模型
多媒体表达——计算机建模、动画

■ 教学进度

■ 《城市设计概论》（上学期，16周）

1~4周：课程介绍及尺度分析的强化训练
提交时间：第4周调研汇报
提交成果：自选传统街区踏勘调研并进行三种尺度的城市分析

5~8周：城市设计的形态维度与貌观维度分析
提交时间：第8周调研汇报
提交成果：从形态与貌观分析自选传统街区城市要素

8~12周：城市设计的社会维度与认知维度分析
提交时间：第12周调研汇报
提交成果：从社会与认知维度分析自选传统街区城市要素

13~16周：城市设计的功能维度与时间维度分析
提交时间：第16周调研汇报
提交成果：从功能与时间维度分析自选传统街区城市要素

■ 《城市设计》（下学期，10周）

1~3周：开题及调研
汇报时间：第3周，指导老师集中点评
提交成果：PPT调研报告，包括调研成果及传统街区设计初步构想

4~5周：一草
提交时间：第5周，班内小组交叉互评及指导老师集中点评
提交成果（任务）：提出具体设计目标，保护与更新设计内容，总体设计草图

6~7周：二草
提交时间：第7周，班际小组交叉互评及课题组的专业教师集中小组点评
提交成果（任务）：提出优选设计，主推城市公共空间，景观设计等相关问题

8~10周：正草、答辩
提交时间：第10周，各组进行设计总结，设计兼工程师师傅与小组点评
提交成果：正式文本及展示版面

维度·尺度
城市要素分析思路与方法

广东工业大学

■ 场地设置

更新设计地段位于广州市光复南路传统街区。该街区在旧城中部偏西南，东为光复南路，西临杨巷路，北接上九路，南至梯云路，面积约6万m²。光复南路原是清同治年以"光复河山"之意命名的扩建马路，此为商段。该街区具有悠久的商业历史文化背景，明清时期已是广州十三行商圈的重要街节之一，清末民初更成为通库口岸出口商品的主要集散地，虽此后发展渐趋停滞，但仍保留着极具特色的传统街区风貌。基地北接上下九商业街，周边是十八南、状元坊、怡和教堂等旅游观光景点，随着南面文化公园地铁站点的建成，该街区正面临着更新发展的关键机遇。

■ 教学任务书

《城市设计概论》课程教学任务书详见下方的分项联系（六大维度）说明
《城市设计》课程教学任务书
■ 现状调研和分析
（1）查阅相关传统街区保护及更新已有的案例资料。
（2）开展深入的现状调查与研究，对传统街区城市空间的历史演变与发展、周边环境景观的形成、街区区内各类建筑的功能、空间结构、交通流线、人群活动、环境景观与建筑特征等进行分析和研究，为更新设计工作奠定科学的研究基础。

■ 调研部分成果要求   ■ 更新设计部分成果要求

■ 评分标准
总评成绩由平时成绩和考试成绩两部分组成，其中平时成绩占40%，包括课堂考勤（10%）和各阶段草图成绩（30%）；考试成绩（正图成绩）占60%

■ 教学要求

《城市设计概论》课程教学主要在尺度训练基础上按照六大维度展开，每个维度的分项练习由基本概念 — 理论与分析方法 — 理解和整合城市要素3个步骤练习组成，学生分成诸组完成自选传统街区调研报告，并通过汇报交流的方式共享分析成果。
《城市设计》课程教学由前期研究 — 理论推导 — 综合设计3个阶段练习组成，设计各阶段汇报来推进。课程采取个人思考和团队合作的方式展开，要求每组完成基地调研报告与相关的专题研究，并通过公开交流的方式共享分析成果，通过不同尺度模型和设计草图推进设计发展，最后要求学生在合作方案基础上独立完成公共节点设计。

■ 教学体系

形态维度
感知维度
社会维度
视觉维度
功能维度
时间维度

微观尺度

中观尺度

宏观尺度

传统街区城市设计

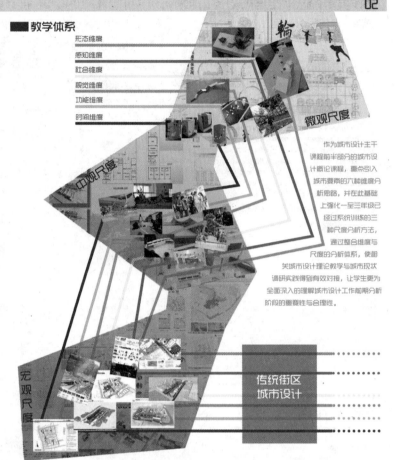

作为城市设计主干课程前半部分的城市设计概论课程，重点引入城市要素的六种维度分析思路，并在此基础上强化一至三年级已经过系统训练的三种尺度分析方法，通过整合维度与尺度的分析体系，使相关城市设计理论教学与城市现状调研实践得到有效对接，让学生更为全面深入的理解城市设计工作前期分析阶段的重要性与合理性。

■ 六大维度（分项练习）

形态维度

第一阶段 早期建筑
第二阶段 建筑的渗入
第三阶段 群组角色转换
第四阶段 现状建筑

感知维度

IV 节点

社会维度

What is

时间维度

PART ONE

视觉维度

功能维度

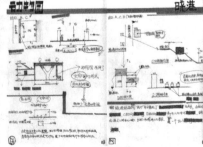

晓港

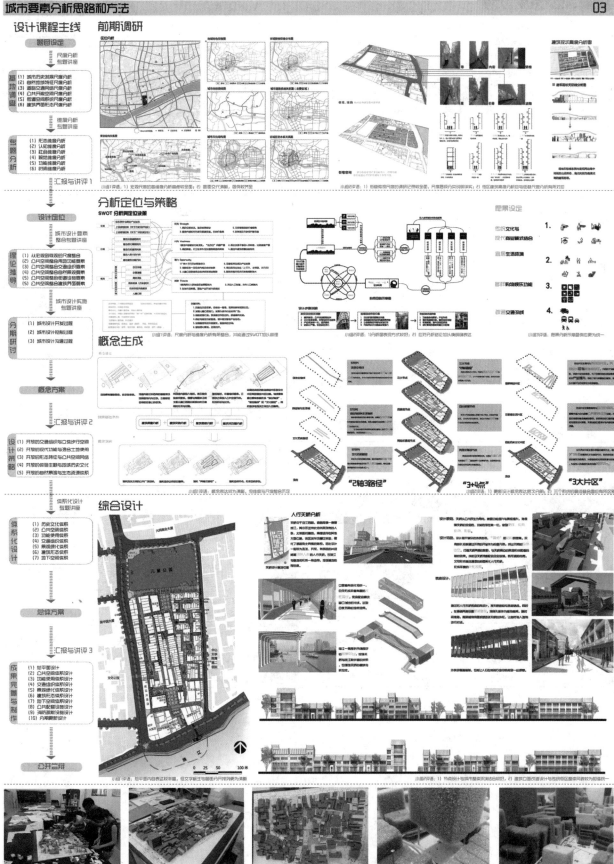

城市环境中的建筑群体设计——校园系馆设计

（三年级）

教案简要说明

本课程为哈尔滨工业大学建筑学院建筑学专业三年级的设计课程，设计周期为8周，题目为某高校建筑系馆设计。

一、教学目标

1. 基于环境意识的空间设计训练，训练学生在较复杂的城市环境中把握建筑群体关系的能力；

2. 引入先进的教学思想和方法，实现教育方式与理念的革新与探索；

3. 培养学生独立思考和团队协作能力，以问题为导向的研究型设计方法。

二、教学方法

1. 采取集中讲授、系列专题讲座以及分组研讨相结合的教学形式；

2. 是主要基于类型学方法的跨地域、研究型教学；

3. 注重理性思维的培养、强调分析思考、团队合作以及讨论的互动过程式教学。

三、教学内容

1. 结合校园内的区域环境，分析场地特征，合理规划建筑在场地内的布局，合理组织校园内的人流和车流；

2. 将建筑各个不同尺度的功能空间合理排布，使得建筑内部交通顺畅、分区合理，并能提供较多种类型的交流空间；

3. 合理选取适当的建筑材料和技术，考虑建筑的能源使用效率与可持续发展。

围"核"设计者：付豪 张雨娇 吕杭达
建筑"气"场 设计者：洪烽桓 张正蔚 李江宁 拉斐尔
微城效应 设计者：唐一峰 高亮 何璇
指导老师：刘德明 李玲玲 卜冲 陈旸 董宇 Erik Werner Petersen 罗鹏 刘滢 天宇 张宇
编撰/主持此教案的教师：梁静

城市环境中的建筑群体设计

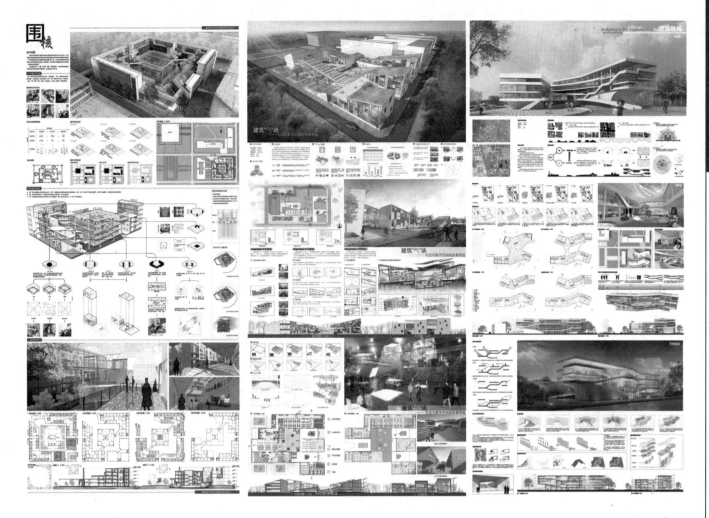

创意知识空间设计——基于"原型 - 演绎"的国际联合设计教学课程

（三年级）

教案简要说明

本课程属于哈尔滨工业大学建筑学院为建筑学专业三年级学生开设的海外国际联合设计专题课程。邀请国际知名学者参与教学设计与指导，是结合教师研究方向的创新研究式课程。通过国际先进教学思想的引入，实践建筑设计教学的革新与探索。

一、教学目标

1. 开阔学生的国际化视野，提供国际化开放性教学实验平台，培养国际化建筑设计人才；

2. 引入先进的教学思想和方法，实现教育方式与理念的革新与探索；

3. 培养学生独立思考和团队协作能力，提高学生的英语综合运用和专业交流能力。

二、教学方法

1. 采取集中讲授、系列专题讲座以及分组研讨相结合的教学形式；

2. 是主要基于类型学方法的跨地域、研究式联合教学；

3. 注重理性思维的培养、强调分析思考、团队合作以及讨论的互动过程式教学。

三、教学内容

1. 非常规性命题。思考知识生产的过程，研究三种当代知识空间类型的创新设计，探讨未来非物质工作空间的形式；

2. 需要在抽象的给定场地和限定的空间尺寸内完成概念式的知识空间设计。

Corner Dancing 设计者：徐森 王宏宇 付豪
Janus 雅努斯 设计者：倪睿贤 唐一峰
Transfer JET 创业中心—基于信息流动模式下的办公空间设计 设计者：徐子博 李彦儒 滕东霖
指导老师： 邢凯 唐康硕 Giorgio Ponzo 董宇 梁静 韩衍军 郭海博
编撰/主持此教案的教师： 陈旸

创意知识空间设计
Creative Design of Knowledge Space
基于"原型 - 演绎"的国际联合设计教学课程

课程概况

课程简介 ——— 教学目标

教学方法 ——— 教学内容

教学过程

互动: 研究、讨论、反馈
Interaction: Research Discussion Feedback

原型—概念
Prototype—Conception

演绎—建构
Deduction—Construction

设计成果

教师点评	The tower	The block	The campus	Comments

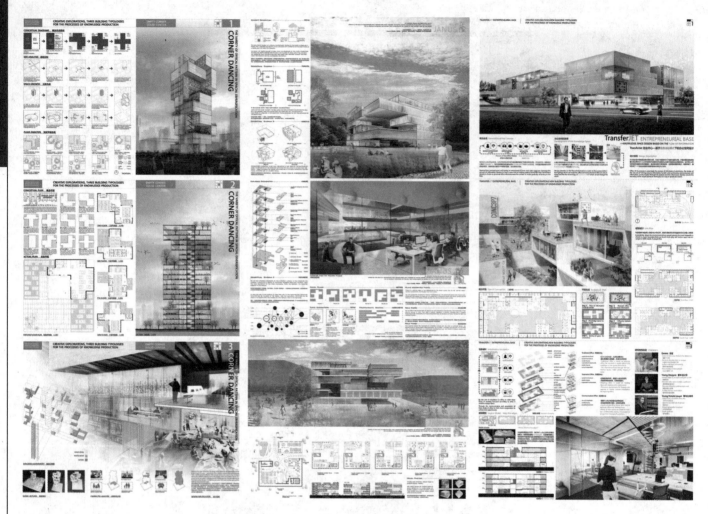

时空·人群·故事性——面向生活场域的参与式设计研究

（四年级）

教案简要说明

一、教学目标：

1. 掌握参与式设计方法 用完全开放的设计过程来积极鼓励学生自主参与，将主观思考与客观调查相契合，使学生掌握基本的参与式设计方法。

2. 拓展多元化学习领域 来拓展学生的人文、社会、心理等多元学习领域，使学生具备多元化的学习能力，以及对所面对问题综合把握的能力。

3. 提升人文性专业涵养 设计过程中让学生亲自接触、感受平民文化，关注弱势人群与特殊人群，培养学生环境关怀的专业涵养。

4. 锻炼研究型创新能力 倡导研究性的学习以激发学生的学习兴趣，提高学生的创新思维能力；并通过研究型教育，促进对社会热点问题的深层次思考。

二、教学方法：

在学生粗略体会到台湾的风土人情之后，具体选择台湾桃园县中坜市中原大学周边区域为本次设计的基地范围。学生用一周的时间，以居住者的身份在这一空间场域内流连，参与这里的人群生活，并关注自己感兴趣的点，拓展性地思考问题，形成设计故事。

其中，关注点有：A 人群与空间、B 人群与时间、C 时空的辩证关系、D 时空的故事、E 故事里的人。

罅隙之器　设计者：游泽浩 程文萱 赵守慧 王禹蝉 余徙
中坜街区进化论　设计者：张睿南 董奕兰 陈聪 何佳佳
新陈代谢——从眷村到 新城的渐变式更新计划　设计者：骆盛韬 尤昊博 陈永祥 王渡
指导老师：董宇 张姗姗 邵郁 喻肇青 黄俊铭 卢建民 杨秋煜 许丽玉 黄承令 曾光宗
编撰/主持此教案的教师：薛名辉

哈尔滨工业大学

49

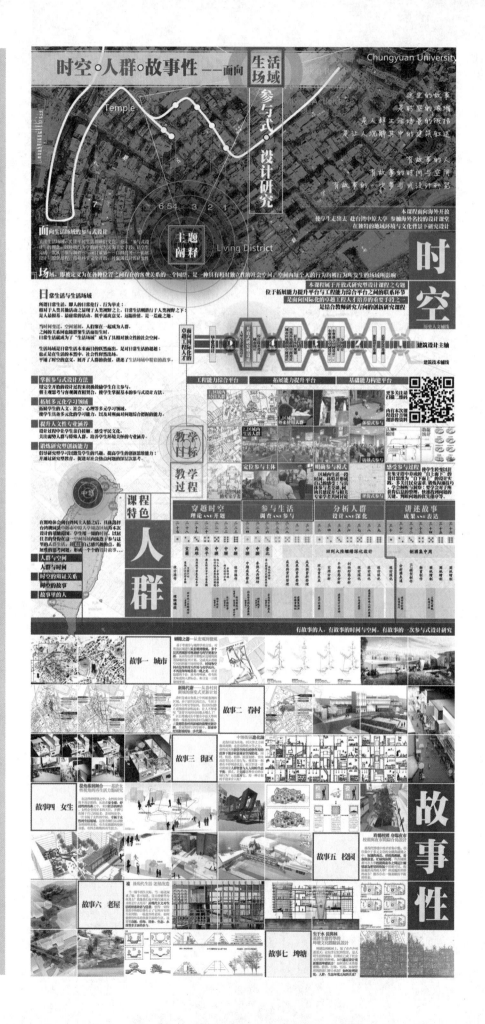

哈尔滨工业大学

50

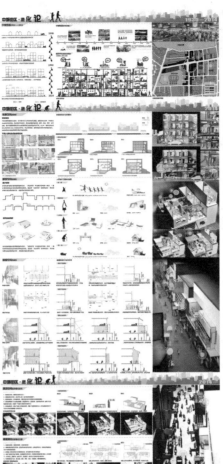

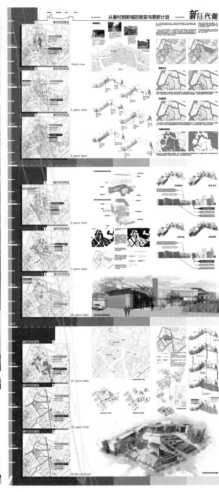

"空间——从体验、认知到建构"设计基础3之校园湖畔茶室设计

（二年级）

教案简要说明

一、教学目标：

1. 掌握建筑方案设计的基本步骤、内容和方法，初步学会分析解决建筑功能、空间、形式、场地以及建造等的基本问题。

2. 初步掌握建筑方案设计的基本理论。学习形象思维和逻辑思维融贯的整体化思维方法，培养综合分析问题、解决问题的能力，掌握相应的建筑方案设计技巧。

3. 掌握准确、简明地表达建筑方案设计构思的表现技巧（包括草图、工作模型、正图、图解分析、鸟瞰透视和模型）。

4. 培养严谨、有序、准确、求精的科学工作态度。

二、教学方法

1. 启发式教学

引导学生从认识身边环境入手，理解空间组织的基本规律，并思考其存在的问题，推动自主学习。

2. 开放式教学

运用专题讲座、互动式讨论、公开评图等方法推动课程，拓展学生知识背景、培养合作、协作的能力，锻炼沟通和表达的技巧。

3. 研究式教学

强化资料收集准备工作要求；强化案例分析工作；强调自主寻找并解决问题的教学过程，培养学生创造性解决问题的能力。

"间隙"——校园茶室设计　设计者：王国宇
庭与树的空间呈现——校园湖畔茶室设计　设计者：张驰
以表皮为原点——校园湖畔茶室设计　设计者：顾嘉诚
指导老师：刘阳　凌锋　梅小妹　徐晓燕
编撰/主持此教案的教师：曹海婴

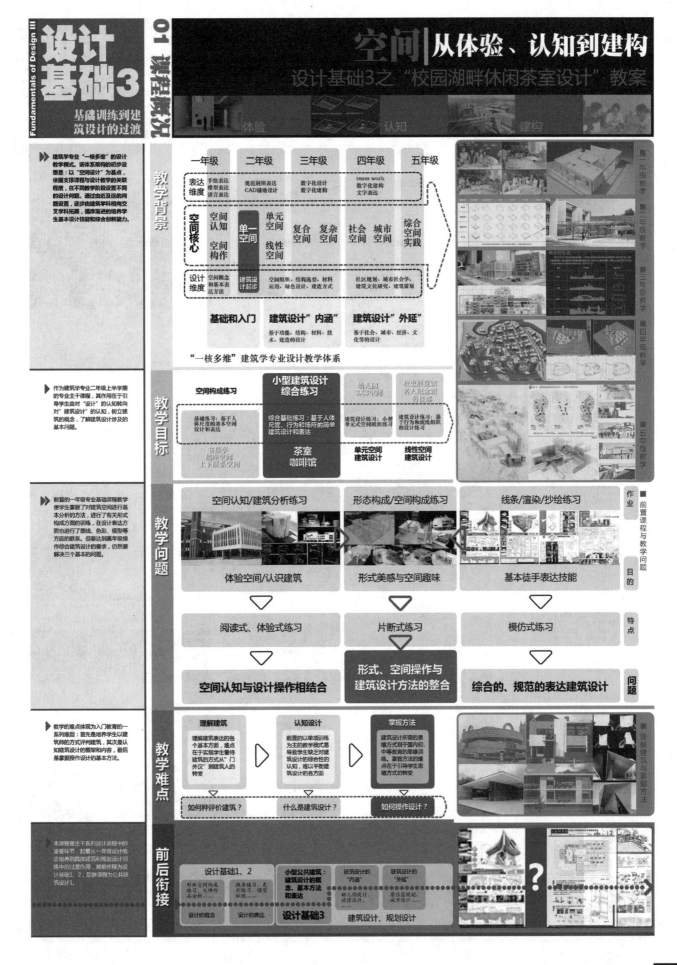

设计基础3
Fundamentals of Design III
基础训练到建筑设计的过渡

01 课题概况

空间｜从体验、认知到建构
设计基础3之"校园湖畔休闲茶室设计"教案

体验　　　认知　　　建构

建筑学专业"一核多维"的设计教学模式，课体系架构的初步设想是：以"空间设计"为基点，依据支撑课程与设计教学的关联程度，在不同教学阶段设置不同的设计问题，逐步由近及远的问题设置，逐步由建筑学科相向交叉学科拓展，循序渐进的培养学生基本设计技能和综合创新能力。

教学背景

	一年级	二年级	三年级	四年级	五年级
表达维度	手绘表达 模型表达 语言表达	规范制图表达 CAD辅助设计	数字化设计 数字化建构	team work 数字化建构 文字表达	
空间核心	空间认知 空间构作	单一空间	单元空间 线性空间	复合空间	复杂空间	社会空间 城市空间	综合空间实践
设计维度	空间概念和基本表达方法	建筑设计起步	空间组织、结构造型、材料运用、绿色建筑、建造方式	社区规划、城市社会学、建筑文化研究、建筑策划	

基础和入门　　建筑设计"内涵"　　建筑设计"外延"
基于功能、结构、材料、技术、造造的设计　　基于社会、城市、经济、文化等的设计

"一核多维"建筑学专业设计教学体系

作为建筑学专业二年级上半学期的专业主干课程，其作用在于引导学生由对"设计"的认知转向对"建筑设计"的认知，似立建筑的概念了，了解建筑设计涉及的基本问题。

教学目标

空间构成练习　　小型建筑设计综合练习　　幼儿园 3x3空间　　校史展览馆 名人纪念馆 图书部

基础练习：基于人体尺度的基本空间设计和表达　　综合基础练习：基于人体尺度、行为和场所的简单建筑设计和表达　　建筑设计练习：小型单元式空间组织练习　　建筑设计练习：基于行为和流线组织的设计练习

书报亭 起摆空间 上下联系空间　　茶室 咖啡馆　　单元空间建筑设计　　线性空间建筑设计

前置的一年级专业基础课程教学使学生掌握了对建筑空间进行基本分析的方法，进行了有关形式构成方面的训练，在设计表达方面也建立了墨线、色彩、模型等方面的联系，但要达到高年级操作综合建筑设计的要求，仍要解决三个基本的问题。

教学问题

空间认知/建筑分析练习	形态构成/空间构成练习	线条/渲染/抄绘练习	作业
体验空间/认识建筑	形式美感与空间趣味	基本徒手表达技能	目的
▽	▽	▽	
阅读式、体验式练习	片断式练习	模仿式练习	特点
▽	▽	▽	
空间认知与设计操作相结合	形式、空间操作与建筑设计方法的整合	综合的、规范的表达建筑设计	问题

前置课程与教学问题

教学的难点体现在入门教育的一系列问题：首先是培养学生以建筑师的方式评判建筑，其次是辨认知识框架中的框架和内容，最后是掌握操作设计的基本方法。

教学难点

理解建筑
理解建筑表达的各个基本方面，难点在实现学生看待建筑的方式从"门外汉"到建筑人的转变

认知设计
前面的以单项训练为主的教学模式易导致学生缺乏对建筑设计的综合性的认知，难以平视建筑设计的各方面

掌握方法
建筑设计所需的思维方式别于国内初、中等教育的思维训练。掌握方法的难点在于引导学生思维方式的转变

如何种评价建筑？　　什么是建筑设计？　　如何操作设计？

理解建筑与参照方法

本课程是主干系列设计课程中的重要环节，起着从一年级设计概念培养到具体建筑和规划设计训练中的过渡作用，其前续程为设计基础1、2，后继课程为公共建筑设计1，

前后衔接

设计基础1、2　　小型公共建筑：建筑设计的概念、基本方法和表达

形体空间构成练习、大评图 品分析　　线务练习、色彩练习、模型制作　　建筑设计的"内涵"　　建筑设计的"外延"

设计的概念　　设计的表达　　幼儿园设计、感性建筑……　　居住区规划、城市设计……

设计基础3　　建筑设计、规划设计

?

合肥工业大学

设计基础3
Fundamentals of Design III
基础训练与建筑设计的过渡

02 课程内容

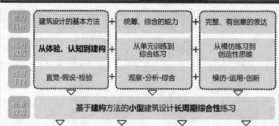

空间|从体验、认知到建构
设计基础3之"校园湖畔休闲茶室设计"教案

体验　认知　建构

分析一年级教学提出的问题后，我们得出结论：对于从建筑认知转向建筑设计的问题，解决方案是建立一个基本的建筑设计方法框架；对于从形态、空间设计转向建筑设计问题，解决方法是培养学生的统筹综合能力；而对于综合性表达能力的不足，则希望通过一个完整建筑设计作业表达来补足。

针对二年级学生的基本素养和面临的问题，我们认为应该通过一个建立在基本建筑设计方法训练之上、内容简单但过程综合的长周期作业设计来实现，以期使学生顺利的从基础阶段向过渡到解决复杂建筑设计问题的创造性学习阶段。

教学方案

能力目标	建筑设计的基本方法	统筹、综合的能力	完整、有创意的表达
练习设置	从体验、认知到建构	从单元训练到综合练习	从模仿练习到创造性思维
练习手段	直觉-假设-检验	观察-分析-综合	模仿-运用-创新

作业设置：基于建构方法的小型建筑设计长周期综合性练习

题目特征	熟悉的环境	切身的体验	灵活的题目	综合的训练
	校园内	小型餐饮空间	单一、灵活空间	场地调研、案例调研、形式、材料、建造、表达

题目：校园湖畔休闲茶室/咖啡馆设计

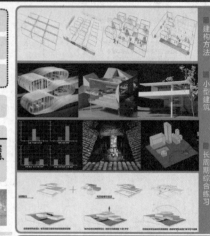

建构方法　小型建筑　长周期综合练习

任务设置

作为入门课程，任务设置不同于一般任务书的制定，考虑到训练学生尽可能初步接触与建筑设计有关的各个方面，同时又容易上手，因此题目选择学生熟悉的环境、功能，并且赋予其一定的灵活性。练习的重点在于设计方法和操作过程。

· 任务概要：校园湖畔的休闲茶室或咖啡馆一座，为学生、教职员工以及外部人员提供茶饮、简餐、会友、读书或小型社团活动的场所。

· 建筑规模：总建筑面积200~250平方米，最大容客量70人（包括室外临时茶座），层数自定。

· 基地位置：丽水湖湖畔，自行选择建筑用地范围。对已有建筑物、校园干道不能拆除，草地、植物、人行小路可以根据需要增减。

备选基地

校园休闲茶室设计任务书

教学重点

"建构"的设计方法的基础性和重要性在于，它要求学生能够通过建构建筑设计的语汇：场地布局、形态塑造、材料选择来回应人的行为、心理等对空间环境的需求。因此，基于具体环境的基本形式语言的操作是教学中要特别关注的地方

基于"建构"的设计方法

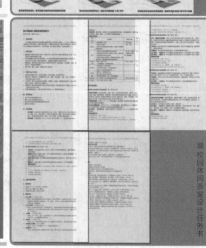

水面	坡地	道路	类型	路径	正交	斜交	曲线	材料	结构
场地			行为		形态			建造	

场地　形态

教学方法

启发式教学、开放式教学、研究式教学等多种教学方法的运用在于提高教学效率、最大化组织利用教学资源、培养学生的兴趣和主动学习的能力。

启发式教学： 引导学生从认识身边环境入手，理解空间组织的基本规律，并思考其存在的问题，推动自主学习。

开放式教学： 运用专题讲座、互动式讨论、公开评图等方法推动课程，拓展学生知识背景，锻炼合作、协作的能力，锻炼沟通和表达的技巧。

研究式教学： 强化资料收集准备工作要求；强化案例分析工作；强调自主寻找并解决问题的教学过程，培养学生创造性解决问题的能力。

启发式教学
开放式教学
研究性教学

调研　操作　讨论　答辩

教学日历

第一周	第二周	第三周	第四周	第五周	第六周	第七周	第八周	第九周	第十周	第十一周
讲课：任务布置，概论讲解（4课时）	讨论：场地调研。（4课时）	调研、讨论：行为空间（6课时）	专题讲座：联系空间（2课时）	讨论、讨论：联系空间（6课时）	专题讲座：建筑形态（2课时）	调研、辅导：造型设计（6课时）	辅导：方案深入（4课时）	专题讲座：建筑设计表达（2课时）	辅导：版面设计（2课时）	展览＋公开评图
调研：场地调研。（4课时）	辅导：总体布局方案（4课时）	专题讲座：行为、环境、空间（2课时）	辅导：平面布局（6课时）	辅导：平面一剖面设计（6课时）	辅导：平、立、剖面设计（6课时）	专题讲座：材料与建造逻辑（2课时）	辅导：方案深入（4课时）	辅导：定稿图（6课时）	辅导：成图模型（6课时）	

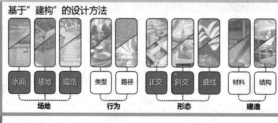

设计基础3

Fundamentals of Design III

基础训练到建筑设计的过渡

03 课题设块

空间 | 从体验、认知到建构

设计基础3之"校园湖畔休闲茶室设计"教案

体验　　　认知　　　建构

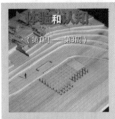

体验和认知（第1周——第3周）

模块一

- 场地环境调研：测绘场地地形、地貌，观察、记录场地环境的用地、建筑物、植被、水面、道路、景观等要素，观察日照、风向条件等场地自然状况；调查、研究场地和周边人车流交通、校园生活等场地人文状况；通过文字、速写、分析图表、场地剖面、照片等，分析场地自然状况和人的活动之间的关系。
- 茶室、咖啡馆空间调研：观察、记录茶室室内中人的行为活动规律，客人、服务人员、物品等的不同流线，调查主要功能空间的分布模式，交通联系空间的组织分布，观察、记录茶饮空间和服务空间的形态、尺度；分析人的行为与空间形态、尺度的契合关系。

场地调研与空间调研

场地和概念（第2周——第4周）

模块二

- 总体布局模型制作：制作不小于1：250的场地模型，确定建筑出入口、主要朝向、初步的体型设想，处理建筑与场地环境关键性要素的关系。
- 建立建筑——总平面关系：绘制不小于1：250的建筑总平面布局图。
- 方案设计：组织茶室中各个功能模块的组合模式，组织水平和垂直交通；重点研究一个局部空间构成。
- 草模制作：表达空间和形体对应关系，形体和环境的呼应关系。
- 建立建筑——平面关系：学习平面表达空间设计的方法，分析平面中人的行为组织。
- 建立建筑——剖面关系：学习剖面表达空间设计的方法，分析剖面中人的行为组织。

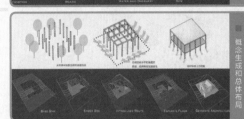

概念生成和总体布局

行为和形态（第4周——第8周）

模块三

- 方案设计：依据使用者行为特点进行空间的加减法，并组织开口、开窗、开洞设计，做多立面方案构思（不少于3个立面构思方案）；深入一个局部空间设计。
- 草模制作：依据人的行为进行体块的开肪和吅台、雨篷等出挑，考虑符合人的尺度的建筑形态。
- 建立建筑——立面关系：学习立面表达设计的方法，分析立面反映的形态关系。

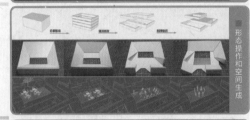

形态操作和空间生成

材料和建造（第7周——第9周）

模块四

- 建造和材料认知调研：收集书面资料，研研实体建筑，观察、记录材料的质感、形态与空间的关系；分析材料与建筑形式的关连，区分析支撑体系、围护体系，分析其空间和形态的关系。
- 方案设计：设计建筑形式的材料、色彩，完善方案。
- 建立建筑——结构关系：理解基于基本的结构原理，了解不同材料砖、木材、混凝土、钢的特性，在这一基础上，进行"有准备的形式冒险"。
- 建立建筑——细部关系：理解基于行为的细部和基于建造的细部，通过材料表达的细部。

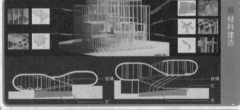

材料建造

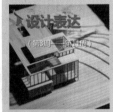

设计表达（第3周——第11周）

模块五

- 方案设计：综合评估方案对人的行为、场地、材料等问题的回应，完善方案细节，绘制定稿图。
- 图解表达方式：理清设计思路；学习分析图表的绘制方法，通过分析图表表现、传达设计意图和设计演进过程。
- 版面设计：收集6幅以上优秀有参考价值排版进行分析比对，设计成果图版面。
- 建筑方案表达：学习掌握规范的建筑制图表达方式和方法，培养严谨、高效的制图习惯。

设计表达

成果评价

考虑到评价的客观性，主要采用两种评价机制结合的方式评价学生最终学习成果。
任课教师评价：以研究报告和图纸、模型以及勤绩等为基础综合考核学生的学习态度和专业能力。
非任课教师评价：以口试和答辩为基础考察学生的综合专业素养，据炼其交流和表达能力。

合肥工业大学

55

自助式教学模式初探——"中国梦"·中国品牌海外旗舰店设计

（三年级）

教案简要说明

一、教学目标

1. 个性化学生方案

让学生自主选择课题方向，进一步培养学生的自主学习能力与创造力，增强综合分析和解决建筑相关问题的能力。着重增强学生自主分析、综合、运用各个影响因素，进行建筑个性化设计能力。

2. 建立自助式评价体系，引导学生学期所想，想起所学原点图表评价体系贯穿始终，避免了传统分数评价体系带来的不利因素，教师在教学环节更多的是帮助学生对自己选择并且感兴趣的方向进行深入，并且协助学生深入地考量和反思设计手法，使教学真正实现"自助式"，学生才是教学方向的决定者。

3. 培养学生的创新与综合能力

在自助式教学体系的前提下，以自助式评价体系贯穿设计的始终，学生选择的不同方向的出发点，都有可能成为创造的契机。希望在设计中综合运用各种设计的理念，巧妙利用各种影响设计的要素，设计出具有创意的建筑设计方案。

二、教学方法

1. 强调自助式学习，注重过程教学

学生自主选择课题方向与导师，通过学生自主选择导师，对方案进行个性化设计，学生是教学的主体，教师在课堂教学中起辅助作用，引导学生对方案进行个性化改造。过程中导师针对学生们进行知识思路引导、逻辑整理，鼓励在初期利用手工模型结合软件进行思路推敲。

2. 教学手段多样灵活

开始→引导（任务书发放）→评价体系建立→多媒体讲课引入→收集资料→选择课题→分组选择导师→各组个性化教学→模型制作→分组讨论→小班点评→集中汇报→讨论判断→得出结论→分析→成果绘制、成果模型→集中汇报成果（模型、图和多媒体）→教师及校外专家评价→结束。

the Sixth Story in Grand Central——"五味粥铺"海外旗舰店设计　设计者：陶曼丽
SHADOWEDIA——明基投影仪牛津街旗舰店　设计者：王雅涵
织木成画——"花笙记"唐装海外旗舰店设计　设计者：梁喆
指导老师：叶鹏 苏继会 郑先友 王旭 潘榕
编撰/主持此教案的教师：刘源

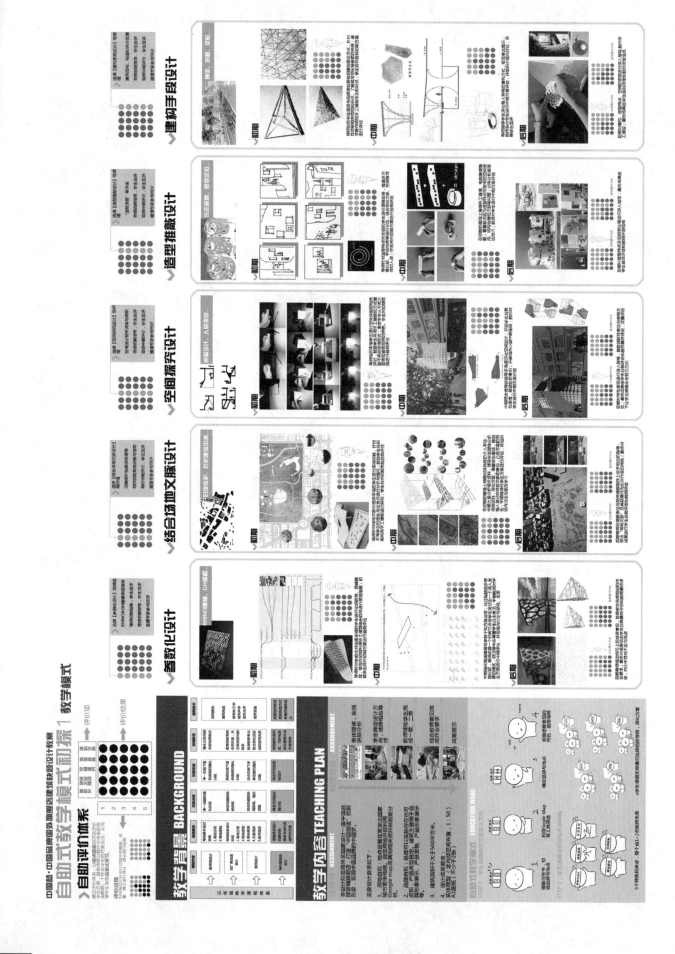

中围路·中围品牌国外旗舰店连锁快题设计教案

自助式教学模式前流 2 教学环节

教学反馈 FEEDBACK

过程展示

多元化自校选择 - 教学展示

自我构思 & 选择导师的段 STEP 1

选址

品牌

中期评估的段 STEP 4

参数化设计组

空间研究设计组

改正点：

三章至完成阶段 STEP 5

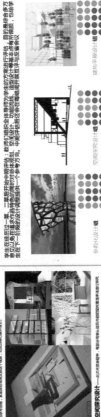

建构手段设计组

自由提案评估

自主选择后指导与评估体系的段 STEP 2

STEP 2 学期教学有导师
指导学生和初步评估

STEP 2 自由提案评估
进行自我期间评估

一章、二章的段 STEP 3

参数化设计组

结合场地环境组

建构手段设计组

最终评定的段 STEP 6

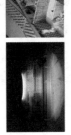
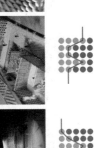

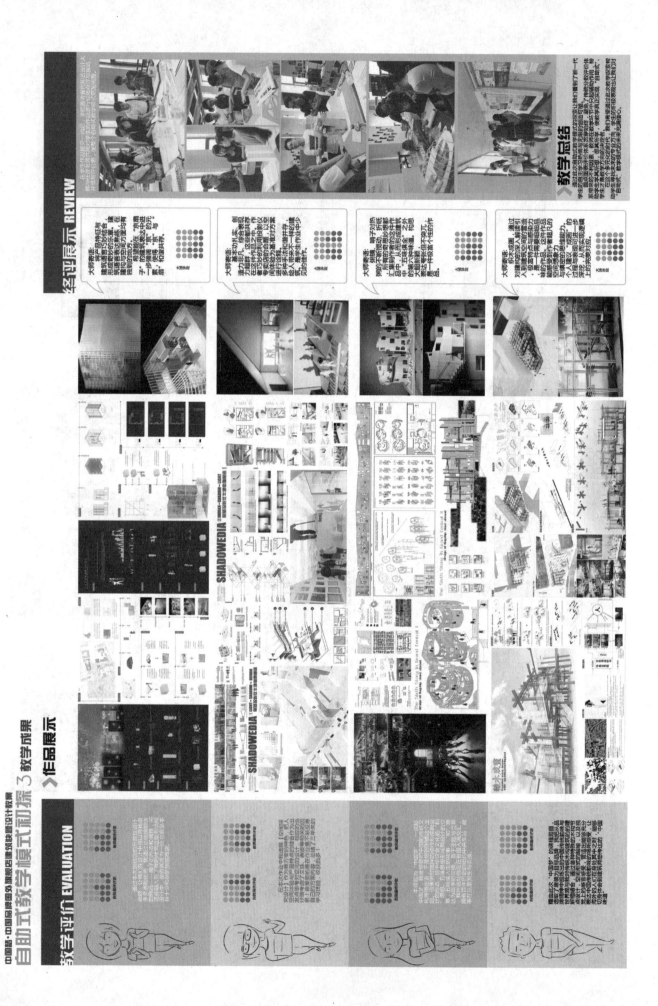

基于文脉传承与适宜技术的文教建筑设计

（三年级）

教案简要说明

一、教学目标

培养学生良好的建筑师职业意识，使学生树立"设计源于生活，服务于生活"的现实人文关怀理念。通过相应设计题目的训练，使学生掌握建筑相关的基本原理与方法。培养学生从"建筑实态调研分析"、"建筑矛盾及社会问题思考"到"建筑概念设计"直至"建筑的系统设计和技术实现"的全程式理性设计思维过程，系统培养学生的设计方法和创造能力。使学生从全生命周期的可持续发展的视野来理解建筑与空间的过去、现在与未来，使学生建立"建筑没有终点"的动态化、开放性、整体性的建筑观。

教学方法与过程：查阅典型案例，深入理解建筑地域性文化背景与技术实现方式形成方案初步构思，依托该构思从文化与技术两个层面结合进行多种方案对比，并以实物模型和技术模拟方式进行推敲，在此基础上形成优化方案。通过大比例实物模型和建筑物理环境模拟技术深化方案设计。在各个教学环节中插入有校外设计师在内的作业点评环节。

二、本次设计的任务书

项目概况：

1. 项目背景：北京某大学拟为所属的建筑学院兴建建筑系馆。集合先进的建筑教育理念，运用数字建筑设计技术和教学技术手段，例如信息网络、多媒体互动、虚拟现实、快速成型工艺等，打造数字教育建筑。

2. 基地概况：基地位于北京市南郊高教园区，东、南临城市主要道路，北临土木工程学院，西临建筑展览馆和校园广场，用地面积 15000 平方米。

3. 交通体系：基地交通方便，邻近校区主入口和图书馆。

4. 周边环境：基地西、南侧与工业开发区、其他学校隔路相望。东南方向是滨河森林公园。新校区内建筑整体风格简洁现代，教学楼主色调为暗灰色，图书馆为白色编织状外表皮，反映学校办学理念与建筑类学校的特点。建筑造型新颖，校园整体环境和谐。

三、功能及面积要求

1. 设计规模：本设计建筑面积规模控制在 10000~12000m²。建筑高度不超过 24m。

2. 办学规模：建筑学院本科生教学人数 1000 人（5 年制专业 5 个班，4 年制专业 2 个班），硕博研究生教学人数 600 人，教师人数 100 人，职员 20 人。

3. 具体功能及相应的房间面积分配可根据设计概念自行拟定，也可以根据设计概念加入其他相关的公共服务设施和功能空间。通常，建筑系馆包括教学、行政、实验、设计研究等功能空间，但随着数字技术在设计、教学等的多方面渗透，多媒体、网络和信息化手段在教学、展示、交流、资料与档案管理等的高效利用，都使得建筑空间有了许多创新的可能。常规的建筑设计实验，如建筑物理实验、建筑模型实验、建筑可视化实验等，在未来有哪些可能性，也需要参赛者大胆设想。

撑开空间引发的新对话——建筑系馆设计　设计者：刘梓昂　孙英然　赵国竤
北京建筑大学建筑系馆设计——折墙为室　设计者：张经纬　张琦琪　张亦丁
绿动　光合——可持续建筑系馆设计　设计者：赵曼　张旭　刘恒宇
指导老师：霍俊青　胡英杰　张萍　王朝红　张慧
编撰/主持此教案的教师：赵晓峰

1 全国大学生
可持续建筑设计竞赛——建筑系馆设计

2014 AUTODESK REVIT 杯
SUSTAINABLE ARCHITECTURAL DESIGN

本科三年级 1

河北工业大学

教学目标
TEACHING OBJECTIVES

一年级单元	二年级单元	三年级单元	四年级单元	五年级单元
空间认知 空间体验 空间表达	功能空间 场地建筑 材料表达	建筑·社会 建筑·文化 建筑·技术	建筑·城市 城市设计	综合实践 毕业设计

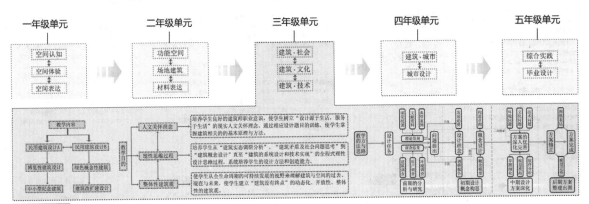

教学特色
TEACHING FEATURES

集体教学
启发性授课
多样性讨论
概念性构思

团队教学
教学经验丰富
执教理念多样
教学目的统一

实践教学
实地考察
共同参与
动手实践

讨论教学
小组讨论
团队讨论
集体讨论

集体评图
小组评图
交叉评图
集体评图

小组合作
团队合作能力
组织协调能力
综合创新能力

辅助培训
科学性
专业性
系统性

技术辅导
相关技术辅导
科学分析基地
可持续技术应用

教学过程
TEACHING PROCESSES

特色创新	学生工作内容	教师工作内容	阶段性任务	过程
第一周 热点案例比较 文化背景分析 	详细解读任务书，自行查阅典型案例，深入理解相关资料，分组讨论，形成方案的初步构思。	布置任务书，对学生进行独立交流性辅导，对一些集中的问题进行穿插讲授，辅导学生确定设计题目。	**阶段一** 任务书布置 阶段任务 分析任务书 分组查找资料 方案初步构思 PPT演示	
二—三周 文化背景挖掘 多种方案对比 	组内头脑风暴，挖掘项目背景特征和本质矛盾，进行总体布局的多方案比较，概念模型推敲方案，完成第一阶段草图设计。	引导学生深入挖掘项目的背景特征和本质矛盾，对学生的独立交流性辅导，对一些集中的问题进行穿插讲授，组织学生介绍方案，教师进行阶段总结。	**阶段二** 概念设计阶段 阶段任务 多方案比较 绘制一草 简易实物模型 简单三维模型	
四—六周 模拟技术应用 思维逻辑推进 	多方案比较，对方案的可行发展方向进行深入研究，观摩各组方案，进行小组讨论，应用相关技术对方案进行优化模拟，绘制二草。	在一草基础上，引导学生方案的可行性发展方向，组织相关案例、技术讲座，提升学生对技术应用的认识，集中解决共性问题，并进行阶段总结。	**阶段三** 深化构思阶段 阶段任务 深化方案可行方向 相关技术模拟 实物模型内部功能 三维模型 绘制二草	
七—九周 方案交叉评价 综合技术深化 	通过评图发现的问题，进一步完善方案，深化方案技术及细节问题，制作手工模型、电脑模型，分析内部结构与建筑表皮，绘制仪器草图。	协助学生解决方案上的技术及细节问题，提示学生对任务书要求的完整性明确表达，通过评图对学生方案的不足提出改进建议，引导学生进入设计表达阶段。	**阶段四** 设计细化阶段 阶段任务 完善方案 深化技术模拟 手工模型 三维模型 绘制仪器草图	
十—十二周 方案汇报评定 讨论交流反馈 	绘制正图，全部设计过程文本表达，制作大尺度建筑细部模型，进行方案汇报锻炼综合表述能力。	组织方案汇报、评审、交流活动，培养学生方案表示能力，启发学生对方案的深层次理解。	**阶段五** 成果表达阶段 阶段任务 大尺度建筑细部模型 方案优化模拟 绘制文本 方案汇报	

2 基于文脉传承与适宜技术的文教建筑设计 —— 2014年REVIT杯全国大学生可持续建筑设计竞赛

课程任务书

项目概况

1、项目背景:北京某大学拟为所属的建筑学院兴建建筑系馆。集合先进的建筑教育理念,运用数字建筑设计技术和教学技术手段,例如信息网络、多媒体互动、虚拟现实、快速成型工艺等,打造数字教育建筑。

2、基地概况:基地位于北京市南郊高教园区,东、南临城市主要道路,北临土木工程学院,西临建筑展览馆和校园广场,用地面积15000平方米。

3、交通体系:基地交通方便,邻近校区主入口和图书馆。

4、周边环境:基地西、南侧与工业开发区、其他学校隔路相望。东南方向为滨河森林公园。新校区内建筑整体风格简洁现代,教学楼主色调为暗灰色,图书馆为白色起绒状外表皮,反映学校办学理念与建筑类学校的特点。建筑造型新颖,校园整体环境和谐。

功能及面积要求

1、设计规模:本设计建筑面积规模控制在10000~12000平方米,建筑高度不超过24米。

2、办学规模:建筑学院本科生教学人数1000人(5年制专业5个班,4年制专业2个班),硕博研究生教学人数600人,教师人数100人,职员20人。

3、具体功能及相应的房间面积分配可根据设计概念自行拟定,也可以根据设计概念加入其他相关的公共服务设施和功能空间。通常,建筑系馆包括教学、行政、实验、设计研究等功能空间,但随着数字技术在设计、教学等的多方渗透,多媒体、网络和信息手段在教学、展示、交流、资料与档案管理等高效利用,都使得建筑空间有了许多创新的可能。常规的建筑设计实验,如建筑物理实验、建筑模型实验、建筑可视化实验等,在未来有哪些可能性,也需要参赛者大胆设想。

竞赛要求

1、参赛方案需从现有的场地出发,突出整体设计的观念、与周边环境相融合,解决好与校园中现有其他建筑的关系。

2、合理规划与设计建筑理论与实践教学、建筑设计研究和行政管理等功能单元与空间,以及其相互间的联系。

3、充分考虑使用者的需求,注重公共空间场所的塑造,鼓励引入新型使用空间和使用 绿色生态技术。

4、参赛方案应参照现行的国家规范、标准和规定,考虑科技进步、行业标准和生产力水平的提高;应考虑无障碍设计;考虑我国《公共建筑节能设计标准(GB50189-2005)》中针对相应气候区域的强制性标准。

课程核心问题
KEY PROBLEM OF THE CURRICULUM

文化问题
深入挖掘校园文化的内涵,提升学生对文化问题的理解。

针对性的校园文化问题

功能问题
指导学生探索建筑功能与空间布局的相互关系。

功能与空间的互动

空间问题
对空间场所灵活多变的布局,以求营造出独具特色的空间体验。

寻求特质空间的营造

环境问题
引导学生对场地与周围环境关系的认识,增进学生的环境意识。

建立环境意识,深入认识场地

技术问题
探索新技术在建筑设计中的运用,以及对建筑的影响。

关注绿色生态技术的应用

结构问题
深入理解建筑结构体系,熟识建筑的建造过程。

树立结构、建造意识

控制要点
CONTROLING PIONTS

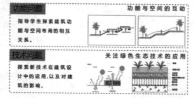
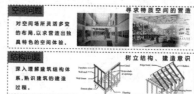

分析	强调分析过程的表达	场地分析	方案生成	人文分析	形体分析	功能交通	生态技术
表现	表现图	鸟瞰图	低点透视	室内空间	特色空间	周边环境	人的行为

技术 | 技术构造 —— 要求对所提交作品须使用 Autodesk Revit Architecture 软件形成建筑信息模型,并使用 Autodesk Ecotect Analysis 或 GBS(Green Building Studio)软件对所设计的建筑进行性能模拟与分析。

表达 | 总图、平、立、剖等图纸和模型 —— 要求有能充分表达作品设计意图的总平面图、平、立、剖面图以及模型的制作

成果展示
RESULT PRESENTATION

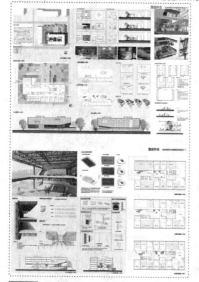
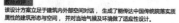

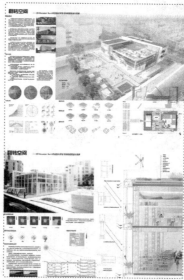

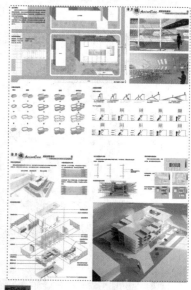

教师点评:该设计方案立足于建筑内外部空间对话,生成了能传达出中国传统院落实质属性的建筑形态与空间,并对当地气候及环境做了适应性设计。

教师点评:该设计方案颠覆了建筑"内"与"外"的传统界限,依托建筑技术,从"实内核而虚外界"重新阐释建筑空间。

教师点评:该设计方案在常规建筑空间内植入复杂性聚合空间作为活力核,结合现代建筑技术,演绎了中国传统建筑"外简内丰""外静内活"的意匠哲观。

我绘我会——乡土建筑测绘教案

（二年级）

教案简要说明

一、教学特色

主导性与主动性相结合：坚持将教师主导性和学生主动性相结合，测绘中既注重教师示范、答疑，又强调引导学生自主发现、思考和解决实际问题。要求学生每日记录工作日志，并定期进行阶段性讲评。经过实习动员、实习具体要求等一系列的工作，有效增强了学生实践的主动性。

多样性与统一性：教学手段的多样性体现在教师现场讲解、示范教学和阶段性讲评；教学要求统一性体现在学生教学成果（仪器草图、速写、实习手册和计算机正图）。培养学生动手解决实际问题的能力。

主与从相结合：教师为主，聘请高年级的优秀学生来辅佐测绘教学，一是增强高年级学生的主动性和能动性，二是减少实习分组多，指导老师少的局面；教师为主，聘请当地年长匠人辅佐测绘教学，使学生更清楚了解村落的发展过程和古建结构、构造等知识。

二、课程结构

大一启蒙：建筑艺术基础、建筑设计基础

大二初探：造型设计、建筑组合设计

大三拓展：专业理论、建筑结构选型

大四深化：城市设计、综合技术设计

大五综合：建筑师业务实践、毕业设计

三、教学目标

认识：通过乡土建筑测绘的课程，使学生加深对传统民居的认识

技术：运用专业的知识与技能，掌握乡土建筑的布局、构造、结构等知识。提高学生解决实际问题的能力，增强学生对测绘图表达的深度。

素质：经过短期的协作训练，增强了职业道德、团队合作意识和社会责任感。

四、教学方法

现场教学

在测绘过程中，学生在老师的指导下了解村落整体布局，建筑背景，访谈当地民居。再进行单体建筑测绘，增强学生实践教学的积极性。

个案辅导

采用个案辅导的传统教学方式，有利于老师和学生进行面对面的直接交流。有效激发了学生心理动因，更进一步增强了教学效果。

合作分工

测绘采取学生分组作业的方式，每个同学都有自己的工作任务，每个任务都有其关联性，这样有助于锻炼学生的协作能力和培养团队精神。

五、作业点评

作业系列一：以理坑村官宅为解析对象，以空间拓展为解析主题，内容全面，但缺乏对官宅建筑语言的汇总。

作业系列二：以凤山村宗祠为解析对象，以结构认知为解析主题，内容齐全，但缺乏对宗祠文化的分析。

作业系列三：以虹关村民宅为解析对象，以空间体验为解析主题，内容丰富，但对村落氛围的营造略为单调。

六、教学收获与反思

收获

1. 学生把建筑实物按比例制成工程图纸，加深对建筑造型与营造方法的了解，培养学生的建筑空间概念和设计思维能力

2. 为继承传统并探索有中国特色的现代建筑创作，为中国建筑史的教学等方面，提供丰富而翔实的基础资料。

反思

1. 测量工具与测绘手段已跟不上工程实际的需要，严重影响教学的效果和测绘技能的传授。

2. 学生测绘实践教学后，对古建筑保护、蕴含的历史文化及精神的提炼与宣传不足。

我绘我会-测绘解读 空间拓展　设计者：胡静 李享
我绘我会-测绘解读 结构认知　设计者：吴光龙 吴双
我绘我会-测绘解读 空间体验　设计者：梅志炎 徐桥
指导老师：欧阳红玉 陈必锋 吴明杰 胡宏 王炎松
编撰/主持此教案的教师：易宇

求测求绘 乡土建筑测绘教案

教学目标

通过乡土建筑测绘课程，增进对乡土传统民居的认识。

认知　技术　素质

- 强化专业基础
- 培养设计构思
- 提升艺术素养

教学内容

- 聚落构成分析
- 建筑风格比较
- 美学观念培养
- 文化素养提升

课程结构

- 大一 启蒙：造型艺术基础　建筑设计基础
- 大二 初探：造型设计　建筑组合设计
- 大三 拓展：专业理论　建筑结构选型
- 大四 深化：城市设计　综合技术设计
- 大五 综合：建筑师业务实践　毕业设计

特色鲜明　成果鲜明

教学方法

现场教学 在测绘过程中，学生在老师的指导下了解村落整体布局、建筑背景，访谈当地居民，再进行单体建筑测绘，增强学生对建筑教学的认识。

个案辅导 采用"个案"的传统教学方式，有利于老师和学生进行面对面的直接交流，有效激发了学生心理活动的原因，更进一步增强了教学效果。

合作分工 测绘采取学生分组作业的方式，每个同学都有自己的工作任务，每个任务都有其关联性，这样有助于锻炼学生的协作能力和培养团队精神。

教学进度

准备阶段 实习动员　测绘专讲　设备准备　后勤保障

现场操作 现场调研　现场测绘　草图绘制　图纸保存

绘制成果 成果图的绘制　图纸的校核验收

最终成果 实习手册　测绘仪器草图　正图

教学特色

主导性与主动性相结合 坚持保持教师主导性和学生主动性相结合，测绘中既注重教师设问题、答疑，又强调引导学生自主发现、思考和解决实际问题，经过实践，要求学生每日记录工作日志，并定期进行阶段性讲评，有效地调动了学生实践的主动性。

多样性与统一性 教学手段的多样性体现在既注重教师现场讲解、示范教学和阶段性讲评、实习手册和计算机校正图，培养学生主动探索解决实际问题的能力。

主导从属相结合 教师为主，聘请高年级优秀学生来辅助测绘教学，一是增强高年级学生的主动性和能动性，二是减少实习分组多，指导老师少的局面，教师为主，聘请当地村长正入辅佐测绘教学，使学生更清楚了了解村落的发展过程和古建结构、构造等知识。

设计教案 乡土建筑测绘教案

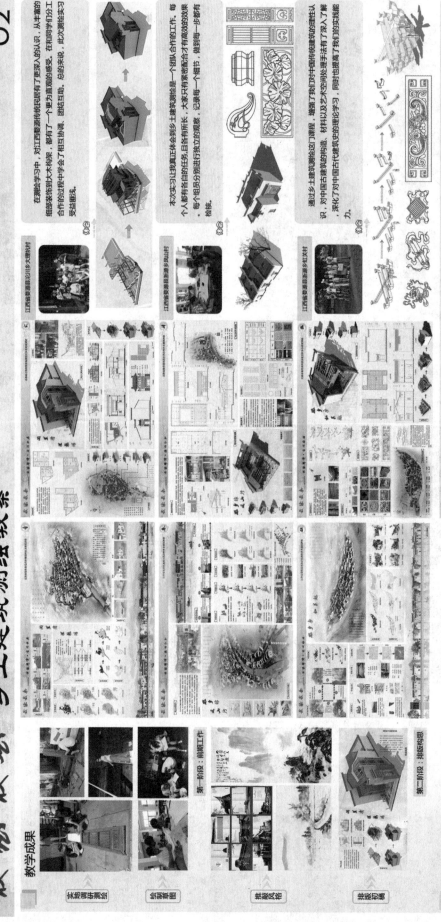

在测绘学习中，对江西整源传统民居有了更深入的认识，从丰富的细部的装饰到大木构架，都有了一个更为直观的感受。在同学们的分工合作的过程中学会了相互协调、团结互助，总的来说，此次测绘学习受益匪浅。

本次实习让我们真正体会到绘乡土建筑测绘是一个团队合作的工作。每个人都有各自的任务，且彼此有所。大家只有紧密配合才有高效的效果。每个小组分别进行独立的观察，记录每一个细节，做到每一步都有检核。

通过乡土建筑测绘这门课程，增强了我们对中国传统建筑的理性认识，对传统民居对我们对中国古建筑空间处理手法有了深入了解，深化了对中国古代建筑史的理论学习，同时也使掌握了我们的实践能力。

教学成果

江西整源县彩虹桥大建筑村

江西整源县漳溪乡红村

江西整源县黄溪乡红村村

教学过程

过程 + 成果

图示 + 分析

第一阶段：前期工作

第二阶段：排版构思

作业点评

作业二：
以民居山墙为主要刻画对象，以空间叙述为解析主题，内容不全，但缺乏对建筑进程的记忆。

作业三：
过渡对村落空间解析对象，以空间给出解析主题，内容丰富，对村落进程的记忆的分析。

乡土建筑测绘以江西整源建筑为主，到建筑测绘建筑等做了详实的测绘。风格上从关注个古村落等为对象，内容上从计算机设计到手绘，手绘设计计算机绘制乡主建筑，过程中从人观察测绘对象，也体现了学生的学习能力及专业素质。通过这次测绘，认知到乡村专业基本技能的训练认识，再训练。通过对比的教学方式以加深了学生专业方面的理解。

教学收获与反思

收获
• 学生通过实物的比例制成工程图纸、加深对建筑造型与营造方法的了解，培养学生对建筑空间观念的创造思维能力。
• 为观察系开拓大家有中国特色的当代建筑创作，为中国建筑史的教学方面，提供丰富而详实的基础资料。

反思
• 测量工具的测绘手段已限不了工程实际的需要，严重影响教学的效果和测绘的精度。
• 学生测绘实地教学后，对古建筑保护，对当代建筑设计、蕴含的历史文化及汉文精神的感悟与传承不足。

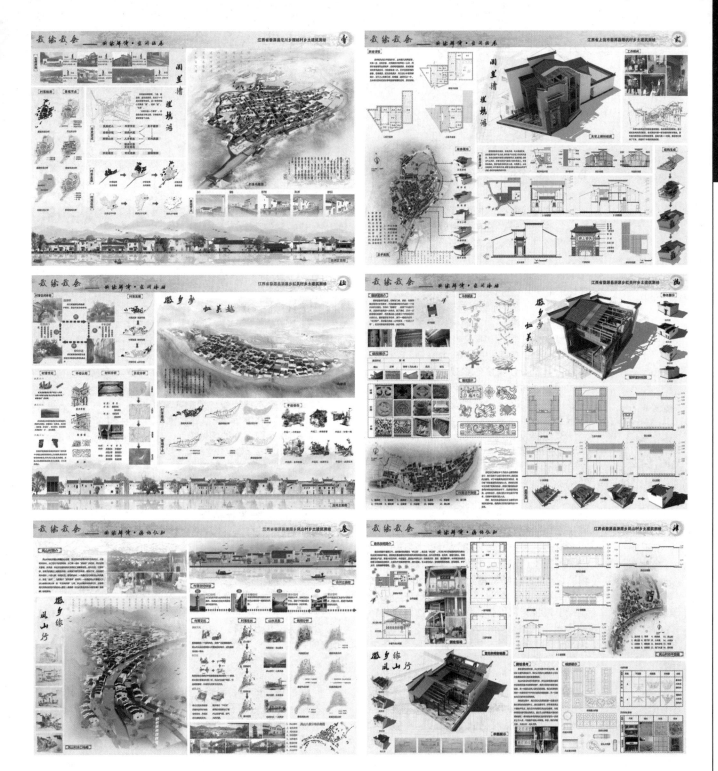

新乡土主义建筑设计—地域性建筑设计教案

（二年级）

教案简要说明

一、本课题具有以下特点：

1. 快乐设计，在整个设计及过程中，让学生快乐并主动地参与进来，主动地去寻找有关资料并去完善自己的想法，使学生在快乐中进行设计，真正的享受设计带来的快乐，在快乐中学习、进步、提高、完成最后成果图，为自己的设计成果而感到自豪和快乐。

2. 自由选题，此次地域性建筑设计提供了乡土文化度假村和孝文化纪念馆等多个题目和主题。学生可根据各自的兴趣和知识能力自由选题，分组协作完成，这样可调动学生的积极性和创造力，还有提供多元的学习途径，使学生在一个课程设计中学习更多的知识。

3. 过程设计，强化设计过程，按照一草、二草、三草、正图的逻辑性进行设计的推进，结合设计进度安排，将设计细化为一个连续的阶段，把握每一阶段的深度并进行评图，训练学生注重过程，在发展中推进设计的深度，而不仅仅将成图作为唯一的评判标准。

4. 专题设计，根据设计过程中每一阶段思考的侧重点不同，分解成若干课程专题来辅助设计，引导学生有步骤分阶段进行设计，由简到繁，由易到难，使学生在循序渐进的过程中逐步深化设计。例如地域性建筑的特点认识，建筑空间的体验，乌桕树的特性，茶文化的认知体验；互动设计，加强师生之间的互动和交流，加强结构、构造等相关老师的介入指导，加强学生建筑设计与相关专业的融会贯通，增强学生相互交流学习，提供多方向的沟通平台和开放的学习环境，自评和互评的气氛。

二、本课题设置具有以下创新点：

1. 地域性，结合地域性历史文化特点，在乡土文化度假村设计中突出当地特有的地域建筑特点和当地特产，结合地域性气候，地理条件，自然特征，拓展学生设计视野，促进文化在建筑中的表达。

2. 多元性，紧紧围绕地方特色，以地域建筑为平台，分两个方向选题，一为茶文化为主题；二为当地特产乌桕树的四季变化为主题。两个选题极大地调动了学生的设计热情，加强针对性和建筑内涵的表达。

3. 批判性，结合当地具有地方特色的建筑类型，挖掘出符合当地历史文化、适应当地气候的特征，摒弃已经不适宜当地人们生活的部分，重新整合创造出新的建筑类型，批判地吸收当地的建筑特点；

4. 实践性，本课程设计选址为真实场址，一为大悟县城西的水库湖畔；二为大悟县城西的一个小山顶。两个场址各具特点，具有很强代表性，题目具有可操作性和实践性。

本课题的能力培养目标包括分析能力、整合能力和深化能力三个方面。重点培养学生处理建筑与环境关系的能力，能够依据调研和分析结论进行设计构思；培养学生整合性思考能力，能够综合处理复合性公共空间的功能、形式、技术问题；加强学生设计深化及表达能力，能够通过手工模型和数字技术对方案进行精细表达。

本课题所运用的教学方法：深入调研、名师参与、示范教学、模型制作等，多种教学指导方法同步进行，为学生方案的深入，团队的合作，整体设计水平的提升提供了条件。

本课题的教学进度安排与控制具体如下：

1. 选题调研阶段，教学周为1周；
2. 第一次草图阶段，教学周为2周；
3. 第二次草图阶段，教学周为3周；
4. 第三次草图阶段，教学周为1周；
5. 绘制正图阶段，教学周为1周。

在课程最后，通过汇报展览的方式对最终设计成果进行验收和评价。

"臼舍"——大别山脚下的土蛋蛋，乡土文化度假村 设计者：张榕 罗雨 陶月莹 张歆悦
"茶居"——大别山脚下的石蛋蛋，乡土文化度假村 设计者：李斯斯 李柳 陈妍 刘文佳
指导老师：王炎松 胡宏 易宇
编撰/主持此教案的教师：吴明杰

新乡土主义建筑设计01

——地域性建筑设计教案（二年级）

一、建筑设计课程设置框架体系

建筑学五年课程设计体系	一年级 建筑与空间	建筑初步 小茶室设计	通过线型练习、构成、抄绘、渲染等一系列的基础训练，初步了解专业知识，培养学生的学习兴趣和艺术素养，开发学生空间想象能力和创造潜能，为后面的深入学习打下基础。
	二年级 建筑与环境	小别墅、中餐厅 幼儿园、地域性建筑	通过小型建筑设计的训练，使学生掌握小型建筑的基本的设计方法、认识设计的内涵和美学规律，引导学生构建理论体系，开培养学生设计思维、设计能力、和设计习惯，为后面的深入学习打下基础。
	三年级 建筑与文化	客运站、山地旅馆 大学生活动中心、旧厂房改造	通过中型共建的设计训练，促使学生重视建筑的规范性，建筑技术与艺术的结合，依托结构选型及相关的技术课程，掌握建筑结构的合理性及节能和可持续发展的设计方法进行尝试。
	四年级 建筑与技术	图书馆、高层设计 小区规划、室内设计	通过一系列训练，掌握一般高层建筑设计、场地设计、居住区规划、室内设计的一般原理和基本知识，了解建筑与文化建筑与城市、建筑与环境、建筑与室内的关系，为五年级的设计院实习和毕业设计打下基础。
	五年级 建筑与城市	建筑师业务实践 毕业设计	通过设计院实习和毕业设计，使学生掌握相关知识的综合运用，建筑理论与实践相结合，培养学生即将进入社会的工程意识和建筑是职业道德，强化问题、分析问题、解决问题的综合能力。

二、本课题与前后课题的衔接

二年级上学期
小别墅、快题、中餐厅

二年级下学期
幼儿园、快题、地域性建筑

二年级的主题是"建筑与环境"。二年级的建筑设计强调物质环境—硬环境—可见性，二年级下学期建筑设计强调精神环境—软环境—不可见性。这是一年级"建筑与空间"的深入，三年级"建筑与文化"的热身。整个二年级先从简单的建筑类型入手，便于学生开始设计训练，再转入中小型公共建筑的单体及群体组合联系使学生逐步掌握设计的基本方法和相关的基本专业知识。在课程设计中途加入快题环节，训练学生快速设计思维很表达能力。

三、本课题教学特色

教学特色	快乐设计	在整个设计及过程中，让学生快乐并主动的参与进来，主动的去寻找有关资料并去完善自己的想法，使学生在快乐中进行设计，真正的享受设计带来的快乐，在快乐中学习，进步，提高，完成最后成果图，为自己的设计成果而感到自豪和快乐。
	自由选题	此次地域性建筑设计提供了乡土文化度假村和孝文化纪念馆等多个题目和主题，学生可根据各自的兴趣和知识能力自由选题，分组协作完成。这样可调动学生的积极性和创造力，还有提供多元的学习途径，使学生在一个课程设计中学习更多的知识。
	过程设计	强化设计过程，按照一草、二草、三草、正图的逻辑性进行设计的推进，结合设计进度安排，将设计细化为一个连续的阶段，把握每一阶段的深度并进行评图，训练学生注重过程，在发展中推进设计的深度，而不仅仅将成图作为唯一的评判标准。
	专题设计	根据设计过程中每一阶段思考的侧重点不同，分解成若干课程专题来辅助设计，引导学生有步骤分阶段进行设计，又循到繁，由易到难，使学生在循序渐进的过程中逐步深化设计。例如地域建筑的特点认识，建筑空间的体验，乌桕树的特性，茶文化的认知体验。
	互动设计	加强师生之间的互动和交流，加强结构、构造等相关老师的介入指导，加强学生建筑设计与相关专业的融会贯通，增强学生相互交流学习，提供多方向的沟通平台和开放的学习环境，自评和互评的气氛。

四、本课程设置创新点

题目设置的地域性

结合地域性历史文化特点，在乡土文化度假村设计中突出当地特有的地域建筑特点和当地特产，结合地域性气候，地理条件，自然特征，拓展学生设计视野，促进文化在建筑中的表达。

题目设置的多元性

紧密围绕地方特色，以当地建筑元素为平台，分两个方向选题，一为茶文化为主题；二为当地特产乌桕树的四季变化为主题。两个选题极大的调动了学生的设计热情，加强针对性和建筑内涵的表达。

题目设置的批判性

结合当地具有地方特色的建筑类型，挖掘出符合当地历史文化、适应当地气候特征，群弃已经不适宜当地人们生活的部分，重新整合创造出新的建筑类型，批判的吸收当地的建筑特点。

题目设置的实践性

本课程设计选址为二，一为大悟县城西的水库湖畔；二为大悟县城西的一个小山顶。两个场址各具特点，具有很强代表性，题目具有可操作性和实践性。

五、设计任务书

教学要求	初步掌握公共建筑设计的一般原理知识； 掌握聚落式建筑群设计的基本方法，处理好建筑与环境，建筑与景观的关系； 以草图和实船模型作为思考，构思设计的手段加深建筑空间、尺度和环境的感性和理性认识； 促进和提高建筑创作构思和处理能力，技术与艺术相结合问题的综合能力。
设计要求	功能要求：功能分区应明确，合理组织交通流线，游客流线，解决好单体建筑内的"三线"（流线、光线、视线）设计问题；
	建筑造型空间环境要求：在建筑单体和聚落整体上发掘当地具有代表性的建筑元素，历史文化和艺术上的特点，处理好建筑与周围环境的关系，对场所进行氛围和精神的营造；
	技术要求：利用当地建筑材料，建筑覆盖率>40，绿化率<30，选用适当的结构形式，遵行有关设计规范和法规；
	图纸要求：总平面图1:300、各层平面图1:100、立面图1:100不小于两个、剖面图1:100两个、透视图、设计说明、经济指标。
项目要求	1.名称：地域性建筑设计 2.概况：基地位于湖北大悟县，拟建一个乡土文化度假村，总面积要求2500㎡±10%，具体建造地段及地形图有同学根据兴趣和熟悉程度自定。所选地形必须考虑新建度假村的可行性和经济性，满足度假村所需功能要求和流线要求，功能空间面积要求如下：

一、客房部分：800㎡	四、康乐部分：400㎡
1.客房间：20间 20㎡/间	1.健身：50㎡
2.单人间：10间 20㎡/间	2.乒乓室：50㎡
3.套间：4间 40㎡/间	3.台球室：50㎡
二、公共部分：410㎡	4.棋牌房：100㎡
1.门厅：150㎡	5.KTV:90㎡
2.接待室：20㎡	6.更衣室：30㎡
3.展示：80㎡	7.卫生间：30㎡
4.小会议室：60㎡	五、行政管理用房：240㎡
5.会议室：30㎡×2间	1.管理办公室：25㎡×4间
7.卫生间：40㎡	2.职工餐厅：50㎡
三、餐饮部分：500㎡	3.会议室：40㎡
1.中餐厅：240㎡（含大宴会厅140㎡，3-5单间）	4.卫生间、更衣淋浴：50㎡
2.西餐厅：特厅：80㎡	六、技术用房：100㎡
3.厨房：150㎡	1.消防控制室：30㎡
4.卫生间：30㎡	2.配电室及机房：40㎡
	3.水房：30㎡

湖北工程学院

乡土文化度假村

六、课程设计教学方法

教学方法

深入调研　学生针对实际基地，特定环境，当地居民，自然环境与人文特点进行实地调研考察。切身感受当地居住环境，大量的收集第一手资料，为下一步文化特点转化为建筑提供素材。

名师参与　邀请了武汉大学具有多年的实际项目设计与教学经验丰富的王教授参与建筑设计的教学过程，分享了王教授的设计经验与教学经验，让学生认识到实际项目与课程设计作业的不同要求，同时提升了文化在建筑中表达的认识。

示范教学　示范教学分为全国优秀作业示范和教师现场示范两种形式。一方面，将往届学生的阶段性成果和最终成果向本届学生进行展示，激发学生向优秀标准看齐的创作热情，促进学生不断创新和超越，另一方面，教师现场示范手绘草图，电脑建模等，达到示范效果。

模型制作　模型制作过程是对建筑意向的进一步推敲和分析，也是对空间的可行性作进一步的考究，模型从最初的草图进行块体分析中期的空间分析，再到最后的电脑成果模型进行对建筑与环境的分析，整个过程中鼓励学生用模型表达自己的设计理念和想法。

七、教学进度安排与控制

教学进度安排与控制

选题调研阶段（二周）

教学要求：
- 选题，根据自己的设计意向，从当地的人文历史，建筑特点等导入手选择一个方向入手
- 对两块基地进行进行实地调研，并进行分析比较，选择地形
- 进行基础资料收集，并进行分析研究，整理调研报告

调研点评：
- 资料收集，文献调研比较单一，应从有关当地的文献、县志、历史文化，规范资料、大师专辑、建筑期刊、相关书籍增加加大收集广度
- 基地的调研较深入，能从当地的建筑类型，建筑现状等方面深入调研，并对基地进行了相关测绘及分析
- 调研的方法较为单一，多为拍照，应加入实体体验，调查问卷访谈谈话、统计分析等，并能统计整理形成设计的理论支撑

第一次草图阶段（三周）

教学要求：
- 了解任务书，各功能的需求，各功能空间需要的面积和关系
- 分析地形与周围环境，确定场地的主次入口，建筑朝向
- 分析各建筑单体的建筑性格与要求
- 对整个地形进行大的功能分区，合理组织各流线
- 确定各建筑单体的体量组合与构图

草图点评：
- 构思立意缺乏内涵，主题定位不恰当，文化不能转化为建筑语言，表达不够深入
- 总平面的主次入口选择不当，建筑单体之间形体组合不协调，与主题联系不紧密组织，流线组织不够流畅
- 方案对周围环境缺乏考虑，环境设计深度不够，缺乏场所精神的营造与室外空间的塑造
- 应加强草图的分析、表达和深度，加强基地的分析、地形的研究、地域文化与建筑的关系

第二次草图阶段（三周）

教学要求：
- 根据所存在的问题进行调整，完善总图的细节部分，考虑室外环境小品的布置
- 根据功能和美观要求处理建筑单体平面布局和空间组合的细节处理好各种流线等问题
- 确定建筑单体的功能和面积尺寸，室内家具进行充分设计，结构造型，材料的运用
- 研究建筑单体的造型，整体的组合，推敲建筑立面，表现出建筑的个性特征与地方特点

草图点评：
- 建筑单体体量相关关系不够清晰，建筑单体之间的组合与地形周围环境关系不够紧密
- 环境布局设计趣味性不够，还需要深入
- 点评详解建筑单体之间的组合方式和建筑单体的造型设计与表达，各单体的变化与屋顶的变化，立面的虚实及层部处理
- 对各单体进行独立讲解要求和注意事项，确定建筑结构，立面的表达

第三次草图阶段（一周）

教学要求：
- 根据二次草图完善方案，对整体方案构思进行排放设计，依据主题进行好建筑单体，完善所有细部分，进行完整的方案汇报
- 根据结构和构造及建筑材料等知识进行建筑造型，完善细节
- 运用建筑规范制图规范和民用建筑设计通则及建筑设计防火规范等规范知识强化建筑表达严谨性及实用性
- 运用成熟技术来辅助方案设计，加强建筑室内空间和建筑单体空间的细节刻画

草图点评：
- 建筑群整体流线较为清楚，但部分建筑单体流线欠考虑
- 部分细节缺乏建筑关系，应进一步推敲楼梯的开窗的位置和方式、建筑造型与环境、材质的变化和屋顶的搭配，屋顶元素的运用和表达
- 剖面表达不够详细，结构的关系需要进一步研究
- 排版缺乏构图，主次关系需进一步明确

绘制正图阶段（二周）

教学要求：
- 正图细部正确表达出设计意图，主题明确
- 方案平立剖无不符之处，掌握系统的方案表达方式和表现技法
- 各细部表达完整有深度，排版有构成美感

绘制点评：
- 正图设计草图表达清楚，主题明确
- 方案表达无平立剖无不符之处
- 各细部表达完整有深度，排版有构成感

八、作业展示与点评

类型一：乡土文化度假村

作业一：曰舍 点评：
1.方案从基地的特征入手，结合基地原始的地理环境，布局因地制宜的采用聚落分散式，最大限度地利用了地形，减少土方的移动，整体构思结合大的大怜山地域的经济作物与村则的种植加工之方式，以起（起源）、承（传承）、转（推序）、合（续合）为空间的有机图合，创造丰富有趣的空间和流线。
2.建筑群落的整体空间布局变化丰富，开合有序，建筑组织合理流畅，建筑单体功能合理，造型丰富，意向空间丰富有趣味，景观设计也很有特点，整个方案表达深入，分析详细，主题性强，表达也很规则，达到教学的深度要求，制图规范，表达准确。

作业二：茶居 点评：
1.方案从基地的特征入手，结合基地林的地域性地理环境，采用聚落分散式的布局方式，布局因地制宜，最大限度地利用地形，减少土方的移动，建筑单体构思结合具有大怜地域特色的茶文化的主题，以起（分茶）、承（煮茶）、转（斯茶）、合（醉茶）为空间序列，通过建筑单体围合，创造丰富有趣的空间流线。
2.建筑群落的整体空间布局变化丰富，开合有序，流线组织合理流畅，功能合理，造型丰富多变，意向空间丰富有趣味，景观设计有特点，整个方案表达深入，分析详细，表达也很规则，达到教学的深度要求，制图规范，表达准确。

类型二：孝文化纪念馆

作业三：纽带·承孝 点评：
1.方案从基地的特征入手，结合董永七仙女之乡——孝感的地方文化，孝感之道的纽带为灵感来源，组织了感孝之道的空间序列，用现代的建筑构成方法来成列孝文化，内部氛的运用布置了建筑内部的感孝空间，用现代的建筑语汇来表达孝感传统的文化内涵。
2.建筑单体的感孝空间布局变化丰富，开合有序，流线组织合理流畅，功能合理，造型丰富多变，意向空间丰富有趣味，景观设计有特点，整个方案表达深入，分析详细，表达也很规则，达到教学的深度要求，制图规范，表达准确。

作业四：纽带 点评：
1.方案从基地的特征入手，结合董永七仙女故事之乡——孝感的地方文化，意感与承孝之道的纽带为灵感来源，组织了感孝之道的空间序列，用现代的建筑构成方法来成列孝文化，内部氛的运用布置了建筑内部的感孝空间，用现代的建筑语汇来表达孝感传统的文化内涵，建筑比较有时代感。

九、课程设计收获

老师寄语：

王老师：学生们正确的理解建筑与文化的关系，较好的处理了建筑与基地的关系，营造了丰富的室内空间和有趣的室外空间；

陈老师：同学们能够认真展现的完成乡土建筑的设计，能够深刻的把握建筑与文化的结合，为三年级的学习打下了坚实的基础；

易老师：同学们通过实地调研，跟随老师们的指点，很好的完成了课程设计，整体设计水平有了较大的提高；

胡老师：同学们对待设计的态度值得认可，很好的处理了整个场地的设计，营造了当地居民的场所精神和建筑氛围；

吴老师：同学们在轻松快乐的气氛中和渴求知识的态度下很好的完成了整个课程设计，提高了专业素质和团队协调互助的能力。

同学感言：

同学A：在此次的课程设计中对乡土建筑有了更深刻的认识，对文化和建筑的关系有了更深刻的理解，感觉自己有很大的进步；

同学B：在这个乡土建筑的设计过程中，我收获很多，对建筑的文化表达，场地的处理，都有了很深刻的理解；

同学C：这次的课程设计让我收获很多，从最初的调研导入手让我深刻的感受到乡土建筑的魅力和如何做好一个建筑设计；

同学D：这次设计虽然做完了，但我感觉意犹未尽，我们能在相互的交流中获取知识，在快乐中得到提高，感觉做设计是一件很快乐的事情！

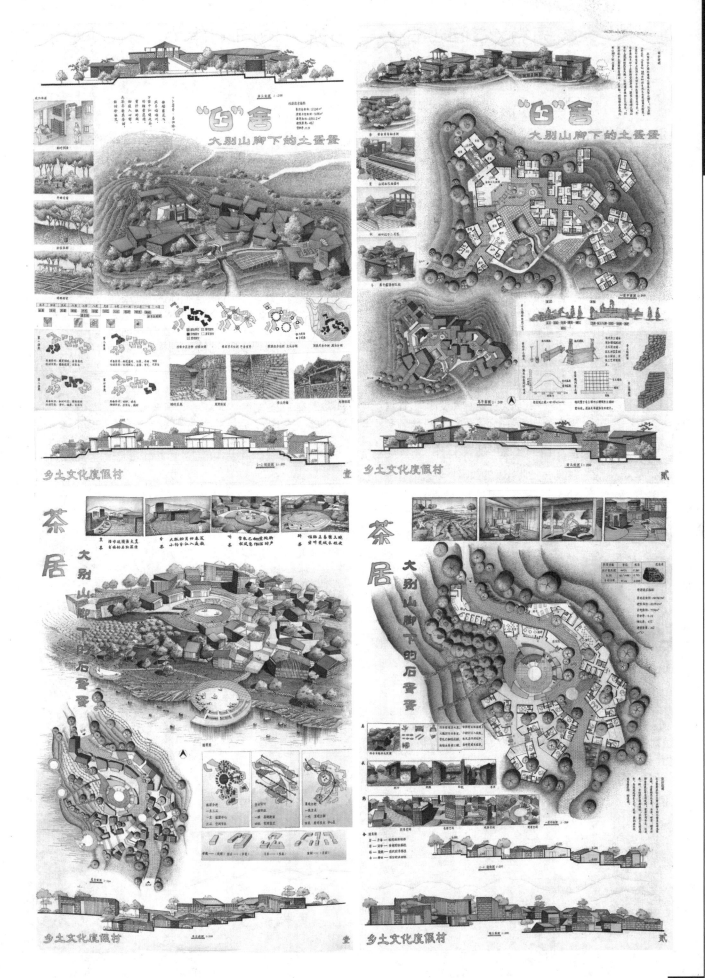

校园微X空间设计——场所·空间·建构

湖南大学

（一年级）

教案简要说明

本课题是我院《建筑设计基础》课程的最后一个设计课题，时长4周，周课时6学时。兼顾利用《模型制作实践》课程的实践周，时长2周，周课时10学时，故教学周期为6周，课时总计44学时。本课题延续了"空间认知和设计"训练系列教学单元，结合《设计概论》课程讲授的建筑与空间的相关理论知识，在教学过程强调因循"设计"思维逻辑，并结合"建构实验"教学方式，使学生的空间设计思维得以建构和发展，并为之后的建筑设计学习奠定专业认知和综合能力的基础。在大学一年级开展空间建构训练，我们的切入点在于将其与真实环境和功能需求相联系。通过该教学活动，引导学生体会设计概念转化为实物成果的整个过程，加深同学对材料和结构的特点以及在建造过程中的相互关系的认识，分组教学也培养了同学的团队合作意识。我们强调了教学过程的控制，主要分为四个阶段：调研—概念—试做—建造。同学完成的作品大致可归纳为三类，分别强调造型、搭筑和结构，体现了多样性。

林憩——校园微停留空间设计 设计者：黄建韬 易傲霜 彭斯佳 张婷 王嘉琪 张宗岳
旋木——校园微交流空间设计 设计者：涂婧雅 刘晓芬 吴倩 杨茗清 彭逸伦 韩思桁 董美馨
钢.柔——校园微展示空间设计 设计者：秦岭 韦舒懿 焦智恒 禹昊成 刘蕊 谢璇
指导老师：章为、钟力力
编撰/主持此教案的教师：邹敏

课程体系

一年级教学架构

设计基础教学以空间认知和设计为核心，设置了表达基础、形式基础、空间基础、场所认知基础、建构基础五个教学模块。每个模块配套相应的设计题目，并引入"设计性"思维，以期训练学生本技能，提高空间认知，培养综合设计能力。

五大教学模块之间形成有机联系的整体，以空间认识为导向，以空间设计训练为主线，按照教学次序交叉呈现于学生面前，该体系确定的关联性和逻辑性与学生的专业认知规律相一致，也符合对设计思维培养的诉求。并且不局限在一年级的教学视角来看待各模块的设置，而将其放在各年级整体的教学体系中研究。

技能 Technique	识图、制图、建筑画、制作模型、软件使用等
认知 Cognition	分解成不同方面来认知和体验建筑与空间：如形态设计（平面构成）形体设计（立体构成）空间认知（名作解析）空间设计（空间构成）材料结构（建构练习）
设计能力 Ability	在培养学生审美能力与造型能力的基础上，加强设计性思维的训练，应用技术性和认知性训练成果，帮助学生树立设计意识，提高综合设计能力

设计思维训练与设计基本素质培养

表达基础模块	抄绘练习、美术字、建筑制图、建筑画	空间的表达
形式基础模块	形态构成与设计：平面设计、立体设计	空间的形式
空间基础模块	空间认知与设计：名作解析、单元体空间构成	空间的限定
场所认知模块	场所分析与体验：基地调研、实例分析	空间的尺度
建构基础模块	模型材料分析与实体建造	空间的搭建

建筑设计基础 / 第一学期 / 第二学期

认识规律 → 表达技能 → 设计能力 → 建筑与空间

空间认知训练：
- 人体尺度认知（教室家具再布置）
- 场所认知与分析（校园空间构成分析）
- 经典建筑作品学习与分析（名作解析）

空间设计训练：
- 简单空间设计训练（立方体的分割与限定）
- 空间生成训练（植入场所与功能的校园微空间设计·建构）
- 复杂空间设计训练（空间组合之小型建筑设计）

一年级 / 二年级上

课题介绍

课题背景

本课题是我院《建筑设计基础》课程的最后一个设计课题，时长4周，周课时6学时，兼顺利用《模型制作实践》课程的实践周，时长2周，周课时10学时，故教学周期为6周，课时总计44学时。本课题延续了"空间认知和设计"训练系列教学单元，结合《设计概论》课程讲授的建筑与空间的相关理论知识，在教学过程强调因循"设计"思维逻辑，并结合"建构实验"教学方式，使学生的空间设计思维得以建构和发展，并为之后的建筑设计学习奠定专业认知和综合能力的基础。

本课题组织和串联起一、二年级的设计课程联系，同时也是一年级"空间认知与设计"系列教学单元的训练重点。课题定位基于学生的接受程度设置，引导学生由设计基础课程前期集中并列式的广度认知过渡到建筑设计课程中线性的有深度的思考。

教学目的

1. 以学生所处的校园真实环境作为设计对象，结合实际，充分考虑使用者的生活、学习需求。使学生初步掌握特定场所中人的行为活动规律和环境要求，思考人与环境的互动关系，理解场所精神，并锻炼其发现问题、分析问题、解决问题的能力，训练思维的逻辑性。
2. 归纳和掌握空间的形式语言，寻求合理的功能与相应的空间形态关系，研究空间的分割与组织方式、空间界面的虚实关系，塑造宜人的空间形态与体量，并符合人的行为尺度。
3. 初步理解建构与其相关理论，强调建造活动的本质和设计过程。理解材料、骨架、构造有时比概念和形式更能影响到建造、使用及最终效果。在深刻了解材料特性和与之相应的结构骨架、构造方式基础上，培养学生在设计中将艺术与技术、功能等因素综合考虑，并利用技术因素来创新。
4. 掌握以模型为主的设计手段，鼓励以模型作为直观手段促进设计思维发展。特别通过1:1实体模型的建造，掌握真实空间形态的准确比例关系，理解特定材料的受力关系、节点交接和美学效果，体验材料加工和实体建造。

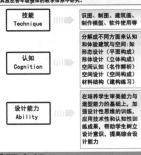

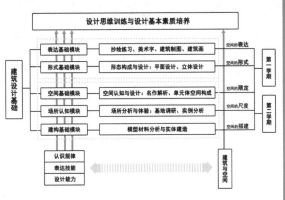

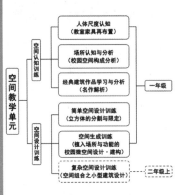

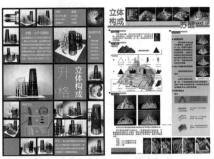

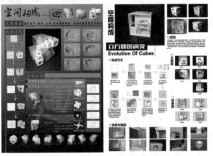

教学思路

1. 校园微空间设计的"小"易于一年级同学对教学内容的把握，同时其灵活多变的特点促使学生深入思考和研究不同的特质，挖掘空间、行为的复合性、丰富性。教学不强调复杂功能，从环境与场所入手，重点使学生掌握空间、环境、行为的相互关系。
2. 课题的教学过程因循"设计"思维逻辑来梳理和组织，以校园环境与空间的认知和讨论为出发点，引发对空间、环境、活动等问题的观察分析和思考，激励学生善于观察、研究并创造性、理性提出解决问题的策略和方法。
3. 课题强调对空间、材料和建构相互关系的理解和操作。以往传统建筑基础教学以构成训练为主，关注形式审美和建筑表达技能的培养。学生对空间缺少体验，对材料与细部缺乏了解，对建筑本体内容知之甚少。课题的建构环节通过材料加工、细部设计与实体模型搭建，树立以材料与体验为核心的空间观念，初步掌握具有可操作性的建筑设计方法，在设计深度上能体验到真实的建造过程。
4. 本课题强调设计的广度，要求学生综合运用设计原理、环境心理学、行为心理学、人体工程学等相关理论知识，尝试并初步了解建筑材料、结构与构造的基本概念。鼓励学生关注建筑学的前沿理论和交叉学科，比如数学建模分析，参数化和数字化辅助设计等。

设计任务书

校园微X空间设计
——场所·空间·建构

我校校区位于国家级风景区内，校园环境优美，游客众多，也造就了特殊的校园氛围。为了提升校园的文化氛围并丰富校园的景观元素，以"校园微X空间设计"为题，要求学生设计并实体建造一批具有景观小品性质的构筑物（例如：休息亭、室外装置等），其性质和功能是开放的，可以为师生或游客提供各种服务功能（如停留、遮蔽、休憩、展示、陈设、售卖、问询等）。基地选址不限，旨在改善校园内某特定区域或场所的环境氛围，激发场所活力。

设计要求
1. 该构筑物空间尺寸为2m×2m，限高2m，要求3人以上够进入和停留。
2. 以人为本，符合人体尺度要求。并能满足使用者的需求，功能设置合理。
3. 适应选定基地氛围，凸显场所特征。
4. 结构合理坚固，强度满足要求，并满足防风、防雨、耐久等要求。
5. 造型新颖，细部处理合理美观。
6. 建造实施方案合理，有较好的制造工艺，并考虑控制成本。
7. 材料的选取和加工满足设计要求，便于拆卸、拼装、运输，考虑可回收利用。

主要材料
块材（石膏、砌块、砖等）
板材（木板、密度板、纸板、金属板等）
线材（木条、竹条、pvc管、角钢、绳子等）
其他（五金零件等）

成果要求
1. 每班分成5~6组，每组5~7人，以组提交设计图纸，完成实体空间建构设计图纸A1图纸3~4张，包含详细设计说明、平面图（2个）、立面图（2个以上）、剖面图（1个以上）、比例1:20、轴测图（1个以上）、细部及节点详图（1:5~1:10）、效果图、分析图、制作过程照片、实体模型照片等。
2. 空间实体建造模型，选定一种主材，1:1比例制作并集中评图展览。

教学计划表

时间	目标	教学内容	评价标准	备注
第一周	调研	基地调查 使用者需求调查 材料市场调查	对基地及材料的深度解析	布置任务书 选定场地 提交调研报告
第二周	抽象	寻找设计灵感或"原型" 通过头脑风暴得到模型形态	模型形式 空间逻辑	每人提交：10 pvc材料模型
第三周	比选	评选优秀方案 深化与调整	形态美观 结构合理 符合场所及功能要求	公开评选 每班选出六个优秀方案
第四周	试做	选择材料 试做等比单元体模型 探讨其形式及联结方式	单元体模型的合理美观	小组成员分工 单元体模型试做
第五周	试错	单元构件的加工与制作 连接节点的设计与试错 验证整体受力的合理性	关键节点设计的合理性 方案的可实施性	采购材料 制作单元体
第六周	建造	现场装配、组合 施工调整、拼接	1:1实体模型建造	检查材料强度 结构稳定性
最终	讲评	提交设计图纸 模型展示	场所感的营建 形态新颖美观 结构的稳定性 建构整体的完成度 材料使用的合理性	公开评图

stage1 调研
stage2 概念
stage3 试做
stage4 建造

与前后题目的衔接

1. 横向课程衔接

"校园微空间设计"课题有效整合了"设计概论"、"设计基础"和"模型制作实践"三门平行课程。在教学时序上，"设计概论"课程讲授在前，系统地讲授了有关设计原理与设计方法等内容，而"模型制作实践"紧接着"设计基础"的教学周期，结合建构内容打通了两者的教学环节，同时也促进了课题的完成度与深度。在一年级的课程体系中，围绕着"设计基础"以空间认知和训练的教学主线，将理论知识、空间认知与训练内容及模型制作有效结合，从而加强了学生综合能力的培养。

2. 纵向课题衔接

前一作业：名作解析——单元体空间构成

"校园微空间设计"组织和串联起一、二年级的设计课程联系，同时也是一年级"空间认知与设计"系列教学单元的训练重点。之前的作业为一年级下学期的名作解析和单元体空间构成两个课题。学生已了解了空间的生成、组织和转换，熟悉了空间组织的类型和组合特点，掌握了形式与空间的表达、生成和转换，尝试了立方体单元空间的分割、限定与组合。而在本课题训练中，通过"场所、功能、材料"的引入，把设计重点引向了"材料与建构"，在模型制作实践中亲身体验和认知空间，在原有的教学主线上拓展形成包含场所、功能、空间、材料、建构的综合设计基础知识系统。

后一作业：小型建筑设计

本课题之后到二年级上学期的第一个课题——小型建筑设计。在空间训练系列单元中尝试对空间组合的思考和实践。小型建筑设计如茶室、书吧、展厅等其建筑规模小、功能相对简单，而它的组合与体系、行为体验、功能与场所设计的学习重点。因此，本课题的"建构实践"有助于加深对空间、建构方面的认知，能有效地拓宽建筑设计中的空间设计和建构的整体思路，加深空间认知和把控能力，促进建筑设计包括对材料、结构、构造方面的全面思考与掌握。"校园微空间设计"课题可看作是后续小型建筑设计课题的分解和准备动作。

第一阶段：调研（思考与解题）（1.5周·9学时）

教学内容 老师开题讲授：布置设计题目，讲解任务书，讲解与课题相关的设计原理知识，分析典型案例，推荐参考书目。带领同学参观模型工厂，认识加工工具，展示制作工艺。
学生分组调研：1. 基地调研：分析校园特定环境与场所特征以及人的行为活动特点，确定适合建造的具体场所，提交基地分析报告。2. 需求调研：从自身学习、生活需求出发，重复设计的功能需求，功能自定。3. 市场调研：实地走访材料市场，了解不同的材料性能特征、尺寸、加工工艺、构造方式等方面，探讨材料使用的可能性与合理性。提交调研报告，集中汇报，交流讨论，引导启发设计思路。

教学重点 采取以问题为导向的探索发现式教学，训练同学们的"设计性"思维，引导学生在解题过程中发现和提出问题，通过交流讨论加深对理论知识的理解，思考问题解答的可能性。

教学方法 课堂讲授、实地调研、汇报讨论。

阶段成果 调研报告（包括基地分析、需求分析、材料分析）

第二阶段：概念（抽象与比选）（1.5周·9学时）

教学内容 老师启发聆听：在教学中启发学生讲述故事，撰写有关空间与场所的剧本，设想空间可能发生的行为与事件，最终与确定的环境和场所发生关系，形成空间意象和主题。此外，在学生进行概念构想时，鼓励他们从设计相关领域（如：美术作品、平面设计、工业设计、建筑设计、家具设计等）拓展学习，收集相关资料，寻找设计灵感。
学生概念生成与比选：经过头脑风暴，提出初步方案，制作一草模型。分组讨论一草，深化设计：计划思后，每人完成一个设计方案，提交：10工作模型、相关图纸、构思说明、全班公开评图，经全体投票比选，每班优选出5～6个方案，每组5～6人，方案优选者为组长，在选定方案进行调整和深化，确定结构骨架和材料，进行小组分工，为下阶段的模型制作做好准备。

教学重点 设计概念的提取和抽象过程要要学生们的头脑激荡和头脑风暴，在此过程中，学生不再是被动的接受者，而是通过对任务书的理解，对前期调研发现的问题主动解题，主动寻找设计概念，尝试空间形态的各种可能意象，以草图和草模结合的方式，表达初步设计构想，对设计草图和模型不求美化处理，但求记录思维痕迹和失误，在限制中寻找突破点，并激发其思维的发散性与创造性。

教学方法 头脑风暴、模型辅助构思、方案优选。

阶段成果 每班优选出5～6个设计方案，包括工作模型及图纸，小组分工。

第三阶段：试做（材料与节点）（1.5周·11学时）

教学内容 教师讲解指导：结合讲座讲授建构相关原理，分析建构的内在逻辑和秩序，介绍基本结构类型、不同材料的力学性能及常见构造做法。在课程设计指导环节，更多采用引导式的教学方法，不做决策，以讨论和提示方式引导，允许学生"试错"，鼓励"操作"，尊重学生的尝试和改进，挖掘和激发学生的创造力。
学生试做试错：每组学生根据方案选定材料，结合其他性能特点，人体物理尺度来改进方案、完善设计，试做1:1比例单元体模型，探讨其形式和联结方式的可能性。经过不断操作与试错，比较优化单元构件和节点构造方案，最终制作出模型。同时利用计算机建模计算，搭建虚拟骨架并验证其受力是否合理、骨架是否牢靠。还应考虑材料价格、加工方式难度、施工时序、人员分工等，修改完善搭建实施方案。同学们在试错解题的过程中得到的经验和教训对下阶段的实体搭建大有裨益珠玑。

教学重点 鼓励"试做"与"操作"的同时，强调逻辑与理性。建构是对结构（力的传递关系）与构造（构件的相应布置）逻辑的一种回应。强调骨架结构、构件构成、节点构造的合理设计。建构是实物骨架，与结构、细部设计关系到实物的表皮形态，决定着实物的外在视觉效果，因此，不同材料的单元体构件形态和联结构造方式都需要合理性以及创新性设计，以期既要考虑的技术解决，又考虑富于趣味的视觉表达。

教学方法 试错式教学脑力辩法、引导式教学、计算机辅助设计。

阶段成果 单元体模型制作，构造节点示意图，虚拟模型受力验算。

第四阶段：建造（搭建与讲评）（1.5周·15学时）

教学内容 学生集中搭建：每小组确定实体搭建实施方案，批量采购材料与配件。在模型工厂内对材料进行裁切、打孔、连接制作单元构件，并在基地现场完成成运输和拼装，最终完成实体模型搭建。同时，结合任务书要求和搭建成果，完成图纸绘制，并尝试多种方式对方案进行特色表达。
老师组织讲评与展示：在学生搭建过程中，针对出现的问题及时指导，提出建议。在正图绘制过程中向学生展示往届优秀作业成果，展现学生图纸表达。在最终讲评环节，组织学生进行实体模型集中展览和方案汇报，邀请多专业及各年级教师共同参加，公开评审面纸、听取汇报，让学生们充分交流讨论、现场打分和讲评、选出优秀作品留存。并结合校园公开展览，对其使用情况设置意见本，进行跟踪反馈和总结实践，以期待在今后的教学过程中予以改进。

教学重点 此阶段强调实体模型搭建的可实施性，主动手实践和实际操作，要求同学们采用并设计合适的材料、结构、节点构造来表达建构意图，鼓励创新性设计，并在建构过程达到材料单元件便于拆卸、拼装和减量，并具备材料的可回收利用。通过此建构环节，加深同学们对建构过程认知和体验，并使同学们由此理解设计是由概念到实物的全过程，初步了解建筑设计的现实制约因素。

教学方法 模型制作实践、汇报总结、集中讲评。

阶段成果 提交正式图纸、完成实体模型搭建。

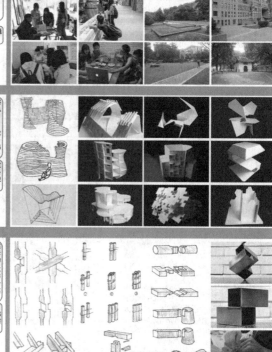

校园微X空间设计

——场所·空间·建构

教师点评

作业一《林憩》

方案简介：

用澳松板围合成球壳形态，内部空间用于体验者进入、停留、休息，营造出静谧自然的空间氛围，三角形的形成丰富的光影效果，螺旋上升的形态象征着树木蓬勃的生长力。

教师点评：

该设计体现了变化、灵活的设计思维特点。首先其表现在形态设计上，突破了常规几何形而采用s、c形曲线的线性变化生成壳体。壳体由209个三棱台单元堆叠形成曲面，具有较为丰富的光影和镂空肌理效果。两个壳体有多种空间组合方式，满足不同的行为和使用方式，它们不同的组合也形成了流畅、多样的形态。形态和材料、节点之间的关系处理合理，但需要考虑澳松板不适合露天放置，应认识到作为复杂形态的单元构件变化多，加工、装配难度增大，产生的误差相应也较大。

作业二《旋木》

方案简介：

本方案外形为螺旋形渐变叠加，螺旋之中蕴含了丰富的空间形态，最大螺旋圈与最小螺旋圈之间的渐变营造出可供人驻足、憩息和交流的空间，空间形态建构遵照一定的数学规律变化，富有韵律感与结构美。

教师点评：

该设计以"漩涡"为灵感，抽取12边型为形态基本单元，取材松木条搭建出1.5mX1.9mX2.9m的覆盖、围合空间。可容纳1-4人在其中或站或坐或躺或交谈，整体结构合理，受力均衡合理。设计了菱形木块与螺栓连接方式，便于单元组装、拆卸、搬运。整体外观制作精良，在长度、方向排列上逐渐产生螺旋变化，具有韵律和生动美感，考虑人体工程学和形态之间的关系。适合放置在校园草地或林间增加环境的趣味。不足之处需加强底面的牢固和其与整体形态之间的协调。

作业三《钢柔》

方案简介：

将坚固耐用，富有肌理效果的不锈钢冲孔板作为材料，把三角形——三棱柱作为基本母体，以扭动的形式结合人的尺度与行为特点，最终形成冷峻的外观与实用的功能相结合的空间建构。

教师点评：

该设计以"三角形"为母体，反复"折"、"扭"起伏延展，形成2.4mX2.4m的空间形态，造型新奇具有雕塑的特性能激活室外空间，产生新的场所氛围，功能、尺度与形态结合恰当、巧妙，将坐、躺、站行为和陈列、摆放功能结合在一体，如同室外家具。金属穿孔板与造型结合产生刚柔相济的视觉效果，在校园环境中有画龙点睛的作用。材料与节点设计简单，易于安装和拆卸。充分考虑了结构稳固，但扭转部位的受力大，材料变形较大。

学生感悟

林憩耗费整整近两个月，在最初设计时，我们想尽可能从多方面优化设计方案，但由于技术、经济、知识等因素制约，没办法做到面面俱到。在实体模型建造中，一个个难题被我们攻克解决，最终做出了超越我们预想的作品。脑海中的想法成为现实，以及展出时专家的称赞，让我们感受到了设计之路的苦与甜。

旋木的这次作业之前所有的设计都要锻炼人，从建材调研、基地调研、概念提出、方案确定、模型制作、到最后的方案出图，没有大家的努力都是无法完成的。通过这次作业，我们不仅了解了各种建材的特性及连接方式，体验了创作空间乐趣，更学会了小组合作，相互帮助，共同解决难题。

钢柔就像是我们小组共同的孩子，从最初的构想到最终的定型，从想法的萌生到行动的过程，都让我们在前行的路上摸索着。每个人的想法不同都会有自己的见解，但我们有着共同的目标：形式和功能的完美结合，刚柔并济。它是我们大家共同努力，用我们的思考打磨而成的微展示空间。

教学总结与反思

在"校园微X空间设计"课题中，以校园真实环境与场所作为设计对象，更直观地帮助学生进行自我分析与思考。学生是以设计者和使用者的双重身份投入到课题的学习中去，双重身份体验有助于培养未来职业建筑师的责任感。一年级学生思维主要以形式逻辑为主，对此，课题综合了环境、空间、材料、细部等外显性元素，并将功能和结构等较为理性的设计元素糅合其中，为一、二年级的设计课程建立了联结。此外，打破了由平面和形态入手进行设计的思维方式，教学重点围绕着空间、场所、材料与行为等发生的关系进行设计，强调设计思维的逻辑性。

虽然功能和结构未在本课题的教学未作重点强调，但很多学生在设计概念的提出和实体建造的过程中，已逐渐意识到两者对设计结果的深刻影响，也反映出了课题的设置起到了引导学生主动思考与学习的作用，同时引导学生带着问题进入建筑学的后续学习。建构环节使得学生初步理解建筑的本体语言，引导学生关注建筑空间及造型与构筑它的材料、结构及构造之密切关系，让学生亲身体验从设计到建造的全过程，培养学生在设计中将艺术与技术、功能等元素综合考虑，加深理解材料、结构、构造等技术因素对建筑设计的制约和促进。

当代知识的多元、信息传播的便捷和学生个性的发展使得学生的知识架构开始倾向自我完成，也促使老师在教学中更应成为一个组织者和引导者，教师在某些环节甚至仅仅为聆听者而不是裁判人。在设计过程中突出学生的主动性和能动性，教学评价的标准更多的是学生的概念分析过程和逻辑的合理，而且并不是答案的唯一。

此课题的建构环节延续了两届，但设计任务书的内容有所调整。今年课题的设置更重视设计思维的训练，加强了场地、功能等要素的考虑，更强调结构、材料、构造等技术环节对于设计概念的影响与促进，课题的逻辑性与完整性也得到了增强。每年的建构作业是一年级同学参与度最高的题目，课题以小组形式完成，锻炼了学生们的组织和协调合作的能力。此外，不论从教学过程的反馈，还是从学生们的作业成果来看，此次课题教学的完成，都达到了课程设置的初衷甚至超出了老师的预期。在教学环节的最后进行了为期一周的实体模型校园展览，在校内师生及校外游客中引起了巨大的反响。相信这教学期间同学们表现出来的主动性、能动性和创造性能激发他们后续的建筑学专业学习的热情。

图纸展示

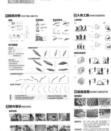
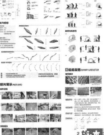

过程展示

湖南大学

建筑设计（一）（二）教案
——强调设计方法和过程培养的入门训练

（二年级）

教案简要说明

本设计题目的教学目标：课程任务是使学生在已学的建筑学专业相关知识的基础上进行建筑设计学习。针对建筑设计学习目的和要求综合性特征，注意培养学生的调研能力、分析能力、动手解决问题的能力，以及通过相关外围知识的学习，使学生逐步掌握建筑设计的基本方法、相关的基本知识和基本的建筑设计表现技法。

本设计题目的教学方法：整个学年，通过层层推进的课程（四个长题和两个快题），

从小型居住类建筑开始便于学生入门，逐渐过渡到中小型公共建筑的建筑单体及群体组合方案设计练习。对学生采用全面素质培养的教学模式，课程包括理论讲授、教学参观、课程设计及相关课外作业等四个教学环节。教学中要求用工作模型配合方案构思和表达并贯穿设计课的全过程，在建筑设计表现技法中从单色的建筑表现过渡到全面的建筑设计方案色彩表现。

学者住宅 设计者：李嘉泳
南方9班幼儿园 设计者：黄绮琪
南方9班幼儿园 设计者：李玥
指导老师：杜宏武 苏平 陈建华 费彦 傅娟 罗卫星 王静 王朔 魏开 禤文昊 徐好好 许吉航 张智敏 钟冠球 庄少庞
编撰/主持此教案的教师：许吉航

一年级
建筑设计基础

二年级：建筑设计方法

三年级
建筑设计整合

四年级
建筑设计的研究与实践

华南理工大学

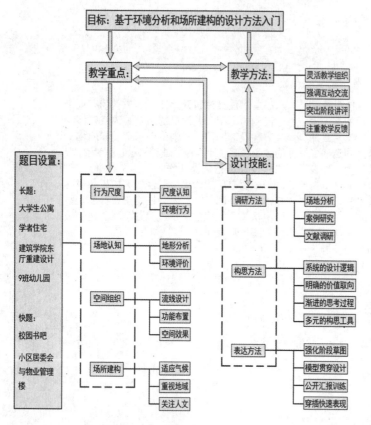

目标：基于环境分析和场所建构的设计方法入门

教学重点：　　　　教学方法：
- 灵活教学组织
- 强调互动交流
- 突出阶段讲评
- 注重教学反馈

设计技能：

题目设置：

长题：
大学生公寓
学者住宅
建筑学院东厅重建设计
9班幼儿园

快题：
校园书吧
小区居委会与物业管理楼

行为尺度
- 尺度认知
- 环境行为

场地认知
- 地形分析
- 环境评价

空间组织
- 流线设计
- 功能布置
- 空间效果

场所建构
- 适应气候
- 重视地域
- 关注人文

调研方法
- 场地分析
- 案例研究
- 文献调研

构思方法
- 系统的设计逻辑
- 明确的价值取向
- 渐进的思考过程
- 多元的构思工具

表达方法
- 强化阶段草图
- 模型贯穿设计
- 公开汇报训练
- 穿插快速表现

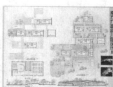

学者住宅设计1/2　　学者住宅设计2/2

KIDS' TOWN　　KIDS' TOWN

1. 以"入门"为目标的课程内容和教学模式

1.1 二年级建筑设计课程（建筑设计一、二）的任务

课程任务是使学生在已学的建筑学专业相关知识的基础上进行建筑设计学习。针对建筑设计学习目的和要求综合性特征，注意培养学习的调研能力、分析能力、动手解决问题的能力，以及相关外围知识的学习，使学生逐步掌握建筑设计的基本方法、相关的基本知识以及基本的建筑设计表现技法。

1.2 层层推进的课程

四个长题和两个快题，从小型居住建筑开始便于学生入门，逐渐过渡到中小型公共建筑的建筑单体及群体组合方案设计练习。

1.3 全面素质培养的教学模式和训练内容

本课程包括理论讲授、教学参观、课程设计及相关课外作业等四个教学环节。教学中要求用工作模型配合方案构思和表达并贯穿设计课的全过程，在建筑设计表现技法中从单色的建筑表现过渡到全面的建筑设计方案色彩表现。

2. 过程优先的教学培养重点

长题的训练过程：

场地踏勘——文献调研、案例调研——一草——二草——修正图——正图

2.1 "授人以渔"-重视系统逻辑方法的设计训练

从环境分析和调研入手，草图和草模为媒介进行设计思维的启蒙训练，引导学生关注从环境到设计理念再到形式的生成与表达的逻辑过程，推进从"授人以鱼"到"授人以渔"方式的转变。

从手段上看，强化草图和工作模型贯穿设计的全过程。

2.2 "循序渐进"-强调进阶练习的教学要求

学年从上学期基本的居住建筑（大学生公寓、学者住宅）设计训练入手，到下学期较为复杂的中小型公共建筑（建筑学院东厅重建设计、9班幼儿园）设计练习进行进阶式的课题设置。通过各个阶段循序渐进的启蒙训练，逐步培养学生了解和掌握建筑设计的基本知识、设计思维、操作方法和表达能力

2.3 "过程表达"-全过程的综合能力培养与评价

注重建筑设计各个阶段的教学指导和全面的设计能力培养，通过理论讲授、分析调研、课程设计及课外作业等四个教学环节，培养学生综合的研究能力、分析能力、动手能力和表达能力，突出现场调研、专题研究、汇报评图等阶段和草图、模型等方法的训练，强化设计过程中的分析、思维和动手能力和方法的学习。强调价值取向、思维过程和设计方法的培养，而不局限于最终图纸和成果的表达和评判。强调理论教学、实地参观和案例调研相结合的授课模式。

二年级教案：强调设计方法和过程培养的入门训练　**2**-1

一年级
建筑设计基础

二年级：建筑设计方法

三年级
建筑设计整合

四年级
建筑设计的研究与实践

华南理工大学

3. 专题导向的课程题目设置

全学年题目设置，上学期一般是"大学生公寓"和"学者住宅"，下学期是"建筑学院东厅重建设计"和"9班幼儿园"，每学期各安排一个无辅导的半周快题，题目分别是"校园书吧"和"小型居委会与物业管理楼"。

3.1 "突出重点"——针对性的课程练习题目

设计课题目的设置，大致遵循"从简到繁"、"由易到难"、"由小到大"、"从单一到综合"的顺序关系，符合认知和技能学习的规律。

题目在保持某种稳定性的同时，着重在地形、情境设定等基本条件上保持一定的调整力度。

长题注重过程学习和师生互动，循序渐进；快题强调快速设计思维培养和快速表现，同时也是检验教学成果的手段。

3.2 "目标导向"——贯穿始终的专题式教学

教学课题的设置，在完整的类型建筑设计练习基础上强调特色的专题训练要求。

在内容上表现为：上学期的基本人体尺度、环境行为专题；下学期的场地分析、环境设计专题。

在能力上表现为：快速设计思维和表达的训练；模型思维和制作训练；汇报、评图等沟通表达能力训练。

3.3 题目特色——"环境分析"+"原理综合"

· 强调从真实的场地环境和地域气候特点入手，适当结合地域文化特色；
· 地形选择上较多强调南方丘陵地带高差地形，强化对地形的建造之间关系的认识与理解；
· 要求适当结合地域气候环境特点——通风、日照朝向与遮阳；
· 鼓励对地域文化和建筑特色的有机集合（较高要求）；
· 人体尺度、环境行为；
· 结构——理解基本的钢筋混凝土框架结构的要点和主要构造特征；
· 设备——了解粗浅的水电知识；
· 规范——《民用建筑设计通则》、《建筑设计防火规范》中涉及方案设计的关键性规范；

4. 多元复合的教学手段应用

设计课的教学组织强调互动式、灵活的多种教学方式的运用，在传统集中讲授和单独辅导之外，实地调研、文献调研、不同层面、不同阶段的讲评和汇报、外聘建筑师参与教学和评图等手段。每个长题都包含调研成果汇报（开始）、过程阶段汇报（中期）、最终成果讲评（结尾）三个必备的环节。

4.1 一对一辅导、小组讲评

作为教学的主要形式，便于教师直接指导设计；小组讲评优势是面对面交流，效率较高。但不可避免地由于单个教师的理念差别和个人局限，形成一些教学过程的盲点。

4.2 合组讲评

在设计过程，选关键节点进行两、三个设计小组合并讲评，可以填补上述两个尺度中间的空缺，有助于改善教学效果。强调系统课堂讲授和师生互动的多层次讲评的紧密结合。

4.3 年级大课、讲评和专题讲座

含开题、学生调研成果汇报、专题讲座和阶段讲评，适当集中，注重尝试合组讲评和师生互动、学生互动环节的运用。课堂讲授，无论是开题、专题讲座有其规范性强、效率高的特点，是必要性；其不足在于，对于动辄百余人甚至近两百人的大课堂，授课效果难尽人如意。

4.4 全面的参与互动

学生参与的讲评是师生互动、学生互动的重要环节，主要方式有：小组调研成果公开汇报、阶段性成果抽查公开汇报、学生互评交流等。活跃的、积极的课堂气氛能大大促进教学效果。

4.5 成果评优

本校二年级采用小组择优推选作业参加年级评优，一般也会把离优秀有差距但某方面突出的作业作为"特色作业"参与评优展示，少数情况下也会把最差作业拿出供年级评判，以确立低适切标准。

评优过程中，采用各组指导老师推荐、全体教师组投票，针对不同意见的作业进行适当的辩论并进行二轮投票相结合的评优方法。

评优结果通过大课讲评方式公开，包括对某份作业的不同意见也会以部分教师随时简单点评的方式展示，也欢迎学生的现场意见，这对树立较全面和客观的建筑观有所帮助。评图过程注意不偏离教学目标。

4.6 高效的教学信息反馈和调整机制

保持高效的信息反馈机制，在设计题目开题前、设计过程中和提交正图后都注意从学生和老师随时反映的新问题，形成完整、高效的信息交流和信息反馈机制。注意使教学组织和运行、学生认知和教学效果始终围绕教学目标。

合组讲评前的草图观摩

教师评图过程1

教师评图过程2

合组讲评中的教师组讲评

横纵宅

横纵宅

怡园

怡园

幼儿园设计1
KINDERGARTEN DESIGN

幼儿园设计2
KINDERGARTEN DESIGN

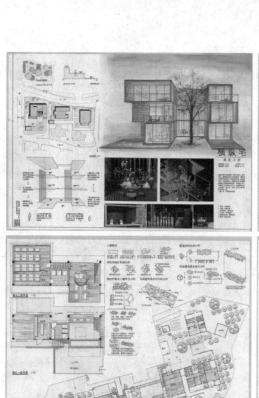

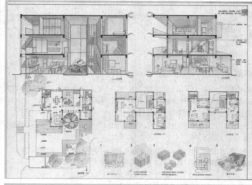

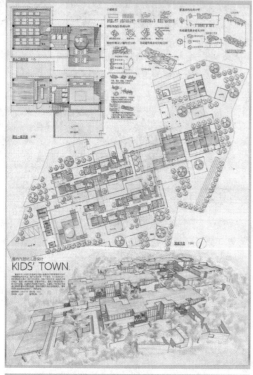

KIDS' TOWN.

KIDS' TOWN.

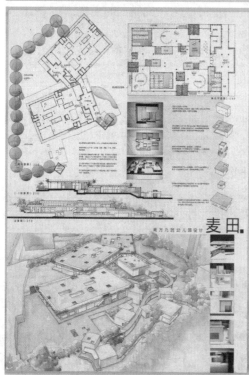

麦田

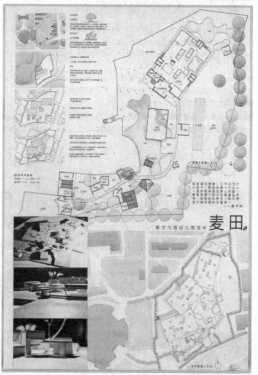

麦田

泉州历史城区文化剧场共题设计

（三年级）

教案简要说明

观演建筑为我学院三年级的最后一个课题，为功能复杂、建筑技术难度高的文化公建，在建筑学五年的学习中起着承上启下的作用，课题一直以来为传统的案例教学，要求解决大跨结构、声学、视线等建筑技术问题。近年来在中国建筑教育国际化趋势推动下，我学院明确了"以地域建筑文化与生态"为基础，搭建'文化遗产保护与研究'的学科专业教育共享平台，深入开展专业培养机制改革，多元开放、兼收并蓄"的建筑学学科建设目标。为实现这一目标，我建筑学院先后与日本、挪威、港澳台等地开展了一系列交流活动，努力扩大开放度和多元化，融入时代。鉴于地缘和亲缘的优势，一直以来，我校都把开展与台湾地区高校文化交流活动作为我校对外交流的重点，开展了多样化的交流办学。

观演建筑课题为我校与台湾交流办学的重要试点，也是我学院地域建筑文化生态教学体系的重要环节，课题在之前传统教学目标要求上，加入了社区营造的概念：地域多样性是一个国家或是整个社会最大的财富，保持地域多样性，发掘传统文化的潜质是社区营造的一个重要目的，社区营造的关键在于激发居民对自己文化的热爱，对自己独特的生活方式的热爱，社区营造需要去发现潜在的地方价值。观演建筑是一个城市重要的文化活动载体，在社区营造概念的启发下，我们认为观演建筑应当突破传统的教学范畴，应该融入市民日常生活，成为地方价值的体现。

本设计题目的教学方法和进程：

本课题为海峡两岸联合设计教学，课题由我学院和台湾中国文化大学建筑及都市设计系同步开展，泉州市南建筑博物馆、泉州市文化局、泉州市规划局均给予大力支持，以上单位均派出专家参与了教学活动。两校组成了以台湾文化大学邱英浩教授为核心的课题组，课题组专任教师5人（台湾3人、大陆2人），学生35人（台湾21人、大陆14人）。教学模式接近于国际视野下的教学工作坊（workshop）模式，团队在主讲教师团队的指导下以调研、讨论、答辩、点评等多种形式共同探讨课题，学生在这种开放的教学模式，便于交叉、互动和融合，可以获得很多普通讲座无法获得的学习体验。工作坊形式的教学很好地保证了联合设计教学的推进，各种非正式场合的开放、互动式交流与讨论贯穿设计过程，加强了师生之间、不同文化背景之前学生的交流，学生之间相互感知了生活方式、价值观念的不同，不同的价值取向也带来思想上的巨大碰撞。

街·巷 泉州历史城区文化剧场设计 设计者：徐骏
厝·落 泉州历史城区文化剧场设计：郑海林
UNDER THE EAVE 泉州历史城区文化剧场设计 设计者：吴一迎
指导老师：连旭 施建文 费迎庆
编撰/主持此教案的教师：吴少峰

观演建筑 传统剧场的社区营造｜海峡两岸共题设计

THEATRE DESIGN 2014主题：泉州历史城区文化剧场共题设计

渗透　整合　价值

社区生活　原住民　厝边脚兜（闽南语）

街道　商贩　地域　历史城区

文化剧场　现代观演　讲天捉皇帝（闽南语）

社区营造

■ **课题的背景和教学目标**

观演建筑为我学程三年级的最后一个课题，为功能复杂、建筑技术难度高的文化公建，在建筑学五年的学习中起着承上启下的作用。课题一直以来为传统的案例教学，要求解决大跨结构、声学、视线等建筑技术问题。近年来在中国建筑教育国际化趋势的推动下，我学院明确了"以地域建筑文化与生态为基础，搭建'文化遗产保护与研究'的学科专业教育共享平台，深入开展专业培养机制改革，多元开放，兼收并蓄"的建筑学学科建设目标。为实现这一目标，我建筑学院先后与日本、澳城、港澳台等地开展了一系列交流活动，努力扩大开放度和多元化。鉴于地缘和亲缘的优势，一直以来，我校都把开展与台湾地区高校文化交流活动作为重点，开展了多样化的交流办学。

观演建筑课题为我校与台湾交流办学的重要试点，也是我学院地域建筑文化生态教学体系的重要环节。课题在之前传统教学目标要求上，加入了社区营造的概念；社区多样性是一个国家或是整个社会最大的财富，发掘传统文化的潜质是社区营造的一个重要目的，社区营造的关键在于激发原有对自己文化的热爱，对自己独特的生活方式的热爱，社区营造需要去发掘潜在的地方价值。观演建筑是一个城市重要的文化活动载体，在社区营造概念的启发下，我们认为观演建筑应当突破传统的教学范畴，应该融入市民日常生活，成为价值的体现。

■ **本设计题目的教学方法和进程**

本课题为海峡两岸联合设计教学，课题由我学院和台湾中国文化大学建筑及都市设计系同步开展。泉州市南建筑博物馆、泉州市文化局、泉州市规划局均给予大力支持，以上单位均派出专家参与了教学活动。我校组成以台湾文化大学邱英浩教授为核心的课题组，课题组专任教师5人（台湾3人、大陆2人），学生35人（台湾21人、大陆14人），教学模式基于国际视野下的教学工作坊（workshop）模式，团队在主讲教师团队的指导下以调研、讨论、答辩、点评等各种形式共同探讨课题。学生在这种开放的教学模式下，便于交叉、互动和整合，可以获得很多普通讲座无法获得的学习体验。工作坊形式的教学要求的保证了联合设计教学的推进，各种非正式场合的开放、互动式交流与讨论贯穿设计过程，加速了师生之间、不同文化背景之前学生的交流，学生们相互感知了生活方式、价值观念的不同，不同的价值取向也带来思想上的巨大碰撞。

行为空间

文脉传承

一年级	建筑旅行周（土楼聚落）	新生入学第一课，对福建土楼聚落进行考察，针对"建筑与环境、村落户外空间、建筑与使用者的活动、建筑与生活布局"5个主题进行认知学习。
	城市视觉笔记	对城市聚落进行观察，实地体验建筑与区域间的关系、功能与形态的结合、建筑外部空间、街道的美学、建筑模式语言等，以视觉笔记形式形成记录。
二年级	村宅设计	每年选取1个村落，为村民设计住宅，引入服务对象，学生根据各自调研对象的不同拟定设计任务，在特定的地域环境下完成设计。
三年级	观演建筑的社区营造	观演建筑是一个城市重要的文化活动载体，地域多样性是一个国家或是整个社会最大的财富，观演建筑应该融入市民日常生活，成为价值的体现。
	地域建筑保护与更新	理论课程，由多个与地域建筑相关的小课组成，如日本建筑保护、澳门城市活化、工业遗产再生、地域建筑文化等等。
	古建测绘实习	实践课程，主要为闽南传统聚落、近代乡建筑和闽西传统建筑测绘，设有澳门历史建筑文化专题，促进学生对地域建筑文化生成机制的理解。
四年级	城市设计（更新）	为城市设计的分方向课题，研究旧城可持续发展和更新，具体课题有老旧社区更新、工业遗产保护与更新等，涵盖建筑历史、建筑生态、城乡规划、GIS应用等多个研究领域。
五年级	历史文化名城保护与更新	理论课程，通过国内外城市历史文化遗产保护与城市更新理论与实践的学习，引导学生建立建筑规划创作的价值观和环境观。
	毕业设计澳门城市活化专题	为毕业设计的分方向课题，自2011年起，联合澳门特区政府土地工务运输局和文化局开了展以"澳门城市活化"为主题的专题教学，选题主要来自于联合教学方同步开展的澳门历史城区保护与更新实际项目。

■ **地域建筑文化与生态教学体系**

→ 建筑语汇

→ 建筑功能与技术

→ 城市环境

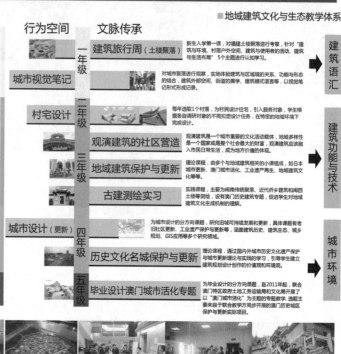

联合踏勘调研（1周，前冀在八周教学周之外）
两岸师生对泉州历史城区和基地进行了为期一周的踏勘调研。重点参观了泉州南建筑博物馆，闽台缘博物馆、南音艺苑、梨园古典剧院等，调研内容包括3部分：1）泉州风土民俗、传统观演、传统建筑历史文化和定位；2）闽南观演建筑空间研究；3）西街空间肌理、居民生活、社区活动等。

联合踏勘汇报及座谈会（1天）
在1916文创园区进行了联合踏勘汇报及座谈会，踏勘区为老蜜饯厂区生典型案例，如今已成为泉州历史城区复兴的重要触媒，除了踏勘师生外，泉州南建筑博物馆、泉州规划局、泉州文化局专家、社区代表均参加了汇报及座谈。对依创师的社区营造提出了许多宝贵的意见，这也为两岸的交流主要借助于网络。

案例分析（2周）
学生合作完成一个国内外著名剧场案例案例的分析，形成包括技术图纸抄绘和模型两种方式。充分了解建筑抽绘所得的理解，掌握，以及重要的建筑大型作，在完成案例研究时，各学程给台历史城区超酚级别破解的800建标准剧场任务书，提出成自己设计的设计要求。这影向两岸的交流主要借助于网络。

设计阶段（6周）
学生照着从单纯的建筑技术及功能要求，完成设计草案，再进一步从社区营造的角度出发，将人文历史因素、社区诉求映中会氛因素整合，形成演绎剧方案，两岸借助网络沟通进度的设计方案考虑碰撞，教师从中引导分析讨论，学生多次对基地进行回访，在方案推进过程已经验融入工作模型，所间进行了中期评图

成果答辩及展览（后置，在八周教学周之外）
成果详图和毕业设计答辩模式海岸学生汇集于大陆高校，学程次介绍完方案并展示模型或手绘，双方学子在成果答辩中都各彰显了自己的不足，进一步激发了对自己入学习的热情，课题成果已将将于9月底入三地进行巡展（厦门、泉州历史城区、台北），为国际获来自于民众的观点和评价，课题还将深入持续

■ 西街规划总平面

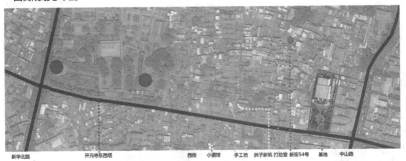

新华北路　　　开元寺东西塔　　　西街　小酒馆　手工坊　洲子新筑 打拾堂 新街54号　基地　中山路

■ 课程任务描述

泉州别名鲤城、刺桐城、温陵，是中国著名的侨乡和台胞祖籍地，联合国教科文组织设立的世界多元文化展示中心，国家首批历史文化名城，中国海上丝绸之路的起点中国东亚文化之都，泉州也是闽南文化的发源地与发祥地，闽南文化保护的核心区与富集区，拥有国家级重点文物保护单位20处，省级40处，县（市）级600多处，非物质文化遗产蕴藏保留了唐代以来大量本文化资讯，形成了南音、南戏、南建筑、南拳、南派工艺等具有特色的"五南"文化，享有"戏曲之乡"、"木偶之城"、"南音之都"等美誉。千年雅乐南音、宋元南戏梨园戏、艺苑奇葩木偶戏、南海明珠高甲戏、打城戏都是全国独特剧种。南音遗被誉为"中国音乐史活化石"。基于泉州如此丰富的积淀，课题选址于泉州历史城区西街。西街是泉州古城区内目前保存完好的历史街区之一，街区内有泉州著名的宋代东西塔及大量的古大厝、近现代洋楼。课题选址于西街与中山路交叉口一侧旧影剧院用地，基地用地面积6000平方米，总建筑面积控制在4500平方米。要求功能容纳地方传统戏剧兼演现代话剧，附设社区活动的功能，使之与现代历史城区市井文化生活相结合，详细的任务书为学生在基地踏勘和案例研究的基础上，结合提供的600座标准剧场任务书，自行拟定。

1. 该剧院考虑多样使用的可能，以泉州传统地方戏剧剧为主，兼演话剧，兼具历史街区居民活动中心功能。

2. 建筑创作既要有利于剧场的环境创造，又要与西街历史城区环境的活化策略相协调；

3. 建筑形式和空间体现闽南地域文化和生态的特点。

■ 本设计题目与前后题目的衔接关系

1.观演建筑设计课程在课程体系中的位置

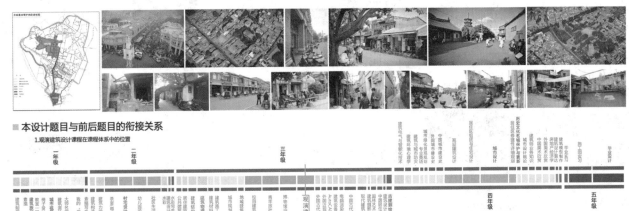

一年级　二年级　三年级　四年级　五年级

观演建筑设计

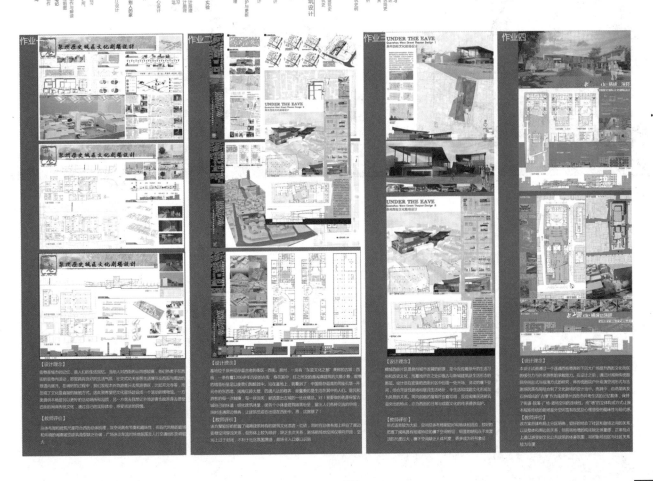

作业一　作业二　作业三 UNDER THE EAVE　作业四

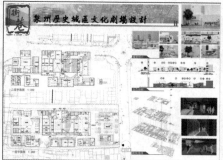

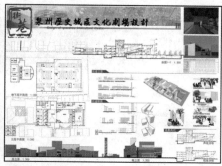

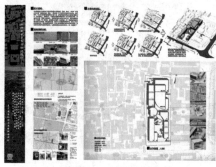

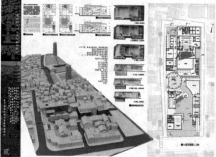

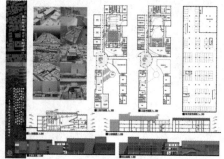

UNDER THE EAVE
Quanzhou West Street Theater Design II
泉州历史城区文化剧场设计

UNDER THE EAVE
Quanzhou West Street Theater Design II
泉州历史城区文化剧场设计

UNDER THE EAVE
Quanzhou West Street Theater Design III
泉州历史城区文化剧场设计

建筑设计基础教学一比一营建——震后庇护所

（一年级）

教案简要说明

　　学生以6～8人为一组搭建震后庇护所，要求成果稳定、安全、抗震、防雨、防风、防潮，并能维护基本隐私，进行简单室内布置，室内高度必须满足人在其内直立，室内必须满足一家人（至少三人）平躺睡眠。在作品完成后，通过过夜及人工泼水检测成果实用性能。

　　本课题不仅关注于材料的真实运用，而且关注于能服务于现实的真实建造。教学目标除了实现对于材料的熟悉和建造体验外，更把建筑师关注社会、服务社会的社会责任感纳入教学，教学由此被赋予了更多的价值和意义。

木构——震后庇护所营建　设计者： 董昊宇　萧清明　张子婵　伍春晓　颉泽天　严策　聂书琪　王彦迪

竹造——震后庇护所营建　设计者： 胡兰月　谭有恒　王明轩　刘子祺　曹原　张小可　高昳菲　黄冬黎

光筑——震后庇护所营建　设计者： 熊煦然　袁榕蔚　庞子瑞　周志逸　康明悦　丁诚　罗塬　安玉廷

指导老师： 范向光　万谦　邱静　张乾　华宁

编撰/主持此教案的教师： 刘剀

华中科技大学

建筑设计基础课程教案——一年级建筑设计教学

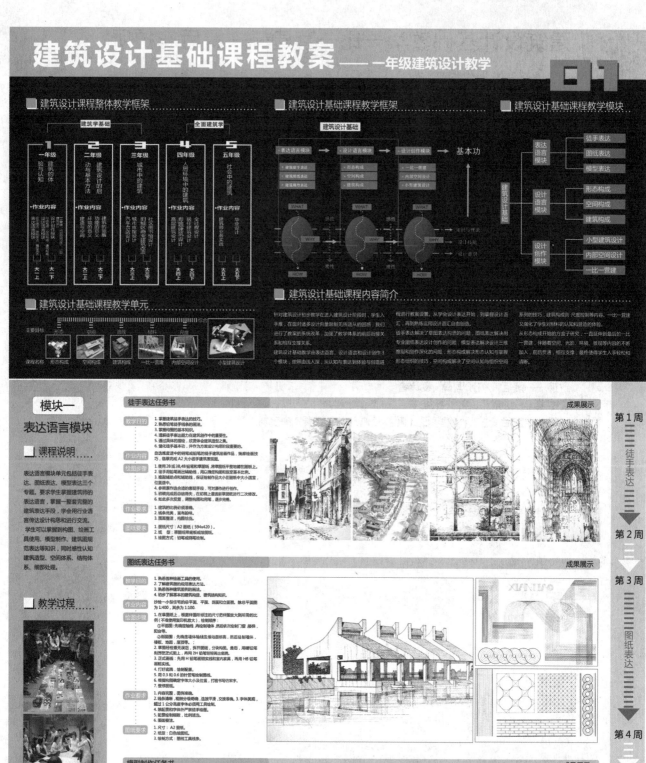

01

建筑设计课程整体教学框架

建筑学基础 / 全面建筑学

1 一年级 建筑的体验与认知
2 二年级 建筑设计原理与基本方法
3 三年级 城市中的建筑
4 四年级 人居环境中的建筑
5 五年级 社会中的建筑

建筑设计基础课程教学框架

建筑设计基础

表达语言模块 → 设计语言模块 → 设计创作模块 → 基本功

WHAT — WHY — HOW

建筑设计基础课程教学模块

表达语言模块：徒手表达、图纸表达、模型表达
设计语言模块：形态构成、空间构成、建筑构成
设计创作模块：小型建筑设计、内部空间设计、一比一营建

建筑设计基础课程教学单元

主要目标：形态 空间 流线 材料 尺度

课程名称：形态构成 空间构成 建筑构成 一比一营建 内部空间设计 小型建筑设计

建筑设计基础课程内容简介

模块一

表达语言模块

课程说明

表达语言模块单元包括徒手表达、图纸表达、模型表达三个专题。要求学生掌握建筑师的表达语言，掌握一整套完整的建筑表达手段，学会用行业语言传达设计构思并进行交流。学生可以掌握到构图、绘图工具使用、模型制作、建筑图规范表达等知识，同时感性认知建筑造型、空间体系、结构体系、细部处理。

教学过程

徒手表达任务书

成果展示

教学目的
作业内容
绘图步骤
作业要求
图纸要求

图纸表达任务书

成果展示

教学目的
作业内容
绘图步骤
作业要求
图纸要求

模型制作任务书

成果展示

教学目的
作业内容
制作步骤
作业要求
图纸要求

第1周 ‖ 徒手表达
第2周
第3周 ‖ 图纸表达
第4周
第5周 ‖ 模型制作
第6周

1

建筑设计基础课程教案 —— 一年级建筑设计教学

02

■ 建筑设计基础能力培养

- 设计技能
  - 表达能力
  - 造型能力
  - 抽象能力
  - 构图能力
  - 动手能力
  - 组织能力
- 建筑设计基础
  - 知识与理论
    - 色彩知识
    - 空间理论
    - 技术知识
    - 历史知识
    - 完形心理学
    - 环境心理学
    - 形式美学
  - 设计意识
    - 经济意识
    - 创造意识
    - 理性意识
    - 整体意识
    - 合作意识
    - 技术意识
    - 安全意识
    - 环境意识

■ 一比一营建课题：震后庇护所

课题解读： 本课题不仅关注于材料的真实运用，而且关注于能服务于现实的真实建造。教学目的除了实现对于材料的熟悉和建造体验外，更将建筑师关注社会、服务社会的社会责任感融入教学，教学由此被赋予了更多的价值和意义。

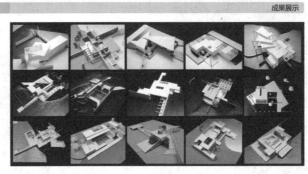

教学目标	作业要求	营建过程	评价要求	成果要求	作品展示
1.通过关注社会问题以及社会服务树立社会责任感。2.通过对抗震、稳定的受力合理的关注，树立结构意识。3.通过防水、防潮、隔热的设计及处理，树立技术意识。4.通过尺度、舒适、安全的建造实现，树立以人为本意识。5.通过小组形式的集体创作和建造过程，树立合作意识。6.通过体验建造过程，树立设计与建造相结合的设计意识。7.通过在造价、实用、艺术之间寻求平衡，树立理性意识。8.通过把握不同材料的力学特征、加工特性、美学特征，树立材料意识。9.通过重视符合材料特性的构造逻辑和合理结构的形成，树立理性意识。	6-8人一组，搭建庇护所，要求完成后必须：1.稳定、安全、抗震。2.防雨、防风、防潮。3.简单室内布置。4.室内易受必须满足人在其内直立。5.窗口必须满足至少三人平躺睡眠。	1.选择材料：从形式进行选择——线材、面材、块材；从类型进行选择——柱、木、砖、布、瓦、纸、铁皮、塑料、矿泉水瓶等）；初步熟悉材料特性。2.对材料的图示、肌理、颜色、刚度、加工性能、力学性能、美学特征进行分析，确认合适的建造材料。3.从材料出发确定合理的结构受力形式。4.通过实验性搭建进行可行性研究，将人体尺度修正无误。5.从力学传递合理性及节点的牢固性和工艺性出发进行构造设计。6.材料数量估算和配置。7.首先完成主体结构搭建，初步搭建。8.加固整体强度的细节完善。9.防水、防风、防潮设施完善。10.营建过程中不断修正和细化设计。	1.安全性要求——建造后的庇护所必须抵一定强度的外力袭击。2.结构设计合理性要求——顺应材料的力学特性，符合力学原理。3.构造设计合理要求——适合材料本身的是保作、稳固及美观的特性，还需适应生产的合理性。4.造型艺术美要求——形态的美感，组织结构要素有机，艺术与技术的完美统合。5.舒适度要求——防水、防风、防潮检验。6.快捷建造要求。7.尺度要求。8.经济性要求（仅供参考，不作为评分标准）	1.建造的庇护所。2.A1图纸表达设计构想，解析设计意图，贴附设计过程照片和成果照片。3.全组在自己建造的庇护所内过夜一晚，用照片或影像做记录。4.各小组总结该次设计课程的过程及成果照片。	

模块二
设计语言模块

■ 课程说明

设计语言模块单元包括形态构成、空间构成、建筑构成三个部分。要求学生掌握诸如形态操作、空间操作等设计技巧，了解建筑师设计的具体手法和操作对象，建立设计的整体概念和基本意识。

在形态构成训练中，纷繁复杂的建筑形态被简化成线、面、体三种要素，要求学生关注这三种要素的形式组织方式和美学特征。在空间构成训练中，要求学生关注建筑空间，把握好空间和形式的辨证关系，充分体验建筑空间中人的感受，并以此为出发点，综合运用多种空间文法进行具体设计。建筑构成是将形态构成与空间构成两个练习整合起来，将形式、空间、流线、光影、人的尺度等多个要素综合考虑，互动磨合，有机配合，为后期的建筑设计训练奠定基础。

从形态构成开始的黑盒子研究，一直延伸到最后的小型建筑设计，伴随着空间、光影、环境、景观等内容的不断加入，前后贯通，相互支撑，最终使得学生入手轻松和清晰。

■ 教学过程

形态构成任务书

		成果展示
教学目的	建筑形态构成是在基本形态构成理论基础上探索建筑形态构成的特点和规律，为便于分析、把握建筑形态间功能、技术、经济等因素分离开来，作为纯造型现象，分解为基本形态要素（点、线、面、体），探求其组织性，研究其在构成要素（形状、数量、色彩、质感）和关系要素（位置、方向、重力）作用下的综合构成规律，抽象建筑形态的构成规律。	
教学内容	1.形态构成的构成要素（点、线、面、体；色彩、肌理、空间）。2.形态构成的形式要素（形式美的要素：对称、均衡、比例、对比、节奏、韵律等）。3.形态构成的材料表现（点材、线材、面材、块材）。4.形态构成的基本方法。	
作业内容	150mm×150mm×150mm 在基本框架内的构成品：1.模型（材料不限）。2.图纸（①鸟瞰图、分析图 ②期刊不少于三张，相关说明文字 ③图幅大小 A2（420mm×594mm））。3.版面整齐，具有草图。4.微型效果佳。5.造型要素佳。6.组织结构有机。7.工艺美观。8.风格独一。	
成果要求	1.A2 绘图纸（420×594）：平面图、轴侧图、分析图。2.相片。3.模型。	线 面 体

空间构成任务书

		成果展示
教学目的	1.了解空间的基本概念。2.学习在三维体量中创造有趣的空间形态，并把它们组织在特定范围中的能力。3.学习简单建筑空间的构成技巧。4.关注空间、形式、人的行为之间的关系。5.例练合理隐入表达建筑空间的魅力。	
作业内容	设计一个具有地段界定约束，并根据地段适当布置阐明场环境。	
制作步骤	1.构思空间的基本形式；设定空间次序，利用空间牌导形式；设定造型元素，变置安置一定造型意图。2.可以借助工作模型推敲空间的初步形态。3.接模空间成后准确进一步调整。4.加入尺度，反复推敲。5.画出轴测图，进行全面考虑。6.确定方案，并绘制工具草图。7.经老师审核之后，将工具草图绘制在正式绘图纸上。8.用图纸做最后加工。	
作业要求	1.关系明确，组织要素。2.简单明了，突出主题。3.比例协调，尺度统一。4.构图纯熟，字体美观大方，版面整齐。5.满足平面图和轴侧图，平面图中必须画出阐明环境。	
成果要求	1.A2 绘图纸（420×594）：平面图、轴侧图、分析图。2.相片。3.模型。	

建筑构成任务书

		成果展示
教学目的	1.理解并运用形式美的法则。2.建立基本的结构概念。3.树立空间尺度感。4.建立空间构成观。5.体会空间在建筑形体系统中的重要性。6.学会综合处理各种设计要素之间的一致关系。7.结合合作课题选择材料，理解材料在设计中的作用。8.掌握线条设计手段形式及空间的表达。	
作业内容	在平面构成和空间构成的基础上发展为建筑构成。	
设计步骤	1.形态构成模型加入人体高度，修正模型比例以符合人体尺度。2.形态构成模型中加入楼梯要素，在不同楼层空间进行搭接。3.结合楼层修正后检查整体体量，使整体设计具有力学合理性。4.不仅关注空间的水平方向，同时强化对楼层的空间内外联系。5.注意空间在水平及竖向维护的的连续性及内联系。6.依据高度进行行调整，形式、楼层的连续性。7.依据初步设计模型修正。8.对建筑材料进行选择，并从材料出发再次修正方案。9.通过模型完善设计过程中各种要素。	
作业要求	1.投射形式金属、空间逻辑、结构逻辑的高度统一。2.尺度满足和使用。3.造型要素美一、空间组织有机、细经结构有机。	
成果要求	1.模型。2.图纸要求：各层平面图、立面图、轴侧图、设计说明、表达设计构想的分析图。成果照片不少于 3 张。	

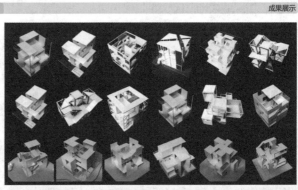

- 第7周
- 形态构成
- 第9周
- 第10周
- 空间构成
- 第12周
- 第13周
- 建筑构成
- 第15周

2

建筑设计基础课程教案 —— 一年级建筑设计教学

03

■ 一比一营建教学成果

课题分析　　　　　　　　　营建过程　　细部设计　　室内体验　　泼水检测

■ 学生感悟

第一组
这个方案最突出的特征就是我们做了高低床，这样可以更充分利用内部的空间，同时男女生也可以有相对私密的空间。课程结束后，回想大家为了坚持最初的设计理念和保持特色、克服了各种各样的困难，最终把我们的预想实现起，这个设计"施工完成"的过程，就是这次1比1营建中我们最有体会，并学到最多的东西吧。

第二组
或许所营建对于我们每个人来说都是一次难忘的经历。我们第一次七八个人一起合作一个一比一的建筑，时常为了一个细节的问题推出好几个方案，讨论很久，我们认真做好每一个细节，我们期望这次经历收获很多，这是一次不留遗憾的营建，也是一生宝贵的财富。

第三组
坐在自己设计、自己建造的庇护所中静静地回想，这五周的历程，虽然很短暂，但是艰辛和我们人生中独特而难忘的经历。从最初的认识、讨论方案，到一次次地自我否定或是被老师构架方案的质疑与修改，再到施工、完善和竣工，每一个环节都会遇到困难，都会有异议，都会磕磕绊绊，但不管怎样，我们始终在前行。

模块三

设计创作模块

■ 课程说明

建筑训练模块单元共包括1:1营建、内部空间设计、小型建筑设计三个专题。在1:1营建训练中，要求学生通过实际建造，体验设计认识理念到实践的全过程，先介理解和材料、科技实践的影响，理解尺度和比例的重要性，并由此建立起一系列重要的设计理念。内部空间设计要求学生掌握基本的人体尺度设计，了解家具基本尺寸，建立基本的室内空间设计方法。小型建筑设计是整个一年级学习的综合与总结，学生借此来加强建筑设计的一般方法和步骤，建立功能、流线、环境、技术等概念，从整体上认识和把握建筑，顺利地与二年级教学实现对接。

■ 教学过程

一比一营建任务书　　　　　　　　　　　　　　成果展示

教学目的	1. 体验建造过程。 2. 理解并运用形式美的法则。 3. 通过对细部处理能力的培养和关注，树立结构意识。 4. 在小组的集体创作过程中，树立合作意识。 5. 确立经济观念，在经济和艺术逸趣间寻求平衡点。 6. 树立关注整体设计的观念。 7. 初步建立尺度感。 8. 结合对动态造构材料、理解材料在设计中的作用。 9. 选择合适的场所进行设计，体会环境与作品的微妙关系。
作业内容	在三维空间上制作规划构成。
制作步骤	第一种方法：从实到抽象　　度感、比例、重量感、体量感。 1. 造形科（线材、面材、块材）与形成基本模型。 其功能要求……，从材料中寻找……，完成最后成果。 2. 对材料的熟悉、质感、硬度……，工作中应等……。 硬度、切割或投射、连续材…… 点进行分析和提炼方法……，模型道具的大致轮廓，再选取…… 材料…… 3. 模具上述想法进行细部制作或修改。 空间…… 4. 动手的过程中才不断修正其……，最后构建……，模型。 ……，完成最后成果。
作业要求	1. 造型有一定要反映结构的受力性特。 2. 联结部处一定要适合材料本体的链接件、隐蔽及活泼特性。 3. 尺度感和比例要合适。 4. 造型要素要统一，细部刚结构要有机。 5. 工艺精良、干净利落。 6. 性价比。
成果要求	1. 成品最低高度≥2米。 2. A1图纸表达设计构建，并展示设计过程图片和成果照片。

内部空间设计任务书　　　　　　　　　　　　　成果展示

教学目的	1. 认识人体尺度在建筑空间设计中的重要性。 2. 了解空间设计中的一些基本尺寸。 3. 从生活出发体会"设计"。 4. 学习家具设计行空间布置。 5. 掌握造型、材料对空间效果的影响，建筑形态构成。
作业内容	对某住宅单元中明确的尺度、规划和排列空间进行布置，按1:25的比例手绘动画展示出来。
制作步骤	1. 一草：徒手绘1:50的平面，确定空间内大体安排出家具。 2. 二草：在确定一草方案基础上，添出细部，比例1:25。 3. 工具草图：用工具线条来出全部内容，包括草图布局、配置和字体，作好细图，比例为1:25。 4. 正式图：工具草图经老师检查无误后，用硬铝笔刻任在裱好胶水卡纸上。 5. 上墨线，用钢笔画出家具的质感。
作业要求	1. 家具的尺寸要合理。 2. 空间的安排要符合人体的尺度。 3. 设计简洁大方。
图纸要求	1. 尺寸：A2图纸。 2. 平面图1:25，纵剖面图1:25，横剖面1:25。 3. 纸　型：水彩纸。 4. 绘制方式：钢笔淡彩。

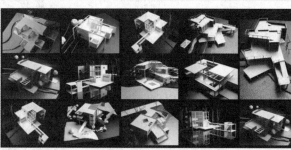

小型建筑设计任务书　　　　　　　　　　　　　成果展示

教学目的	1. 掌握建筑设计一般方法和步骤。 2. 理解建筑功能、形式、结构、空间、流线、环境等诸要素的概念。 3. 学会场地环境设计（建筑设计）此重好的场地、道路、景观等的组合。 4. 综合场所提供的基本结构方法进行简单的建筑设计。 5. 掌握一定的建筑造型能力。 6. 掌握光照对建筑设计中的重要性。
作业内容	总建筑面积不超过800 m²。 一个艺术家（画家）的东湖边建造一个设计沙龙，基地现有半独的树种，也有局状的树种，都可作为造型设计用。也希望设计某不仅能够和分发达和本作品、还能够为艺术家提供交流途径等场地，更希望建筑本身能是一个优秀的艺术品，沙龙同时还是通过艺术家的设计工作。作品、造型自然不受限制，各功能用房面积可灵活调整等。设计关注于能够发挥建筑本身的微妙性和艺术的表达力。 主要功能要求： 总平面图　　300 m²　　储藏室　　15 m² 展示室　　40 m²　　餐饮加工间　15 m² 卫生间　　3×7 m²　工作室　　50 m² 娱乐厅　　60 m²　停车房　　2×18 m² 画室　　40 m²　室外展示场地 其他功能可根据自己的构思与思路来调整布局与面积。
作业要求	1. 总平面图　1:500。 2. 平面图1:100，包含室内布置。 3. 立面图　加剖面1:100。 4. 模型　1:100（包含室内布置，屋顶可揭开）。 5. 图纸要求：A1绘图纸。

第16周
一比一营建
第19周
第20周
内部空间设计
第21周
第22周
小型建筑设计
第24周

3

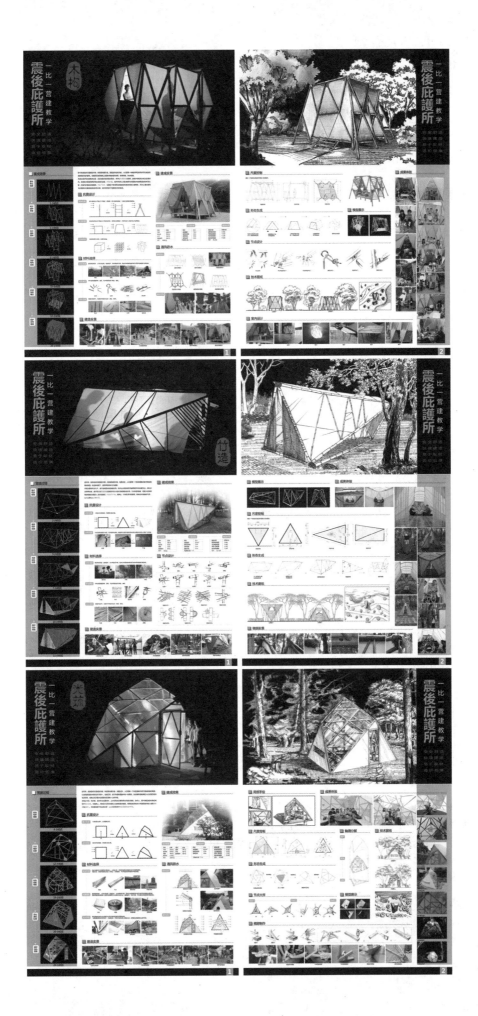

城市建筑及地域环境的营造

（三年级）

教案简要说明

叠合——山地景区临时性游客中心设计

方案拟在某山地景区以临时性需求为母题构建一处以游客休闲、纪念品售卖为主的驿站，兼有仓储功能。

在集运相对发达的地域选择以集装箱这种成熟的模块化构件来应对临时性以及山地严苛的建造要求。

设计从景区文化特色——"风筝"出发，以风筝制作的结构中汲取灵感，将不同的两种主要功能动线进行叠合和搭接，体量层层叠落，彰显秩序节奏。在台地与坡地中寻求一种搭建平衡的同时，串接当地手工艺术展示和微型商业游览的布局，开拓了景区之中的景区。

主要经济技术指标
总用地面积 6400m^2；
建筑面积 1120m^2（20 英尺集装箱 x 6 个，40 英尺集装箱 x30 个）；
基底面积 805m^2；
建筑密度：12.6%；
容积率 1.39；
绿化率：87.4%。

Fold Line Combination——大学建筑系馆设计

该方案从校园总体入手，通过人流来向的分析，确定三条主要的交通流线，以此分划系馆体块，并从建筑学专业教育的特点出发，强调了置于低层的公共空间的灵活性与个性，以及专业教室的相对独立。通过空间配置的创新，一改以往为了追求灵活性对大空间不作明确划分而失去的个性。在建筑中，坡道、长楼梯、斜墙面的使用，使空间体验充满了实验与探索。

建筑经济技术指标
总用地面积：9680m^2；
总建筑面积：12980m^2；
占地面积：3696m^2；
建筑密度：38.2%；
容积率：1.34；
绿化率：41.2%。

林下·书间——昙华林社区图书馆设计

方案拟在昙华林街区中建一社区图书馆，场地中的树林是社区居民重要的活动场所，将居民从狭窄的生活空间中解放出来，是值得保留的场所记忆。

设计从树、人、行为的关系出发，希望在保留原有场地树木的基础上，拓展场地内人群活动的界面。经过实际的测量分析，将树林中可以利用的空间通过模数化的方法提取出来，以此成为图书馆分布在林中各处的读书空间。

场地内部高大的树木，为建筑提供了荫蔽，使得图书馆可以采用大面积的落地窗，削弱了室内与自然环境的隔离。整体建筑采用 3.6m 模数的可拆卸轻钢结构，小跨度的结果是小尺寸的结构，轻盈的白色钢骨架削弱了建筑的体量感，更好地融于林间的环境。

经济技术指标
建筑层数：2 ~ 3 层；
用地面积：2350m^2；
建筑面积：1260m^2；
容积率：0.54；
绿化率：50%。

叠合——山地景区临时性游客中心设计 设计者：车进
Fold Line Combination——大学建筑系馆设计 设计者：冯晓康 杨基楠
林下·书间——昙华林社区图书馆设计 设计者：杨剑飞
指导老师：谭刚毅 王萍 张婷
编撰/主持此教案的教师：彭雷

城市建筑及地域环境的营造——三年级建筑设计教案

01

■·三年级建筑设计课程

建筑学基础			全面建筑学	
1	**2**	**3**	**4**	**5**
一年级	二年级	三年级	四年级	五年级
初步认知	建筑的实体	建筑设计思路	城市中的建筑	人居环境中的建筑 社会中的建筑
•作业内容	•作业内容	•作业内容	•作业内容	•作业内容

时代的象征 （技术主题类）	地域的映射 （环境主题类）	文化的载体 （文化综合类）	综合性开放课题
长途汽车站 轮渡码头 轻轨站 汽车4S店	旅游旅馆 青年旅社 游客中心	美术馆 博物馆 社区图书馆 社区活动中心	大学建筑系馆 创业中心 旧城区商业建筑更新 旧城区商住集合体

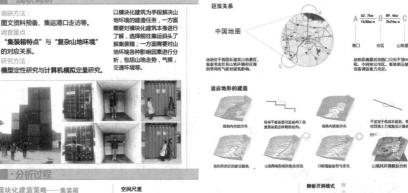

课题　山地景区临时游客中心设计

·教学目的

本设计课题以旅游建筑类游客中心作为载体，进行装配式建筑的设计实践与建造实验，并进行相关的技术和文化研究。
具体教学目标包括：
1. 辨识相对复杂的地形图，在山地等环境中进行设计，适应环境特点；
2. 人体尺度与建筑空间的研究
3. 装配式建筑单元模块与空间的扩展设计
4. 模块化建筑的组合和结构加固（及节点构造）

·设计要求及功能组成

建筑产业化是指运用现代化管理模式，通过标准化的建筑设计以及模数化、工厂化的部品生产，实现建筑构配件的通用化和现场施工的装配化、机械化。模式化建造是指有专门的建材工厂生产出各型建筑预制件模块，可在施工现场快速拼接建成建筑物的一种技术，其优点为速度快，质量可靠。这不仅是发达国家普遍采用的建造方式，也是我国今后城乡建设的主要趋势。

1、设计要求
□ 恰当表现建筑造型来反映对场地的理解；总体布局合理，尊重自然环境，巧妙进行流线和环境设计。
□ 功能设计、空间尺度、产业化建造流程等设计内容均与方案主题相适应；布局合理，流线清晰，分区明确，使用方便。
□ 恰当的模块化建筑形式选择和营造方式：应注重构件的特性、结构逻辑等。
完成相应的模块化建筑的组合设计、室内空间设计以及相关的构造设计，并考虑相应的建造过程。

2、建筑用地
某山地风景区建设一个主要是仓储和纪念品售卖功能的临时性建筑。具体地形参照地形图与电子模型。

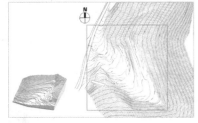

3、设计依据
基于场地的分析和理解；
基于模块化建筑所具有的构建特性而相适应的空间组织；
基于环境的地域文化；
基于主题和功能的构造探索；

4、功能构成
设计以游客接待和纪念品售卖功能为主的临时性建筑。
主要包括纪念品售卖、游客接待、景区仓储以及少量办公管理等功能空间。
总建筑面积 1200平方米（上下15%）。
具体各项功能的确定、面积的分配、相互的关联均应以资料文献研究为准，并应自行拟定详细设计任务书。

·现状调研

调研方法：
图文资料预备、集运港口走访等。
调查重点：
"集装箱特点"与"复杂山地环境"的对应关系。
研究方法：
模型定性研究与计算机模拟定量研究。

以模块化建筑为手段解决山地环境的建造任务，一方面需要对模块化建筑本身进行了解，选择前往集运码头了解集装箱；一方面需要对山地环境各种影响因素进行分析，包括山地走势，气候，交通环境等。

·分析过程

模块化建造策略——集装箱

1,000,000 充足的供应
每年全国有一百万以上TEU从集运码头被淘汰下来，形成充足自由建筑材的供应。

模块化体系 作为工业化批量产品，集装箱是很成熟的模块化体系，更容易实现建筑对于复杂地形的适应。

便于运输 对于近海港口发达的货运体系，使集装箱部件的运输高效而低价。

LOGO 集装箱的LOGO文化成为各种企业在景区商广告的展览，从而实现建造集资。

循环使用 集装箱自身可以二次再利用，后配给临时性游客的构创需要。

空间尺度
20'
40'

经济的建造（箱形结构）
外围结构框架 ＋ 集装箱 ＞ $
集装箱 ＋ 集装箱 ＞ $

集装箱本身有四个竖固的角柱和方便垂直堆砌，形成经济的建造，以集装箱自身作构受力形式。

侧板开洞模式
type1　type3
type2　type4

·作业成果

概念生成
该地区以风筝闻名。概念也以风筝的形态和制作过程为启发。

"龙"风筝由一段段串接起，形成摆叠的效果。
风筝制作的需要多根摆团架连接杆模块层叠形成主要骨架。

叠合　**交错**
两条流线对剖面 顶山势交错上升

零售、休闲空间类型
type1　小营馆吧
type2　餐厅展示
type3　纪念品线形展示
type4　风筝文化市场

LAYOUT MODEL

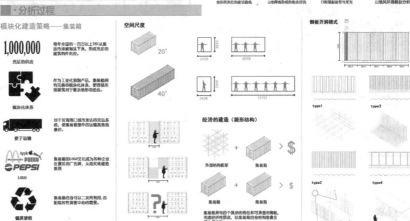

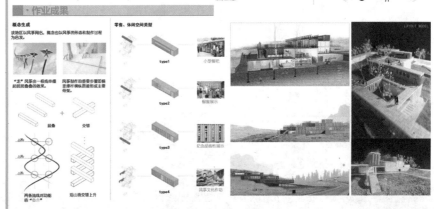

区位关系
中国地图

适应地形的建造

方案点评： 为了解决山注建建环境的局限性和使用功能上的临时性，选用集装箱进行装配组合设计。该建筑设计在充分调研和理解集装箱（建筑单元）的空间尺度和材料构造特点的基础上，进行场地分析，结合功能使用方式和动线设计，进行合理的集装箱的组合、改造，探索了形式语言、外部环境和内部空间，对建筑的装配与临时性等建筑问题做了回应。设计不仅考虑比较全面，而且具有一定的设计深度。

城市建筑及地域环境的营造——三年级建筑设计教案

02

■·教学目标

1. 三年级贯穿性主题设置意义：
借助现实的城市环境，引导学生思考建筑与人、社会、自然的关系，理解建筑技术与艺术的关系；帮助学生建立基本的建筑师职业素养；激发学生专业热情、提升教学效果；

2. 三年级设计教学基本目标：
加深理解建筑的多层次属性；学习基本的调研方法，培养初步的项目策划能力；了解相关的设计理论、理念，体验一种更投入的设计状态。为培养适合当前乃至未来社会的高素质设计人才打好基础。

3. 设计课题三（传统商业空间更新）教学目标：
本设计题目以商业建筑作为载体，在设计中要求体现地域主义建筑思想并运用生态的建筑策略及技术。具体目标包括：
· 巩固和发展建筑设计的基本能力
· 建立可持续发展的建筑设计观念
· 关注建筑的地域文化特征
· 培养建筑设计的创意能力

■·教学内容

三年级贯穿式系列设计命题均立足本地（武汉市）城市环境，如汉口租界、武昌旧城等。我们基于现象学理念，采用系列延续性的设计训练，不断强化学生对地方环境理解和重视，同时配合以调研方法、文史讲座，多方引入社会认知教育，引导学生明晰何谓"城市中的建筑"。

同时，全学年四个设计也各有特色方向，教学中具体侧重内容如下：
时代的象征（交通建筑）——侧重技术体现，如结构造型、交通规范；
地域的映射（旅馆建筑）——侧重环境影响，如气候、地形、景观等；
社会的投影（商住建筑）——侧重社会生活，如区位、经济、人群等；
文化的载体（博览建筑）——侧重文化内涵，如历史文脉、特色概念。

我系三年级设计命题一直在探索改进，在商业综合类的大主题框架内，以商业建筑为类型方向，以概念内涵为设计重点，曾尝试过"旧城商业街更新"、"旧城商住集合体"等命题，引导学生走向社会、深入调研，透过城市现实去理解建筑本体。今年课题选址周边环境更趋复杂，用地近乎城市设计的尺度，授课也涉及到上位规划内容。设计本身还要求对区域交通、环境景观等问题进行处理，命题包容庞杂，但允许学生有针对性地调研，有偏向性地策划进行个性化的设计。教师指导内容也就必须因人而异，因材施教的挑战性尤其突出。

■·教学方式

建筑设计课的教学方式，主要包括理论课的集中授课（开题等）以及设计过程的分组辅导。而三年级的贯穿式系列设计命题立足于现实城市中的建筑问题，除了课堂教学，还尤为强调场地调研等过程。

三年级作为承上启下的专业学习阶段，为充分激发学生探索精神，主动形成有个性但非偏执的建筑观，我们倡导引导型教学，以多元互动的教学方式，通过讲座、调研、讨论、点评等多种手段，重点培养学生的分析思考能力和设计创意能力。同时，在教学过程中手工模型及制图与电脑辅助并重，网络信息技术也比较常用。

以华林社区图书馆设计的教学方式，按阶段简介如下：
1、开始授课：课堂讲授，内容主要包括任务书解读、设计用地简介（上位规划）等；
2、场地调研：前期准备、现场讲解、纪录及整理、成果报告等；
3、项目构思：调研成果分析、相关案例研究、自拟详细任务书；
4、设计辅导：分组辅导，方向引导、规范控制、互动讨论；
5、公开评图：包括过程评图（年级内），以及学期末成果评图。

课题 | 大学建筑系馆设计

■·教学目的

1、通过建筑系系馆建筑设计，理解与掌握功能相对复杂又具有特殊使用要求的教育建筑设计方法与步骤。
2、培养综合处理室内外复杂交通流线的能力。
3、训练和培养建筑构思和空间组合的能力。
4、重视室内外环境的创造，训练营造适应不同行为心理需求空间环境的能力。

■·设计要求及功能组成

1、设计要求
方案需从现有的场地出发，突出整体设计的观念，与周边环境相融合，解决好与校园中现有其他建筑的关系。
合理规划与设计建筑理论与实践教学、建筑设计研究和行政管理功能单元与空间，以及其相互间的联系。
充分考虑使用者的需求，注重公共空间场所的塑造，鼓励引入新型使用空间和使用绿色生态技术。

2、建筑用地
基地位于北京市南郊高教园区，东、南临城市主要道路北临土木工程学院，西临建筑展览馆和校园广场，用地面积15000平方米。基地交通方便，邻近校区主入口和图书馆。（见附图）

3、设计依据
基于场地的体验与理解；
基于社会调研的功能与空间组织；

4、功能构成
本设计建筑面积规模控制在10000~12000平方米。建筑高度不超过24米。
办学规模：建筑学院本科生教学人数1000人（5年制专业5个班，4年制专业2个班）硕博研究生教学人数600人，教师人数100人，职员20人。
三、成果要求（略）
四、参考文献（略）

■·现状调研

场地位于学校区域的次入口东向，芦苇路和清源西路交叉处我们标出了学校区域中积极区域的中心点，并尝试找出这些建筑之间的联系。通过这方式我们整理处理了这些积极区域的公共共用，从最远到最亲密、我们用图表出了这些建筑对场地所形成的影响。

树测关系　　　学校街网　　　积极空间　　　公共等级

人流密度变化

■·分析过程

  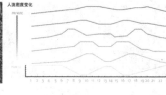

 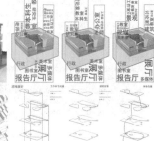

■·作业成果

 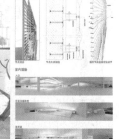

方案点评：该方案从校园总体入手，通过人流来向的分析，确定三条主要的交通流线，以此分划系馆体块，并从建筑学专业教育的特点出发，强调了置于底层的公共空间的灵活性与个性，以及专业教室的相对独立。通过空间配置的创新，一改以往为了追求灵活性对大空间不做明确划分而失去的个性。在建筑中，坡道、长楼梯、斜墙面的使用，使空间体验充满了实验与探索。

城市建筑及地域环境的营造——三年级建筑设计教案

·课程特色

立足本土文化
立足本土城市，尤其重视地方文脉的存续，从历史街区中提取地域性特质，如：历史遗存、民俗演进、生活发展、气候应对等等，以及由此而形成的空间策略和技术手段。

以使用者为中心的设计视角
强调在现场调研和文献检索的基础上展开设计。其中调研方法包括观察法、访谈、问卷调查等，以期形成以使用者（而非设计者）为中心的设计视角。

建筑城市化，城市建筑化
复杂的环境、开放的命题，要求设计应多层次思考（从城市尺度到构造细节）、多环节兼顾（从文脉存续到生态技术），最终成果是涵盖了规划、景观及建筑内容的复合型设计。

·地域文化

原武昌旧城东北角的昙华林社区，就像一部活着的中国近代史，留下了多处近代历史建筑，有开埠以后的外国领馆、医院，有辛亥名人故居、近代革命遗址。该地段具有武昌老城区地处丘陵地带的特点——地势变化复杂，同时又具有旧城区经济、居住衰落的特点，该社区居住密度大，缺乏开敞空间和社区文化设施。图书馆选址在昙华林核心地带的花园山北麓，山上保留有修女教堂；场地内既存一座保存完好的郭沫若印刷厂。场地内既有地形高差的挑战，又有如何处理与历史建筑关系的挑战，同时还面临旧城内缺乏开敞空间的挑战，因此为设计的多元化提供了多向度的可能。

·思考与展望

我国当前日益加快的城市化进程，对区域环境、城市文脉乃至居民生活无疑带来了巨大冲击，建筑师面临的问题也空前复杂，不仅仅是功能与形式的设计要素，只有融入城市生活，才能真切地知道人们需要怎样的建筑、建筑需要怎样立足于城市。
三年级作为建筑设计基础教育的最后阶段，解决功能与空间、深化结构材料知识，在循序渐进的课程体系中仍是重点。调查研究与文献分析能力以及在此基础上形成的问题导向的设计策略亦是三年级的教学改革突破方向。在教学过程中，学生的主动性被全面地调动后所产生的创造力又着实令人感到欣慰。

课题   社区图书馆设计

·教学目的

本设计课题以文化类建筑图书馆作为载体，在设计中要求体现地域主义建筑思想并运用生态建筑策略及技术。具体教学目标包括：
1.关注建筑的地域文化特征
2.探讨适应旧城区肌理、尺度的文化 建筑模式
3.探讨文化建筑与旧城居住区的互动关系
4.探讨以文化类建筑拉动旧城复兴的可能性

·设计要求及功能组成

恰当表现和营造城市地域文化，反映对场地的理解；总体布局合理，尊重自然环境，巧妙进行外部交通流线和环境设计。空间尺度等设计内容均与方案主题相适应；布局合理，流线清晰，分区明确，使用方便。恰当的材料选择和营建方式，应注重材料特性，结构逻辑等。

2. 建筑用地
武汉市武昌昙华林社区，详见地形图。在红线范围内进行调研，并在区域内根据调研结果详细拟定设计方向和设计任务书。

3、设计依据
基于场地的体验和理解；
基于社会调查的功能与空间组织；

4、功能构成
用地面积：2350平方米
建筑面积：2000平方米

·现状调研

调研方法：
图文资料预备、实地踏勘、纸笔相机纪录、问卷访谈、机构走访等。

调查重点：
"树"、"人"与"行为"的对应关系。

研究方法：
先感性判断，寻求大致方向；
后理性求证，寻求场地环境和功能的量化关系

场所环境的三个叙述

□ 树木

□ 人群

□ 老房子

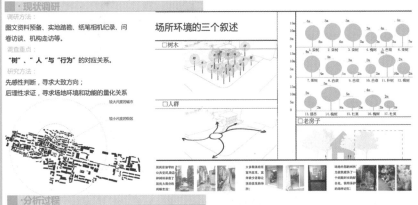

·分析过程

场地策略——活动界面由地面向整个树林空间发展

场地的历史

图书馆带来的改变

人群的活动

形体策略——树林空间的模数化提取

·作业成果

剖面关系——多层次的活动界面重新定义城市空间

剖面 1-1   剖面 2-2

功能布局——分布于林间的功能模块

入口检查、信息处   儿童活动区   分布于林间的读书空间   多功能厅、面向社区活动   电子阅览室   主要阅览书库

图书馆的设计保留了场地内部高大的树木，为建筑提供了荫蔽，同时图书馆可以采用大面积的落地窗，削弱了室内与自然环境的隔离。
整体建筑采用3.6m跨度的轻钢结构，小跨度的结果是最小尺寸的结构，轻盈的白色钢骨架更好的融入林间的环境，尺度也更加近人。

方案点评：
大胆的想法，利用框架机构把功能量化的同时将场地富植被的特性结合在一起，重新解读了这个城市空间的逻辑与使用的可能性，同时框架结构也使得建筑看起来更加轻盈。这个位于老城区转角空间会是社区孩子们放学后去玩耍的好去处，因此，是一个生动的建筑。

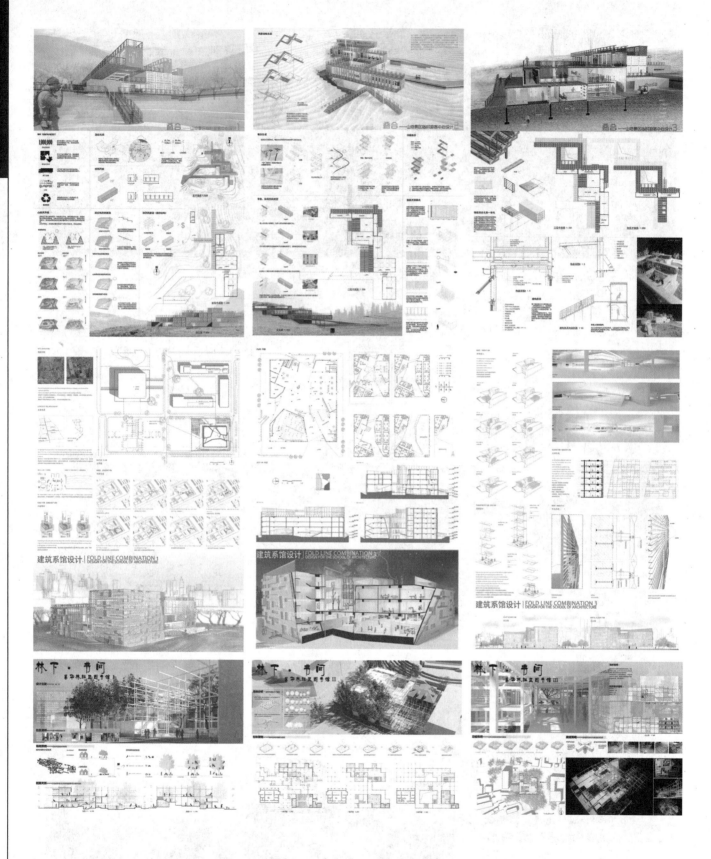

建筑系馆设计 | FOLD LINE COMBINATION 1
DESIGN FOR THE SCHOOL OF ARCHITECTURE

建筑系馆设计 | FOLD LINE COMBINATION
DESIGN FOR THE SCHOOL OF ARCHITECTURE

建筑系馆设计 | FOLD LINE COMBINATION 3
DESIGN FOR THE SCHOOL OF ARCHITECTURE

林下·书间

林下·书间

林下·书间

四年级专题建筑设计研究

（四年级）

教案简要说明

四年级建筑设计课程是建筑学专业主干课之一，是建筑设计系列课程的综合提高阶段。本课程引导设计训练向技术层面深化，向规划层面扩展；提高学生深入设计、专业配合和团队合作能力。

四年级建筑设计教学定位为"研究型设计"，全学年设置四个设计教学单元，即：高层建筑设计研究、自由专题建筑研究、居住建筑设计研究和全过程设计。本课程的教学目的，旨在提高设计教学质量，形成具有研究性、开放性、多样化和个性化的教学模式。重点培养综合设计能力，促进创新思维和设计研究能力的发展。

拆解边缘——武汉原法租界公共空间研究与设计 设计者：黄杰 郑远伟
边城 生活蒙太奇——武汉原法租界公共空间研究与设计 设计者：骆典 黎峰 丁思琪
指导老师：李晓峰 谭刚毅 刘小虎 陈宏 冷御寒 杨毅 罗宏 倪伟桥
编撰/主持此教案的教师：姜梅 等

研究性·开放性·多样化—— 四年级"专题建筑设计研究"课程教案

华中科技大学

01

■·教学体系

四年级建筑设计课程是建筑学专业主干课之一,是建筑设计系列课程的综合提高阶段。本课程引导设计训练向技术层面深化,向规划层面扩展,提高学生深入设计、专业配合和团队合作能力。

四年级建筑设计教学定位为"研究型设计",全学年设置四个设计教学单元,即:高层建筑设计研究、自由专题建筑研究、居住建筑设计研究和全过程设计。

本课程的教学目的,旨在提高设计教学质量,形成具有研究性、开放性、多样化和个性化的教学模式,重点培养综合设计能力,促进创新思维和设计研究能力的发展。

■·教学目标

本课程以建筑学专业学生为教学对象,引导学生树立正确的建筑观,学习和掌握科学的建筑设计方法,培养学生形成具有一定专业研究基础的建筑设计思维能力,提高建筑设计技能及表达,并把设计对象从建筑专业范畴扩展到城市规划与景观园林领域,强调各相关学科、相关专业的交叉,树立综合意识和广义环境意识,培养学生解决综合设计问题的能力。

特色专题 体验·呈现·再现 —— 汉口原法租界公共空间与公共生活研究

任务书

走进场地,做一个漫步者,纯粹的观察者,敏感的体验者

专题特色

体验 活动记录

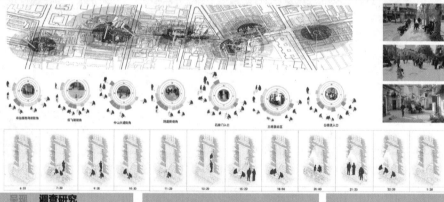

呈现 调查研究

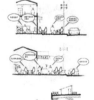

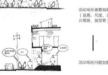

体验 场地调研

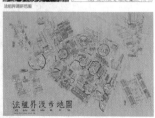

再现 片区改造

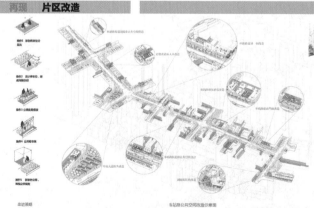

研究性 开放性 多样化——四年级"专题建筑设计研究"课程教案

02

华中科技大学

·教学内容

本课程的教学内容主要包括：建筑研究类、城市设计类、学科交叉类及其他。近三年的选题包括：传统聚落设计，武汉电石厂改造与再利用，世博会或城市修迁、改造与再利用，"最武汉"住宅设计研究，三道街社区改造与更新，解放南商业街区更新设计，京汉大道沿线城市设计，汉口老街区适应性城市设计，基于气候适应性的绿色建筑设计，武汉原法租界公共空间研究与设计等。

四年级的设计课题要求具有一定的研究性，旨在培养学生独立思考、发现和研究问题的能力，引导学生对与课题相关的内容做出一定的理论思考。每个选题都要求凸显一个方向的主题，每一个设计都须包含对设计地段的调查研究，基本的城市设计、城市规划与城市空间结构的分析研究等。学生必须在调查研究和分析的基础上，发现问题，进行系统的分析，并寻找利用专业知识解决问题的途径，再进行设计，而不仅仅是单纯的功能布置和形体设计。

·教学特色

1、倡导学术自由，鼓励学科交叉

2、强化设计研究，激发独立思考

3、立足本地现状，展现社会关怀

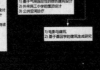

特色专题 体验·呈现·再现——汉口原法租界公共空间与公共生活研究

体验 前期调研

呈现 调查研究

再现 身体的介入

再现 设计的开始

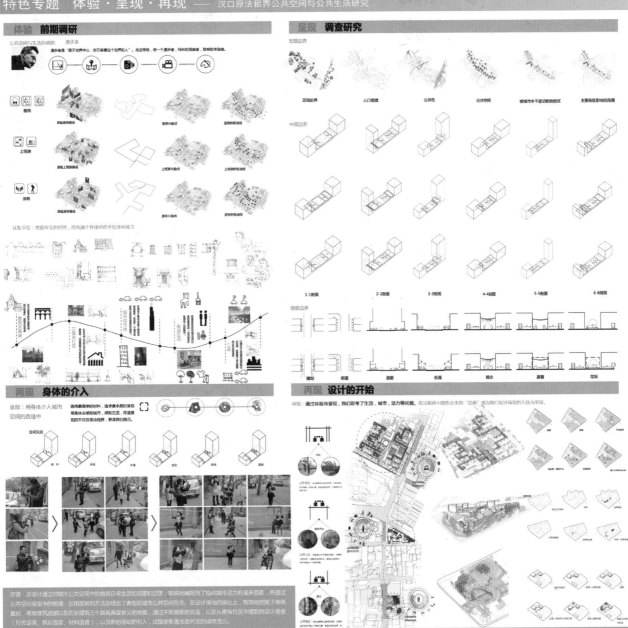

99

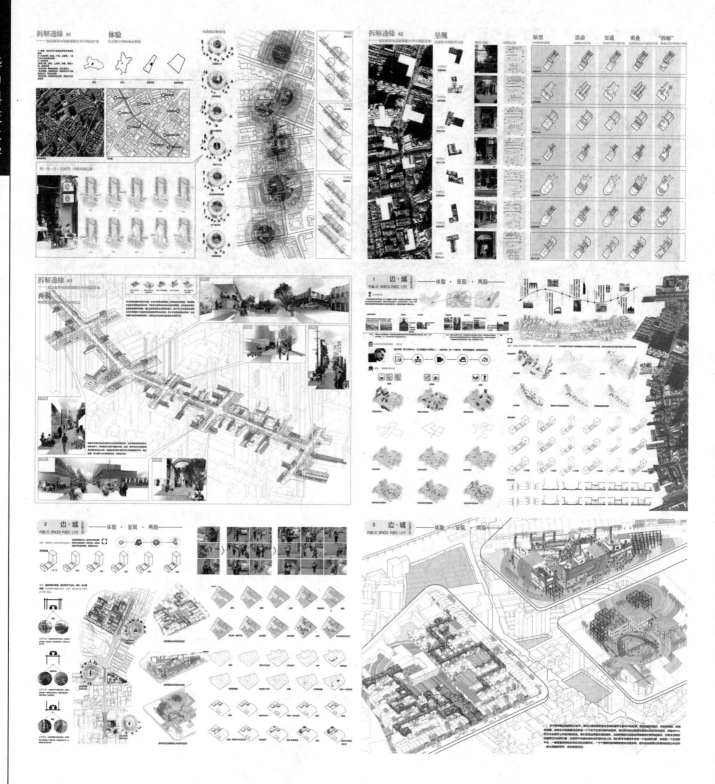

界面限定下的空间组织训练

（二年级）

教案简要说明

　　本训练命题是在学生掌握了基本的建筑专业知识与表达技巧之后，进行的第一个建筑设计训练。学生需要综合运用在建筑设计基础课程中的知识点来推进设计，初步体验用建筑的形式语言组织空间，进行设计操作。课程也希望学生在设计学习开始之初，就关注场地条件与建筑生成之间的紧密关系。在初次设计时，学生对各种设计要素的提取和组织能力是十分有限的，因此，教案需要进行简化、抽象与限定。本训练首先将真实场地环境限定为两种基本界面条件——垂面和坡面，各用一个设计练习加以训练，每个设计练习时间8周，总共16周。其次，训练将功能要求设置得较为简单，规模控制在300m^{2}以下，并设定了几种基本的功能组织模式。第三，教案设定了"体块"与"片墙"两种基本形式要素，引导学生主要学习在不同的场地界面限定条件下，运用不同的形式要素组织策略进行空间与功能的组织。这两个设计练习题目，既有空间限定和组织上的类型、模式的对比，又在功能组织与空间尺度、材料构造、制图表达等内容的训练上有加深、递进的要求，能使学生更加全面深入地理解环境与建筑的关联性，更好地达到训练的目的。

界面限定下的空间组织训练（二）——风景区坡地茶室设计　设计者：陈思涵
界面限定下的空间组织训练（二）——风景区坡地茶室设计　设计者：季惠敏
界面限定下的空间组织训练（二）——风景区坡地茶室设计　设计者：朱凌峥
指导老师：冷天　丁沃沃
编撰/主持此教案的教师：刘铨

整体教学纲要

形式与语言	材料与构造	空间与场所	功能与混合	流线与公共性	技术与规范	城市与环境
FORM & LANGUAGE	MATERIAL & CONSTRUCTION	SPACE & PLACE	PROGRAM & MIXUSE	CIRCULATION &PUBLICITY	TECHNIQUE & REGULATION	URBANISM & ENVIRONMENT

界面限定下的空间组织训练

本训练命题是在学生掌握了基本的建筑专业知识与表达技巧之后，进行的第一个建筑设计训练。学生需要综合运用在建筑设计基础课程中的知识点来推进设计，初步体验运用建筑的形式语言组织空间、进行设计操作。课程也希望学生在设计学习开始之初，就关注场地条件与建筑生成之间的紧密关系。在初次设计时，学生对各种设计要素的提取和组织能力是十分有限的，因此，教案需要进行简化、抽象与限定。本训练首先将真实场地环境限定为两种基本界面条件——垂面和坡面，各用一个设计练习加以训练，每个设计练习时间8周，总共16周。其次，训练将功能要素设置的较为简单，规模控制在300㎡以下，并设定了几种基本的功能组织模式。第三，教案设定了"体块"与"片墙"两种基本形式要素，引导学生主要学习在不同的场地界面限定条件下，运用不同的形式要素组织策略进行空间与功能的组织。这两个设计练习题目，既有空间限定和组织上的类型、模式的对比，又在功能组织与空间尺度、材料构造、制图表达等内容的训练上有加深、递进的要求，能使学生更加全面深入地理解环境与建筑的关联性，更好地达到训练的目的。

场地与界面

场地是设计的重要先决条件，从外部限定了建筑的生成，因此教案给学生提供的都是真实的城市地块，学生在建筑设计基础课程的城市认知环节对这两处场地环境也进行了调研分析，对这空间形态和界面特征有了基本的了解。

作为第一个设计训练，教案对场地环境条件做了简化限定，主要是要求学生从场地原有界面的角度来考虑设计建筑的形体、布局及其最终的空间视觉感受，比如日照的遮挡、视线的干扰等。

老城传统街区肌理致密，垂直界面关系明确。因此，设计——"古玩店设计"选择了10个沿街地块作为场地，面积约在200㎡左右。学生任选其一进行设计。对界面限定的解读，主要是街巷垂直界面对建筑空间布局的影响，如连续性、街角、橱窗、出入口的处理等；以及地块界限周边边界建筑外墙界面（包括外窗等）对设计建筑的影响，如日照间距、视线遮挡、内院的围合等。

与老城相比，设计二——"茶室设计"中山陵风景区对建筑的物质性限定界面是以坡面为主（暂不考虑植被因素），设计首先应考虑建筑内外平面标高问题。在了解了抬、挖、架空、梯形台地等基本处理形式后（架空回避了坡面的限定，因此不作为本设计的处理形式使用），根据功能布局需要来考虑建筑与坡面的剖面关系。由于垂面的消失，在场地空间感知上，学生需要有目的地进行建筑内部观景视线的引导，并考虑场地主要方向上建筑界面本身与环境的协调。

场地一：老城（古玩店设计）

场地二：坡地风景区（茶室设计）

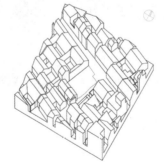

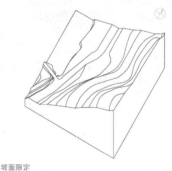

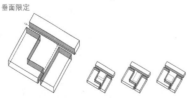
垂面限定

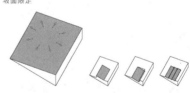
坡面限定

形体与空间

在之前的建筑设计基础训练中，学生通过空间限定练习，初步理解了空间划分及其空间效果的概念。

在本设计训练中，学生还需要理解形体、空间与场地界面条件的关系。

首先，教案从单一体积的体形出发，讲解建筑形体与场地的关系，让学生首先从场地界面与视觉感知条件，而不是自我美学喜好的角度去评判建筑形体的优劣。其次，教案首先设定了几种应对场地界面的基本形体与空间构成模式，在此基础上引导学生学习运用基本形式语言作为组织空间和应对场地条件的策略。

形体的形状与场地界面的关系

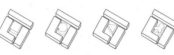

用"体块"关系组织空间，应对场地界面

用"片墙"组织空间，应对场地界面

平行　垂直

平行　垂直　组合　片、体组合

设计——"古玩店设计"将引导学生分别运用"体块"和"片墙"两种基本的空间形式语言，在组织内部空间的同时能够很好地应对场地环境，生成两个建筑方案。这一对比性的学习有助于加深学生对于应用不同形式语言应对建筑问题的理解。

而在设计二——"茶室设计"中，学生可以综合运用"体块"和"片墙"两种语言，首先要考虑与坡面的关系，如垂直还是平行于等高线，或者根据地形做拓扑变形，同时还要考虑建筑与环境的协调，如使用水平舒展的形体，减小体量感的多形体组合。

具体场地中的空间组织

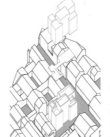
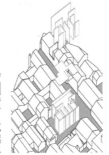

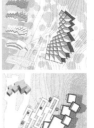

功能与尺度

作为本科教学的第一个设计训练，教案将重点放在场地与建筑的关系上，因此设定了较为简单的功能要求，并通过平剖面的细化设计强化对常用建筑尺寸的理解和掌握。

在建筑设计基础课程中，学生实例的测绘，对优秀的建筑案例也进行了分析训练，通过图纸重绘、家具布置、功能与流线分析等练习，对建筑功能、尺度等概念已经有了初步的认识。

在此基础上，本教案给定了3种基本功能空间组织的模式及其组合，在此基础上学生更加容易掌握公共建筑的主、辅空间布局关系及入口、门厅的合理设置。在空间尺度上教案要求通过平、剖面的家具布置掌握空间尺度，特别是厕所、楼梯间等辅助空间以及门、窗、栏杆等建筑构件尺寸。

设计——"古玩店设计"中，主要的建筑功能空间包括：展示空间、贵宾接待和休息空间、收银空间、储藏空间、值班室（卧室）、厕所，建筑面积在160-200㎡之间，建筑层数为地面2层，以强化剖面设计。

设计二——"茶室设计"中的功能空间包括：门厅（接待与收银）、60人大厅、容纳30人的2-4人雅座若干、操作间、储藏空间、值班室、厕所，建筑面积在260-300㎡之间，建筑层数为1-2层。考虑无障碍设计，以适当增加场地和空间尺度设计的难度。

教案给定的基本功能空间组织模式

总　分　串联　并联

组合模式

通过平剖面图进行功能组织与空间尺度训练

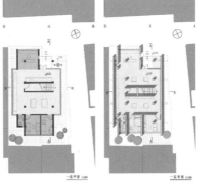
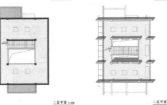
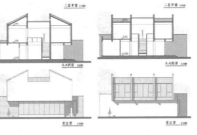

增加室内外地面标高的设计与表达

感知与表达

在建筑设计基础课程中，基本的建筑表达作为建筑知识认知的方法，以得到训练，在本教案中，学生则需要在提高表达技巧的同时，学习不同的图纸、模型工具在推进设计过程和表达不同设计内容时的作用。

教案强调了在设计过程中手工图纸和模型的重要性，在最终成果阶段，则以计算机绘图训练为主，每个设计要提交2张A1图纸。设计一由教案给定排版，以减轻初次出图的难度，设计二则训练学生自己排版，并注意图纸内容表达的叙事性，以形成图面秩序。

除了用模型研究建筑的场地布局，教案还强调了从实际空间视觉感知角度来理解场地与建筑关系，设计一的街巷界面是设计考虑的重点，因此教案要求在设计过程中始终结合街巷照片来验证和调整设计的界面感知效果。而设计二则强调运用大比例模型照片和计算机室内透视对设计的内部空间景观视线引导效果进行判断。

手工模型研究场地与形体关系

照片拼贴街巷视觉界面研究

1:50剖面模型研究标高关系与景观视线关系

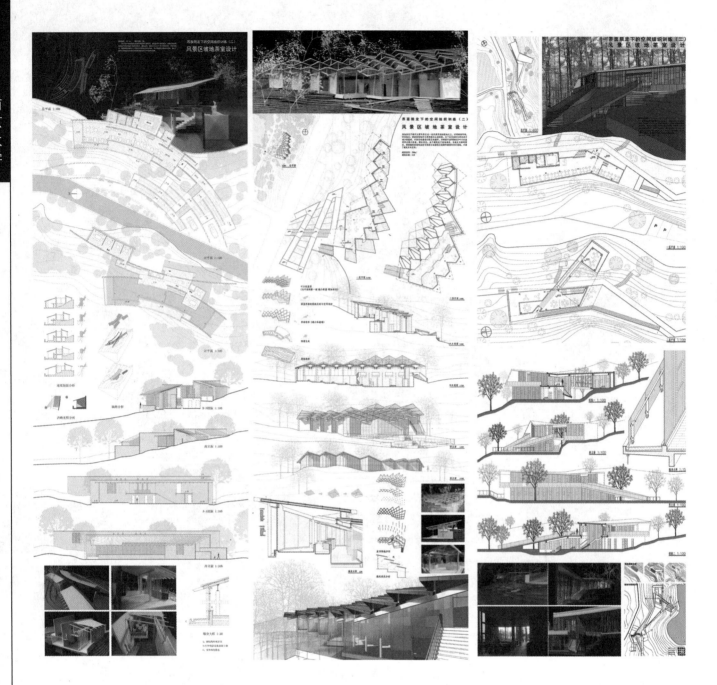

赛珍珠纪念馆扩建设计

（三年级）

教案简要说明

此设计意在训练最基本的建造问题。通过这一建筑设计课程的训练，使学生在学习设计的初始阶段就知道房子如何造起来，深入认识形成建筑的基本条件：结构、材料、构造原理及其应用方法，同时课程也面对场地、环境和功能问题。训练核心是结构、材料、场地，在学习组织功能与场地同时，强化认识建筑结构、建筑构件、建筑围护等实体要素。

赛珍珠故居位于南京市鼓楼区的南京大学北园内，是美国作家赛珍珠（Pearl S. Buck）在南京的故居。1919 年起，赛珍珠和她的丈夫、农业经济学家约翰·洛辛·布克（John Lossing Buck）及家人居住于此，直至 1934 年。在这里度过的十多年间，她完成了处女作《放逐》和后来获得诺贝尔文学奖的小说《大地》等许多作品。2006 年

6 月 5 日，南京赛珍珠故居被列为江苏省文物保护单位，2011 年旧居被改造为赛珍珠纪念馆。为更好展示历史，现拟将旧居部分作为复原展示，完全还原当初室内陈设，而将纪念馆所需展示、导游与配套服务设施则安排在室外（包括地下）另行加建。计划室外扩建部分功能主要包含平面展示、多媒体展示、导游处、纪念品部，以及茶餐厅等服务休息设施。目前按照规划要求，基地内地面最大可建面积约 100m²，地下可建面积 200 ~ 300m²。

总建筑面积约 400 ~ 500m²，建筑层数地上 1 层，建筑限高 6m，地下层数、层高不限，立面平顶坡顶不限，但需考虑与历史建筑和校园环境协调。要充分考虑材料建造与实施的可能性。

优秀作业1 赛珍珠纪念馆扩建设计 设计者：黎乐源
优秀作业2 赛珍珠纪念馆扩建设计 设计者：席弘
优秀作业3 赛珍珠纪念馆扩建设计 设计者：周贤春
指导老师：童滋雨 钟华颖
编撰/主持此教案的教师：周凌

整体教学纲要

本科常规建筑设计
课程纲要

形式与语言	材料与构造	空间与场所	功能与混合	流线与公共性	技术与规范	城市与环境
FORM & LANGUAGE	MATERIAL & CONSTRUCTION	SPACE & PLACE	PROGRAM & MIXUSE	CIRCULATION & PUBLICITY	TECHNIQUE & REGULATION	URBANISM & ENVIRONMENT

赛珍珠纪念馆扩建设计

赛珍珠纪念馆扩建设计
Extension of Pearl S. Buck's House in Nanjing

教学目标

作为大三上学期的第一个课程设计，此设计意在训练最基本的建造问题。通过这一建筑设计课程的训练，使学生在学习设计的初始阶段就知道房子如何造起来，深入认识形成建筑的基本条件：结构、材料、构造原理及其应用方法，同时课程也面对场地、环境和功能问题。训练核心是结构、材料、场地，在学习组织功能与场地同时，强化认识建筑结构、建筑构件、建筑围护等实体要素。

任务书

赛珍珠故居位于南京市鼓楼区的南京大学北园内，是美国作家赛珍珠（Pearl S. Buck）在南京的故居。1919年起，赛珍珠和她的丈夫、农业经济学家约翰·洛辛·布克（John Lossing Buck）及家人居住于此，直至1934年。在这里度过的十多年间，她完成了处女作《放逐》和后来获得诺贝尔文学奖的小说《大地》等许多作品。2006年6月5日，南京赛珍珠故居被列为江苏省文物保护单位，2011年旧居被改造为赛珍珠纪念馆。

为更好展示历史，现拟将旧居部分作为复原展示。完全还原当初宴客陈设，而将纪念馆所需展示、导游及配套服务设施则安排在室外（包括地下）另行加建。计划室外扩建部分功能主要包含平面展示、多媒体展示、导游处、纪念品部，以及茶餐厅等服务休息设施。目前按照规划要求，基地内地面最大可建面积约100平米，地下可建面积200-300平米。

总建筑面积约400-500 M2，建筑层数地上1层，建筑限高6米，地下层数层不限，立面平顶坡顶不限，但需考虑与历史建筑和校园环境协调。要充分考虑材料建造与实施的可能性。

一、 场地选取场
地对建筑有各方面的影响，有了对场地真实的感受之后，对建筑材料和构造的选择才具有基础。
同时，教案引导学生认知、分析场地信息，探讨建筑重新置入场地时对场所空间的重构，通过建筑的材料和构造等细节来对场地进行良性的重构。

二、 规划布局设计总则General Guidelines
1、 文脉Context：充分考虑校园环境、历史建筑、校园围墙以及现有绿化，需与环境取得良好关系。
2、 退让Retreat Distance：建筑基底与投影不可超出红线范围。如若与主体或相邻建筑连接，需满足防火规范。
3、 边界Boundary：建筑与环境之间的界面协调，各户之间界面协调。基地分隔物（围墙或绿化等）不超出用地红线。
4、 户外空间Outdoor Space：扩建部分保持一定的户外空间，户外空间可在地下。
5、 地下空间：Underground Space充分利用地下空间。

三、 建筑单体Built-up Area
1、 展示区域Exhibition Area（300-350M2）平面展和多媒体展示。
2、 导游处 Information Area（10M2）
3、 纪念品部 Shopping Area（30M2）
4、 茶餐厅Tea Area（60M2）
5、 厨房区域Cooking Area（≥10 M2）
6、 公共卫生间Washroom（1间）
7、 门厅与交通Lobby, Corridor,etc 面积自定
以上各部分功能可开敞布置，也可独立布置。

四、 材料选择Material List
地下室部分：混凝土剪力墙或框架结构
地面部分：结构材料：钢、木、混凝土
围合与覆盖材料：砖、瓦、木、石、土、金属、玻璃、塑料等
注：主要结构材料必须在指定材料中选择，其它材料和辅材自定。

教学方法

从"秩序"出发，简化和涵盖功能、空间问题，强化建造和构件问题。强调秩序与功能，构件与空间，支持与维护。所谓秩序，包含场地秩序（order from site），结构秩序（order from structure），空间秩序（order from space）等。让学生学会组织简单功能，学习建筑元素组织方法，赋予真实材料并且转化为真实构造。训练核心是构件、建筑，秩序是值以展开设计的方法，场地、功能的问题作为辅助。

教学进度安排

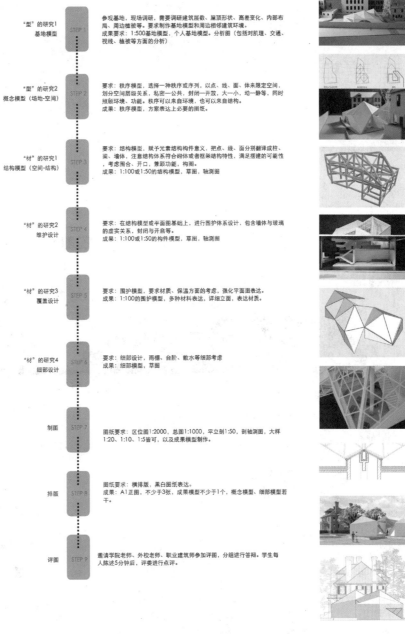

**"型"的研究1
基地模型**

STEP 1

参观基地，现场调研，需要调研建筑层数、屋顶形状、高差变化、内部布局、周边植被等。要求制作基地模型和周边相邻建筑环境。
成果要求：1:500基地模型，个人基地模型。分析图（包括对肌理、交通、视线、植被等方面的分析）

**"型"的研究2
概念模型（场地-空间）**

STEP 2

要求：秩序模型，选择一种秩序或序列，以点、线、面、体来限定空间，划分空间层级关系，私密一公共，封闭一开放，大一小，动一静等，同时照顾环境、功能。秩序可以来自环境，也可以来自结构。
成果：秩序模型，方案表达上必要的图纸。

**"材"的研究1
结构模型（空间-结构）**

STEP 3

要求：结构模型，赋予元素结构构件意义，把点、线、面分别翻译成柱、梁、墙体，注意结构体系符合砌体或者框架结构特性，满足搭建的可能性，考虑围合、开口，兼顾功能，构图。
成果：1:100或1:50的结构模型，草图，轴测图

**"材"的研究2
维护设计**

STEP 4

要求：在结构模型或平面图基础上，进行围护体系设计，包含墙体与玻璃的虚实关系，封闭与开启等。
成果：1:100或1:50的构件模型，草图，轴测图

**"材"的研究3
覆盖设计**

STEP 5

要求：围护模型，要求材质、保温方面的考虑，强化平面图表达。
成果：1:100的围护模型，多种材料表达，详细立面，表达材质。

**"材"的研究4
细部设计**

STEP 6

要求：细部设计，雨棚、台阶、散水等细部考虑
成果：细部模型，草图

制图

STEP 7

图纸要求：区位图1:2000，总图1:1000，平立剖1:50，剖轴测图，大样1:20、1:10、1:5皆可，以及成果模型制作。

排版

STEP 8

图纸要求：横排版，黑白图纸表达。
成果：A1正图，不少于3张，成果模型不少于1个，概念模型、细部模型若干。

评图

STEP 9

邀请学院老师、外校老师、职业建筑师参加评图，分组进行答辩。学生每人陈述5分钟后，评委进行点评。

成果

赛珍珠纪念馆扩建
Extension of Pearl S.Buck's house in Nanjing

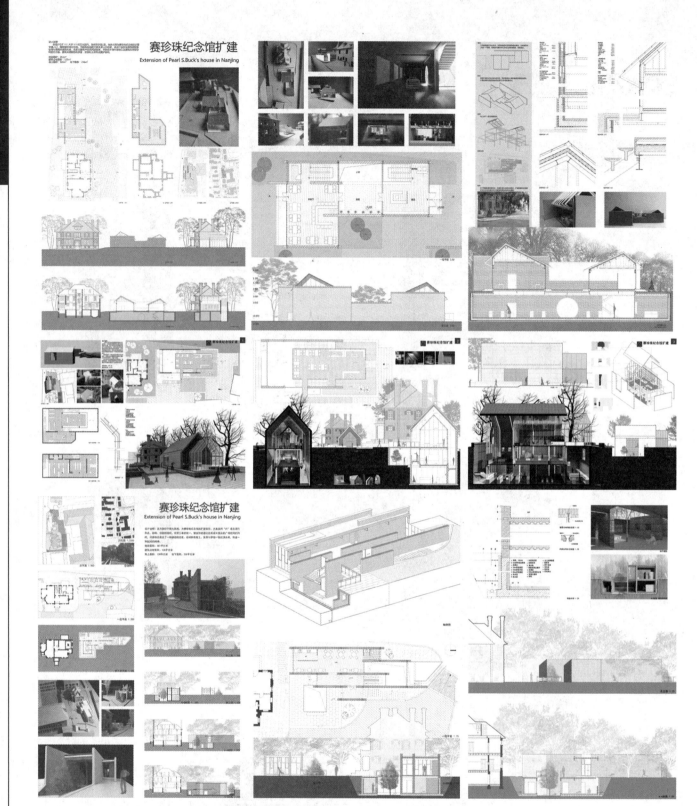

赛珍珠纪念馆扩建
Extension of Pearl S.Buck's house in Nanjing

赛珍珠纪念馆扩建
Extension of Pearl S.Buck's house in Nanjing

新阅览空间的探索与实践：南京某高校图书馆设计

（三年级）

教案简要说明

"南京某高校图书馆设计"是三年级上学期的第二个设计题目。设计的目标在于通过南京某高校图书馆设计，让建筑学专业学生逐渐树立正确的设计方法，学会通过基地分析和人对空间的心理感受找寻设计的依据。进而功能配置、空间生成，并在设计深化过程中，深入推敲建筑结构、建筑表皮、绿色技术、光学等环节，并结合重点部位设计予以表达。

教学过程分为五个阶段展开：

阶段一，综合认知与课题研究。熟悉课程设计的要求，明确学习目的和方法；熟悉用地环境，从宏观、中观到微观多层次分析基地环境，建构认知地图；通过抄绘和分析初步了解图书馆建筑功能构成、流线组织与空间组合特点；通过实例参观，体验与理解图书馆建筑空间特征与建筑性格特征；从环境与心理关系的维度认知新阅览空间。

阶段二，方案构思。通过对基地环境的分析进行场地设计，明确建筑形体与环境的关系，清楚基地内的流线性质和出入口关系；基于图书馆建筑的基本功能构成，以及交通流线的关系，完成功能体块模型，同时加入水平和垂直交通体系；通过不同表达方式展示初步设计意向。

阶段三，方案调整。基于阶段二的成果，进一步具体化设计方案；将基础功能体模型转化为多个建筑空间初步模型，从空间艺术效果和使用者的心理感知角度进行分析和比较；从环境心理的角度对不同性质的空间进行显性或者隐性界定，明确各类空间之关系；分析建筑流线关系，探求优化和改进的可能性。

阶段四，方案深化。基于明确的空间关系提出结构设计的方案，持续优化和改进结构设计方案；基于建筑的性质特色以及不同的空间构成，选择相应的材料赋予建筑，形成空间界面；从材料的物理属性与人心理感知角度探究材料对人心理感受的影响，由此评价材料利用的可行性。

阶段五，方案细化与表达。深化和完善建筑空间、建筑形体、建筑细节的细部设计；基于所选材料进行建筑构造设计；设计方案的表达。

阅读——交流：南京某高校图书馆设计　设计者：孙思远
转——趣·静·融：南京某高校图书馆设计　设计者：张宇涛
指导老师：薛春霖　欧雷　李国华
编撰/主持此教案的教师：叶起瑾

新阅览空间的探索与实践

南京某高校图书馆设计
教学框架与课程设置

1

南京工业大学

建筑设计课程整体框架：

人文课程支撑	建筑设计主干课程（设计与实践）	技术课程支撑

五年级	建筑设计方法论 建筑师业务基础 建筑法规	工程实践与毕业设计 ·设计院实习　·毕业设计 ·大型公共建筑　·毕业教育	建筑安全与防灾 建筑工程经济与企业管理
四年级	建筑策划、城市规划原理 城市设计、造园学 环境心理学	城市空间与技术集成 ·高层建筑设计　·住区规划与居住建筑设计 ·城市发展、博览建筑设计·既有建筑更新改造设计	绿色建筑、建筑构造II 建筑结构选型、建筑施工 建筑模型
三年级	中国建筑史、外国建筑史 古建筑测绘实习	场所文脉与建筑技术 ·高速公路服务区设计　·南方某图书馆设计 ·历史街区影院综合体设计·建筑学院院馆设计	建筑结构、建筑物理 建筑设备、建筑模型 数字建筑概论
二年级	公共建筑设计原理 场地设计 美术（色彩）	基础拓展与空间组合 ·别墅设计　·青年旅社 ·幼儿园设计　·社区活动中心	建筑构造I 建筑力学、建筑模型 计算机辅助设计
一年级	建筑概论、形态构成 美术（素描、速写） 建筑学入门专题讲座	建筑认知与设计入门 ·建筑认知　·环境认知与设计 ·空间建构　·空间解析与设计	画法几何与阴影透视 建筑材料、建筑模型 绿色建筑专题讲座

综合阶段　↑　提高阶段　↑　基础阶段

三年级教学目标：
·建立清晰的设计思维
·具备综合分析场地文脉、功能空间、材料建构问题的能力
·围绕"场所——空间——建构"核心主题，整合完成不同场所环境中的公共建筑的综合设计
·对建筑物理、绿色建筑技术有一定认知与掌握

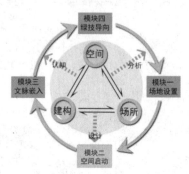

模块四 绿技导向
模块三 文脉嵌入
模块一 场地设置
模块二 空间启动
空间　建构　场所
认知　分析

三年级教学框架：

　　三年级教学属于建筑设计范畴，在一、二年级的基础教学阶段上，注重学生综合分析问题及解决问题能力的培养。课程设置分别从场地设置、空间启动、文脉嵌入、绿技导向等四个层面分主题，分阶段进行系统化训练，使学生建立整体的建筑观，初步掌握大、中型建筑的设计方法。
　　教学思路：以创新思维、感性认知、理性分析、整合设计、清晰表达并重的训练模式为主。
　　教学方法：思维启发、认知体验、理论讲授、互动设计。

第一学期 1-8周	第一学期 9-16周	第二学期 1-8周	第二学期 9-16周
场地设置 高速公路服务区设计 训练重点 ·场地设计 ·功能与流线	**空间启动** 南方某图书馆设计 训练重点 ·空间与行为 ·功能与结构	**文脉嵌入** 历史街区商业影院综合体设计 训练重点 ·城市文脉 ·建筑物理（声学、视线）	**绿技指导** 绿色理念的建筑学院院馆设计 训练重点 ·坡地设计 ·绿技策略

理论讲座支撑

城市设计　城市、建筑、资源　城市肌理　设计与材料

实践环节支撑

乡村考察　基地认知　社区调研　联合教学

新阅览空间的探索与实践

课题设置：

课题设置背景：

建筑设计是一个理性和感性交织的思维过程，是发现问题解决问题的过程。任何一个构思和出发点，都是现实条件中的限制。怎样在看似普通的环境里设计出不平凡的东西，这是建筑学学生必须要学会解决的问题。

选取相对来说比较平凡的环境，和与高校学生息息相关的建筑——高校图书馆这一课题作为设计对象，旨在训练学生通过研读相对"平庸"的环境，发现一些独特的问题，提出一些独特的见解，并进而应对环境与功能，设计出形式完美的设计。注重营造高校图书馆特有的场所氛围。将建筑设计与自然、人文环境紧密结合，强调设计过程的逻辑严密，在校园中营造适应学习和交流的学习场所。

教学目标：

通过南京某高校图书馆设计，让建筑学专业学生逐渐树立正确的设计方法，学会通过基地分析和人对空间的心理感受寻求设计的依据。进而功能配置、空间生成，并在设计深化过程中，深入推敲建筑结构、建筑表皮、绿色技术、光学等环节，并结合重点部位设计予以表达。

· 掌握图书馆的设计原理。

· 深化学习空间、场地和功能互动的学习方法，建立整体建筑观。通过研究基地与周边场所的环境关系，寻找创意的方向。

· 研究潜在使用的行为特征，创造出符合使用者特点的空间。

· 培养利用手工模型与计算机辅助设计结合进行方案深化的能力，培养正确的设计方法和解决问题的能力。

场地设置：

本课题选址位于南京某高校校园内，校园东邻城市公园，南邻城市主干道。

建设用地南邻校门，西面与东面分别为运动场和教学区。现状周边具有良好的地域自然资源和人文景观，校园整体格调和谐统一，环境优雅宜人。

基本功能与面积配置：

总建筑面积约6000㎡（可据设计适当浮动±10%），建筑层数由设计者根据设计要求自定，建筑主体高度不得超过24米；

· 公共部分：
门厅（含咨询、新书预览、存包区）
设置、（可单独设置，也可结合小门厅设置）：300㎡
读者休息区（可设小角、咖啡座等，可按数层要求分散设置）：300㎡
检索（计算机检索）咨询处：100㎡
· 业务部分：
报刊阅览室：200㎡
综合图书阅览室（每阅游开架书库60㎡左右）：200㎡
文学图书阅览室（每阅游开架书库60㎡左右）：200㎡
史地图书阅览室（每阅游开架书库60㎡左右）：200㎡
美术图书阅览室（每阅游开架书库60㎡左右）：400㎡
电子阅览室：200㎡
专业阅览室：20㎡X5

· 学术报告厅：300㎡
· 展览陈列区：20㎡
· 中心阅览室：20㎡
· 艺术家展览室：150㎡
· 艺术沙龙（可兼作休息用房）：150㎡
· 相关业务用房：
数字资源储存库：150㎡
采编储藏室：150㎡
· 办公及辅助用房：
办公室：20㎡X5
会议室：50㎡
· 信息中心及设备用房：
配电室：30㎡
消防控制中心：30㎡
· 其他部分：
卫门厅、楼梯、清水间、卫生间、楼电梯间以及走廊等
· 室外停车位：8·10辆

设计内容要求：

认知与调研要求

认知与调研分为实地调研、文献阅读、人物访谈几种形式：

· 要求对基地进行实地调研，发现设计的依据；

· 对国内外的高校图书馆进行搜集与阅读，实地参观本地的高校图书馆；

· 对师生的心理需求进行访谈，了解他们的潜在需求。

设计要求

· 设计理念的提出应和场地调研相关，并贯穿设计过程始终；

· 场所的营造、建筑的生成应从场地环境出发，与校园周边环境契合；

· 空间的组织应能符合现代高校图书馆开放性、综合性的需求，为全校师生提供良好的文化交流场所；

· 进一步完善设计实现的可能，深入探讨材料、结构等技术层面；

· 符合国家相关技术规范

本设计的出发点和目的在于艺术学院校区内创造一个别具一格的公共交流阅读空间，来服务艺术学院及活并具有艺术感染力的校园气氛。设计最初的灵感来自于水彩颜料，想像在一个玻璃缸里滴入若干流颜料，颜料快速溶解开且相互交织的梦幻情形。本设计的内部区域功能部分就来源于此。试想将相同的功能区域分成几滴颜料流入一个很别的硬质硬墙上，颜色最显出的曲线就是建筑内部硬墙以及中直曲线造型的承墙。同时，两流颜料交融的部分可以试想着作为各区流道过渡区域。该处地恰恰就是了各个功能区与交通部分的纽，同时可以成效地利用循环的交通空间。本方案的这部分区清晰、流线组织简单明了，造型简洁大方，具有别的气息。

新的阅览行为与空间关系探究

· 理解"场所"的建筑学意义，明确构建新时期图书馆这一特殊场所的物质因素和人文因素；

· 理解"认知地图"的意义，理解认知地图的构成要素，一方面，图书馆作为大环境中的一个认知要素，另一方面，诸多图观层次的认知要素构成了图书馆这一更高层次的环境。

· 理解私密与公共、领域与个人等空间关系特征。

· 分析活动系统与行为场所之间的关系，探索符合图书馆行为规律的空间构成和序列；

· 分析建筑形式、建筑空间与视知觉之间的关系，了解空间形式个体心理的影响；

参考书目：

成果要求：

了解限制——发现独特问题——提出独特见解——完善设计

第一阶段，场地调研与访谈内容成果：校园环境、师生访谈，明确设计切入点。

第二阶段，功能配置与布局成果：根据访谈完善功能配置，组织空间序列；

第三阶段，空间生成、空间关系定义成果：界定与模糊、公共与私密等；

第四阶段，结构支撑与空间围护：结构体系的生成、材料选择，建筑围护界面和表皮设计；

第五阶段，最终设计成果：建筑细部和构造设计。

评图要求：

采取答辩组评分及主教师评分结合的方式。

1，共分六个答辩组，年级组老师作为每个评图组成员，此外，每组邀请一名校外专家。

2，答辩学生汇报方案，回答答辩老师提问。

3，答辩组教师综合给分。

4，主教师给出单项分值。

5，3、4项各占总分的50%，最终给出综合分值。

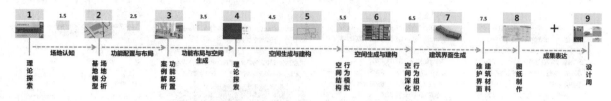

新阅览空间的探索与实践

南京某高校图书馆设计 ③
教学过程解析与成果点评

操作过程：

1 → 1.5 → 2 → 2.5 → 3 → 3.5 → 4 → 4.5 → 5 → 5.5 → 6 → 6.5 → 7 → 7.5 → 8 + → 9

场地认知 → 功能配置与布局 → 功能布局与空间生成 → 空间生成与建构 → 空间生成与建构 → 建筑界面生成 → 成果表达

理论探索　基地模型　场地分析　案例解析　功能配置　理论探索　空间结构　行为模拟　空间深化　行为组织　维护材料　建筑界面　图纸制作　设计周

教学过程：

阶段一	**综合认知与课题研究**
	·熟悉课程设计的要求，明确学习目的和方法； ·熟悉用地环境，从宏观、中观到微观多层次分析基地环境，建构认知地图； ·通过抄绘和分析初步了解图书馆建筑功能构成、流线组织与空间组合特点；通过实例参观，体验与理解图书馆建筑空间特征与建筑性格特征； ·从环境与心理关系的维度认知新阅览空间。

阶段二	**方案构思**
	·通过对基地环境的分析进行场地设计，明确建筑形体与环境的关系，清楚基地内的流线性质和出入口关系； ·基于图书馆建筑的基本功能构成，以及交通流线的关系，完成功能块体模型，同时加入水平和垂直交通体系； ·通过不同表达方式展示初步设计意向。

阶段三	**方案调整**
	·基于阶段二的成果，进一步具体化设计方案； ·将基础功能体块模型转化为多个建筑空间初步模型，从空间艺术效果和使用者的心理感知角度进行分析和比较； ·从环境心理的角度对不同性质的空间进行显性或者隐性界定，明确各类空间之关系； ·分析建筑流线关系，探求优化和改进的可能性。

阶段四	**方案深化**
	·基于明确的空间关系提出结构设计的方案，持续优化和改进结构设计方案； ·基于建筑的性质特点以及不同的空间构成，选择相应的材料赋予空间，形成空间界面； ·从材料的物理属性与人心理感知角度探究材料对人心理感受的影响，由此评价材料利用的可行性。

阶段五	**方案细化与表达**
	·深化和完善建筑空间、建筑形体、建筑细节的细部设计； ·基于所选材料进行建筑构造设计； ·设计方案的表达。

作业成果：

点评：

点评要求：

·对基地的调研是否详尽，分析的内容是否全面；

·场地设计布局是否合理，场地流线组织是否清楚；

·建筑内部功能布局是否合理，流线梳理是否清晰；

·建筑空间设计是否深入考虑高校图书馆这一特殊场所的特征；是否满足新时期对这一类型建筑的需求；是否符合人的行为特征和心理需求；

·结构选型是否合理；建筑构造逻辑是否清晰。

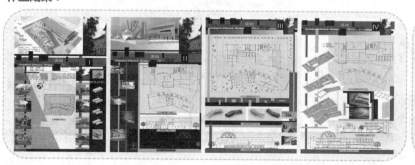

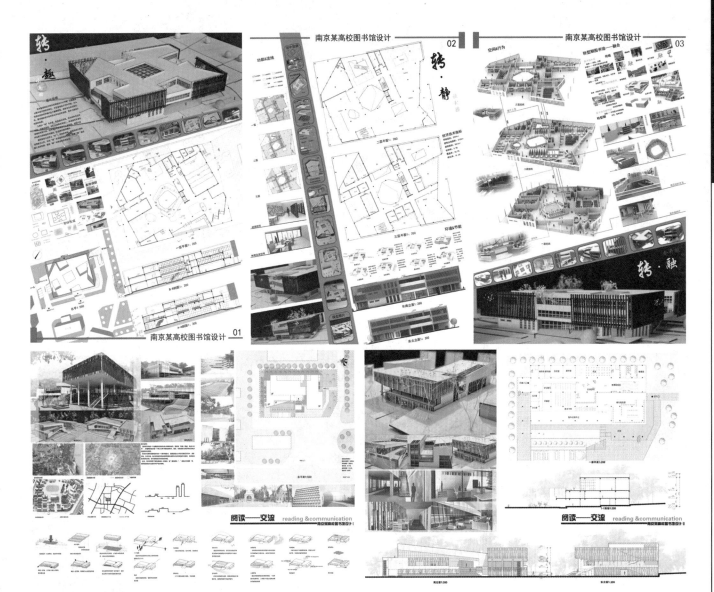

南京某高校图书馆设计 01

南京某高校图书馆设计 02

南京某高校图书馆设计 03

阅读——交流 reading &communication
南京某高校图书馆设计Ⅰ

阅读——交流 reading &communication
南京某高校图书馆设计Ⅱ

阅读——交流 reading &communication
南京某高校图书馆设计Ⅲ

二层平面1:200

三层平面1:200

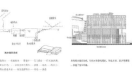

开放式建筑设计教学

（三年级）

教案简要说明

地段所在地曾与历史名园为伍，而今教学楼林立，虽有绿化却皆为西式，使层次叠落、趣味丰富的古典园林逐渐变得陌生。此外，园林多与建筑相辅相成，能很好地满足所需要的居住、游憩功能。因此，设计便以古典园林为主，以现代的手法营造了一方游居天地。

同时，由于人物设定的原型皆是游戏古剑奇谭的角色，便也借取其主题"问道"，以"固定演员"及"临时演员"的表演形式，将剧情故事的主要流线编织在园林建筑之中，使游客能够通过表演的观看以及对于园林的亲身体验，在游憩放松的同时得到一定程度上的"人生体验"。

而在空间的分布上，则选取了游戏中城市、郊野与家园为主要体验内容，分别对应了街道、庭院与居住院落三部分，并依据西平东丘林的地形及周边建筑环境，形成了现有功能布局。

主要经济技术指标：建筑面积 /1600m^2；用地面积 /4000m^2；容积率：0.40；绿化率：0.32。

plasma建筑师工作营设计　设计者：马逸东
问道——古剑奇谭游戏/人生体验中心　设计者：刘楚婷
日常经验?个体记忆+居住畅想−共享书宅　设计者：黎雪伦
1KM-HIGH 城乡聚落　设计者：殷玥
崖上之宅 House on the Cliff　设计者：张文昭
指导老师：邵韦平　李兴钢　胡越　梁井宇　张轲　董功　华黎　马岩松　王昀　朱锫　齐欣　王辉　李虎　徐全胜　崔彤
编撰/主持此教案的教师：徐卫国

建筑师之家

指导教师：邵韦平

教学目标：

1. 研究基地与周边场所的**环境关系**，寻找创意的方向。
2. 研究潜在使用的**行为特征**，构建功能关系图解。对当代**社会文化**和**技术特征**提出自己的创新见解。
3. 根据研究结论，完成建筑师之家方案设计，为建筑师和相关领域的设计师、艺术家等**"泛建筑师"**行业执业者提供工作和交流的场所。

现在的教育应该更加注重**实际和理论的结合**。建筑学是个比较特殊的专业，它需要有很多**创造性**的思维。这种特点就造成，当我们不能合理的把握想像和实现之间关系时，会造成眼高手低的现象。所以，通过这样的机会，提高学生在建筑把控能力上的技巧，让他们的**构想能够变成现实。**
建筑师的工作就是**创意和实现创意**。现在，很多的学生仅仅把创意这部分学会了，但是如何去实现创意做的不到位，没有实现的创意就是空想。这是我们国内的通病，很多时候，早期的工作都很不错，深化以后就越来越偏离理想的方向。实际上就是缺少一种把控实现的能力。所以，在这个小组里我们希望通过课程锻炼大家这种实现创意的设计能力。

教学方法：

当学生们有一个想法的时候，引导学生去研究支持它实现的措施。在这个设计中，较倡导在设计中形成一种内在的**秩序**，这种秩序并不是机械的规范和一些简单的、传统的思维。而是将自己的想法梳理出逻辑，形成具有建筑意义的**建构措施**，再用**模型**和**图纸**把它表述出来。

教学过程：

不要只把概念停留在一个最初的想法，要善于利用我们的**技术手段**强化、进行发展。在全过程中刻画概念，不要仅仅停留在早期。我们可以利用到**绿色技术**、**数字技术**等等。
一个方案出来之后要配合一个**支撑体系**，否则这个设计就没有意义。在这次的设计过程中，让学生学会让建筑克服重力，考虑**人的体验**、**人的需求**，用技术来实现自己的想法。
学生在过程中需要实现的成果：
1. 环境分析报告。
2. 行为、功能关系分析报告。
3. 建筑师之家的方案设计。

任务书：

区位：
基地位于北京妫河创意产业园，此园区地处北京延庆县妫河北岸延庆镇西屯村西南地块，占地面积21公顷，总建筑面积14.5万平方米，是一个以建筑创意产业为主，形成设计研究、教育培训、展示交流的创意平台。本项目位于园区01-06-22地块，用地面积2957平方米，见附图。

设计意向：
园区城市设计意在通过建筑创意园的规划建设提高延庆的环境吸引力，将基地打造成一个湿地、林地、坡地、台地为一体的郊野公园，采用即插即用的个性化模块单元，灵活变化的"簇群式"功能组合，使未来创意创意产业园成为一个开放的创意服务平台，兼容各种个性化团队的需求。力争将项目建成为具有环境吸引力、功能吸引力、空间吸引力、生态吸引力和文化吸引力的场所。

基地概况：
建设场地地形、地貌：建筑创意区现状地形比较平坦，东北角有低洼地块，南侧有堆土，比周边场地高4米左右，整个场地标高中间较高，东西较低，北高南低，最大标高为485.53米，最低标高480.60位于东北角低洼处。项目位于地块西南，该地块现状地势平坦，高差不大，平均标高为484.80，邻接场地标高较低，东西两侧标高为484.50米，南侧紧邻意大利花园用地，其设计标高较低为484.45米。

周边交通条件：
建设用地西北侧为创意区红线9.0米宽内部道路，路面宽度为5.0米，人行道宽度两侧各2.0米，便于自驾车和消防车通行，人行交通便利。
相关信息参见1:3000园区总平面图（A3）、1:3000园区地块总平面图（A3）、1:500基地总平面图（A3）。

建筑规模和功能要求：
1. 建筑面积3600平方米，需满足以下使用要求：
A. 2个15人设计团队的工作、会议和讨论空间。
B.不少于100平方米的展示空间。
C.供100使用的演讲、演示场所。
D.供50人就餐的餐厅和厨房。
E.15-20间标准客房。
F. 以上空间可考虑共用、借用的方式；可相应配备酒吧、观景平台等功能。
G. 满足以上功能的服务用房和设备机房。
H. 园区已设置集中停车场，本地块仅设5个临时停车位。

规划要求
1. 规划总用地面积：2956.9平方米
2. 建筑控制线：退红线1米
3. 建筑限高：9/12米
4. 容积率：0.8
5. 绿地率：30%
6. 地下室外墙轮廓不得超出首层外墙轮廓。

学生作业：

教师点评：

"通过等离子体的概念得到灵感，然后提出建筑创意，通过数字化的手段深化设计，最后的成果很有表现力。"

"在创作过程中研究空间、技术的影响，包括材料的影响对建筑的限制。她在原有基础上的每次设计改进给我留下很深的印象。"

清华 大学

生活的舞台
指导教师：李兴钢

教学目标：
1：学习掌握**场地环境调研及分析**——周边建筑物和环境、现存构筑物、植被和植物、地形、交通背景、文化背景、气候条件等。
2：**人物设置**和**功能自拟**，学习由具体的**生活**出发设计场景和建筑，从而使建筑对于使用者的生活产生价值和意义。
3：学习在建筑设计中将建筑的**空间**和**自然**进行密切关联，使之和使用者发生身体和情感的互动。
4：学习以**草图、模型、图纸表达**的方式逐步将头脑中的抽象意图和概念转化为具体的建筑设计。
5：学习建筑设计中的**结构、材料、构造**等建造意识和能力。
6：学习团队分工合作、分享建议、共享成果与个人独立工作相结合的建筑师**执业工作方式**。

教学方法：
本设计课程要求学生从身边熟悉的场地、环境、背景着手，自行合理设定人物、生活内容及使用功能，再从具体的人和生活出发，来逐步生成一个如同"生活的舞台"的建筑设计。使学生在这一过程中时刻意识到**人、具体的生活**和**情感**与**建筑**和**自然**的密切关联。

教学过程：
通过**书写文字、绘制草图、制作模型**等表达方式，强调建筑设计过程中对**心-脑-手合一**的尝试、训练和对建筑尺度、建筑营造的体验和把握，以及建筑教育中"**师带徒**"方式意会言传的独特性。并且采用了**团队**式的组织、讨论、分享与个人独立工作相结合的方式，使学生体验建筑师**职业**工作的特点。

2014年2月24日	设计内容介绍，团队工作分配，安排场地调研任务
2014年2月27日	介绍调研成果，讨论，安排人物设置，自拟任务
2014年3月3日	学生工作过程与教师一对一汇报讨论
2014年3月6日	学生各自介绍人物设置和功能自拟任务成果
2014年3月10日	学生工作过程与教师一对一汇报讨论
2014年3月13日	学生工作过程与教师一对一汇报讨论
2014年3月17日	学生第一次设计报告，安排第二次设计报告任务

任务书：

建筑场地：
建筑馆南建筑设计院西大草坪东空地，约47步x130步=30x100m。

使用功能：
自拟，但必须是特定真实环境及背景下合理及有说服力的设定。需包含生活中的居住、学习／工作、游憩、聚会／会议四种内容所需空间，应有大、中、小及室外开放空间。

建筑面积： 1000-1500 平米。

开放空间：
场地内自然空地需保留 50%以上，并应与建筑室内空间建立互动关系。

生活人物：
8个主要人物及其它群众，8位主角需有名姓，并分别设置他们的国籍、文化背景、性情、职业和日常生活内容。最好是以自己熟悉的人为原型。8 个人物之间有生活上或强或弱的关联。

表达方式：
文字，不比比例草图、1/500、1/200、1/100、1/50模型、正式图纸(1/500总平面图、1/100平立剖面图、1/50详图及其他必要文字说明、分析图等)。
所有过程记录表达也作为最终成果的一部分。

设计周期： 8周
注：8 位学生每人独立完成设计课题。

2014年3月20日	学生工作过程与教师一对一汇报讨论
2014年3月24日	学生工作过程与教师一对一汇报讨论
2014年3月27日	学生第二次设计报告。基本定案，安排设计深化
2014年3月31日	学生工作过程与教师一对一汇报讨论
2014年4月7日	学生第三次设计报告（关于设计深化，结构系统以及材料、构造）安排最终成果任务
2014年4月17日	提交最终成果，团队分配任务成果整理，下午评图

学生作业：

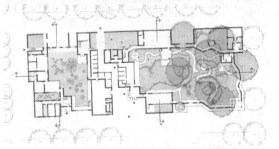
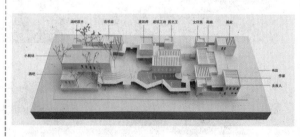

教师点评：
"以"古剑奇谭"为虚拟人物，设置故事情节。她需要依据游戏来造园，设计一处宅园并置的城市山林。其次，她需要在园林式空间中完成特定人群的生活场景。"

"大人物与小人物的关联，在一块用地里形成了有趣的艺术家综合体。两两之间相互依存对仗。共同的生活状态构成的建筑空间转换，特别能营造出"生活戏剧舞台"的意味。"

日常经验·个体记忆+居住畅想 Daily Experience & Personal Memory + Dwelling Dream
指导教师：梁井宇

教学目标：
1. 通过个人经验的审视和观察，体悟**空间**、**材料**等建筑语言所能传递出的真实感受；
2. 学会表达这种**真实感受**；
3. 学习如何运用这种虽然**主观**、但是真实的感受进行建筑设计；
4. 学习如何将富有个人化的**主观情感色彩**的设计通过文字、图像等手段的帮助，转换为可被群体所认同、分享的**空间经验**。

教学方法：
完整的设计作业有三部分内容构成，并在最终汇报时作为整体呈现：
1）起因：意图与设计冲动（即**原始的空间情感描述**）；2）过程：设计的内容（**居住空间**设计）；3）表达：意图在设计中的再现（即空间的情感是如何在设计中**实现**的）。

教学过程：
本次设计课程分成三个阶段，在第1-3周课程中，每位同学被要求描述清楚各自真实日常生活中感受强烈的**空间**、**物件**，以及它所蕴含的**情感**。描述的方式可以是文字、徒手画、照片、影像、声音、或者是以上几种媒介的混合物；之后第4-6周课程则是将以上个人化的**空间情感体验**带入相关的**建筑空间**，具体要求是对学生特定选择的人士的居住空间的一项功能或两项功能的设计（不需要完整的居住功能）。最后第7-8周，除了标准的设计图面表达之外，学生还需要使用在上段课程中使用的**媒介**对作品进行最终解释。

2014年2月24日	讲课1：日常经验与个体记忆（梁井宇）
2014年2月27日	讲课2：针对学生陈述给予指导（梁井宇）
2014年3月3日	拟邀客座评图：电影导演、作家朱文
2014年3月6日	讲课3：针对学生陈述给予指导（梁井宇）
2014年3月10日	拟邀客座评图：时装设计师马可
2014年3月13日	内部评图,学生ppt或自选媒介完成第一阶段成果
2014年3月17日	针对学生不同选择提供指导（梁井宇+青山周平）
2014年3月20日	针对学生不同选择提供指导（梁井宇+青山周平）
2014年3月24日	评图：2011,2012年度北京国际设计周艺术总监、香港M+艺术机构策展人、建筑评论家Aric Chan
2014年3月31日	客座评图：无印良品生活研究所顾问土谷贞雄
2014年4月7日	拟邀客座评图：原任职OMA建筑师刘密

任务书：
本课题以学生选定的具体的一个人或一个家庭为设计服务对象，为他（她）们设计满足其居住的某一、或某几项居住需求的空间设计。

设计要求及设计条件：
1. 所选择的设计服务对象的身份描述与其居住行为的分析研究
2. 所选定的居住需求的具体分析、案例比较与研究
3. 该居住空间及内外家具、庭院、植物、动物（如有）的尺寸的比较研究和最终确定
4. 1:50 或不小于该比例的平面、立面、剖面图纸（含家具、人、动物、植物）
5. 在课程描述中要求的，运用其他媒介对设计意图的表达；
6. 本设计不设基地要求，但是如果学生认为和课程目标有关，也可以自行选定基地，但是基地不能成为本次设计课程决定性的设计因素。举例来说，一般不应选择自然地貌特征明显的海边、坡地等，或非常规形状、位置的城市内用地构筑设计方案。如果学生所需要表达的过去经验中"海""山坡"是其中不可分割的重要空间组成时，方可纳入被动的设计的要素进行考虑，但衡量方案的设计水平还在于建筑本身，即设计人主观可控制的部分。

设计成果表达：
1. 日常经验和个体记忆的表达
2. 居住空间对象的研究与分析
3. 居住功能的研究与分析
4. 建筑材料、色彩的表达
5. 空间与尺度的表达
6. 运用综合媒介对空间情感的表达

必读书目或章节（在课程开始前完成以下阅读）：
1. Thinking Architecture, 阅读全文，Peter Zumthor
2. 《阴翳礼赞》，阅读全文，谷崎润一郎（上海译文出版社）
3. 《厕所种种》，阅读全文，谷崎润一郎（上海译文出版社）
4. The Book of Tea, Chapter 4, The Tea-Room, Tenshin Okakura（《茶之书》，阅读第四章"茶室"，冈仓天心英文原著）
5. 《闲情偶寄》，阅读"居室部"、"颐养部"两部，李渔
6. Architecture and Art in the Life of Chen Chi-Kwan, Joan Stanley-Baker（陈其宽生命中的建筑与艺术，徐小虎英文原著，可参考邱博舜中文译稿）

学生作业：

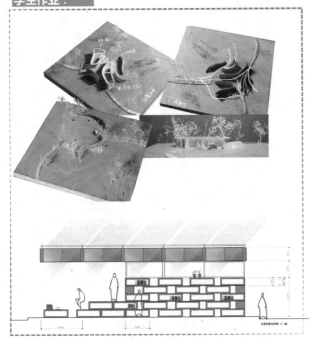

教师点评：
"书架的概念很好，但高度变化不够。如果圆形再舒展一些，房间之间的空间再均匀一些，再增加些休闲的元素，就会很舒服，很想呆在里面。"

"此方案好在如果真是这样一个四世同堂的大家庭，就会有这样的生活方式支撑他们的行为。用剖面代替合院来处理合居的关系，达到城市中的修行生活。"

城乡聚落1KM-HIGH

指导教师：张轲

教学目标：

一项简单的研究显示，1996-2013年中国至少有1.5亿亩农田被饥渴的城市化所吞噬，占中国耕地总量的8%，这意味着永久失去了养活1亿人口的粮食产能。从卫星图上可以看到，越来越多的**农田**被盲目扩张的城市化所破坏，涉及之处如同癌细胞一样无休止地扩张，触目惊心。在此大背景下，中国**城镇化**进程仍在继续。全国每年只有部分土地用来开发，这显然不能满足日益增长的开发需求。面对这一难题，**城市与乡村向上发展**成为必然。

城市与乡村的二元论对于理解中国历史之演进至关重要，两者的互动造成了中国当今社会经济之格局。然而随着新的城市化/城镇化模式的出现，对立地去理解两者间的关系已经不合时宜。我们能否将**农村生活**的惬意带进城市？我们能否在乡村创造城市的便捷？或者我们能构想出一种取二者之长的**新兴发展模式**？

竖向聚落是否可以摆脱现在城乡对立的模式？为应对不同发展模式的需求，是否可以从竖向聚落的角度出发来探讨城市基础设施的问题？竖向聚落是否可以具有城市尺度，从而成为可供居住的**大型社区**？

教学方法：

本课程要求在600M*600M*1000M高的空间范围内构思一座竖向聚落，它可以容纳三个自然村落的人口，每户均有与其原宅基地相称的使用面积。其功能范围涵盖住宅、幼儿园、小学、商业、办公、餐饮等，即普通聚落里人们日常生活所需的功能空间，也可构想与**立体农业**的结合。

任务安排：

第一周	熟悉现阶段中国农村与城市所面临的挑战，关注中国城市村问题研究；对竖向聚落的案例研究；对未来城市-乡村一体化的可能性研究，构想一座自己梦想中建在山上的农家宅
第二周	全班确定3-4个整体竖向聚落体系概念方案，形成小组
第三周	制作1：500竖向聚落方案模型，确定独户宅院设计的地块
第四周	期中评图：体系分析、结构分析、功能分布、单户住宅方案
第五周	完善住宅单体设计方案，要求制作完成1：100模型
第六周	完善住宅单体设计方案，要求制作完成1：100模型
第七周	独户宅院茶室详细设计及其1：50局部墙身节点
第八周	期末评图

教学过程：

课程前期以3-4人为小组构想竖向聚落的**结构系统及形态**，共同完成调研报告及模型制作；后期各人均需对选定宅基地进行空间设计。学生们通过此课程，既培养其**团队合作能力**，也提高各人从**大尺度空间里进行单体设计的能力**。在整个课程中，每周均会邀请外聘评委（包括建筑师、规划师及理论家）参与评图。

学生作业：

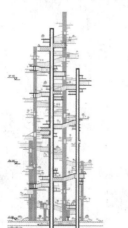

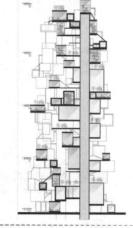

教师点评：

"方案具有很强的结构性，又有传统的家乡感觉，既未来又怀旧，但表现形式又是现代的。"

"这个方案用最节约的结构方式解决了三种交通：快速、观光、步行系统。比较意外的是产生土地后学生盖的是小别墅，中间搞几个公园，下面全是农田。从光和空间的角度看，变成了真正的三维。"

理想自宅 House for Your Own
指导教师：华黎

教学目标：
在这个设计中，建筑始终都应被理解为**场所**，建筑实际上只是一个**界面**，人与自然的界面，以及人与人的界面，因此一定不要只看到建筑本身作为一个物质体，而更应该关注它所能**承载的生活**。最终对于建筑的表达同时也是讲述建筑内部的人的**故事**。

教学方法：
在这8周里，你将为自己或你非常熟悉的人设计一栋自宅。你可以根据你自己的兴趣假定房子主人的**身份**（例如：建筑师、设计师、音乐人、电影导演、艺术家、作家、或其它）

教学过程：
首先，你需要谈出对房子主人生活的理解，这可以从你自己的感受和体会出发，或是曾经非常触动你的**文学作品**或**电影**中的**场景**出发），自己拟定主人对空间的需要（例如功能空间、家庭成员、事件等）并进行阐释。这类似于每一个人都讲述一个有意思的故事，然后大家一起讨论。

"So you look into the nature, and then you are confronted with the program. Look at the nature of it, and you see in the program that you want…. The first thing that is done is the rewriting of the program. "----Louis Kahn
之后，自己拟定一个基地，这个基地可以是你去过的真实的某个地方，符合你**对生活的设想**，也可以是你自己虚拟的基地，带有某些你需要的条件（例如地形、景观、朝向、气候、氛围），也可以完全抽象没有具体条件。但每个人必须要阐释自己对基地的感受、理解和想法，大家分享。
在此基础上，你将开展设计。

第一周	阅读、空间故事的讨论
第二周	拟定空间需求、拟定基地、开始初步构思
第三周	初步设计想法，草图、工作模型
第四周	设计的相互评价讨论
第五周	中评（外请老师）
第六、七周	深化
第八周	终评（外请老师）

任务书：

设计要求：建筑面积不超过500平米，其它自定。

表达要求：
1：100模型（含基地）；
1：30模型；应有家具、陈设、人物、材料的表达
模型照片，表达空间、光线、材质、氛围/ 构思草图
平面图1：50
剖面图1：50
重点部位墙身构造图1：20（选择性）

推荐阅读：
卡尔维诺——看不见的城市
卡尔维诺——月亮的距离
博尔赫斯——迷宫 Labyrinth
卡夫卡——城堡
路易·康——对房间的论述
Beatriz Colomina, The Split Wall: Domestic Voyeurism
藤本壮介，建筑诞生的时刻，路易·康
阿兰·德波顿，幸福的建筑

推荐电影：
Luis Bunuel: The Discreet Charm of the Bourgeoisie（中产阶级的谨慎魅力），1972
王家卫，重庆森林, 1994
Jean-Luc Godard, Contempt（蔑视），1963
Michelangelo Antonioni, BLOW-UP(放大), 1966
Peter Weir, The Truman Show(楚门的世界) 1998

推荐案例分析：
Raimund Abraham, House without rooms
Adolf Loos, Muller House
Peter Zumthor, Chapel in the field, Koln
Louis Kahn, Exeter Library
Jorn Utzon, House in Mallorca
Carlo Scarpa, Canova Museum

学生作业：

教师点评：
"有趣的概念、清晰的组织逻辑、有力的表达"

"专注、纯粹、敏感、静默而让人感动的设计"

建筑学一年级教案：建筑师工作室设计

（一年级）

教案简要说明

一、建筑学一年级"建筑设计基础"课程总体教学思路

1. 总体原则：根据二、三年级的教学需求，围绕空间、功能、建构三个核心内容构建"建筑设计基础"课程整体教学框架，强调建筑相关基本概念的认知，为高年级学习奠定正确的专业基础；

2. 多层面：从专业知识和基本技能两个层面进行基础训练，专业知识各有侧重，技能训练贯穿始终。在掌握必要的基本知识同时，形成端正的学习态度和良好的专业习惯；

3. 专题化：以单元化的方式进行专题强化训练，各单元训练目标明确，重点突出，对外延相关问题结合阶段教学目标进行适当取舍；

4. 递进式：专业知识的深度和广度设定结合单元化逐步递进，新元素依次增加，各单元新加知识点不超过两个；

5. 理性设计：弱化设计中的感性成分，强调对设计理性分析和逻辑判断方面的引导，推动学生以思考问题的方式逐步深化完成设计。

二、"功能与空间单元——建筑师工作室空间设计"教学目标

1. 单元目标：在认知抽象的空间概念和对既成建筑功能理解的基础上，学习从功能、空间和结构入手进行建筑方案设计的方法与思维方式。

2. 本单元知识点构成：

（1）尺度认知：以实际测量结合绘图的方式，从人体工程学的角度进行基本空间尺度的认知，作为从抽象空间转向功能空间认知的必要基础；

（2）功能认知：从人的使用方式入手，对空间的功能做出理想化设定，强调对空间使用方面的深入理解，避免程式化的功能设计。在此基础上进行功能分区与流线组织的设计；

（3）空间与使用：以前期功能设定与使用方式作为空间设计的依据，强调基于功能理解的理性空间设计，空间的划分和限定能够与使用方式高度吻合；

（4）结构认知：结构的介入导致功能与空间设计的调整，通过结构与空间、功能的相互协调，认知三者之间的相互制约与互动。

三、设计过程的递进式进阶及过程控制

1. 第一阶段："人体尺度与空间"专题授课＋尺度测量与制图训练；

2. 第二阶段："功能组织与功能设计"专题授课＋案例功能分析训练；

3. 第三阶段："工作室案例分析"专题授课＋功能组织与空间设计；

4. 第四阶段："结构认知——支撑与围护"专题授课＋空间结构设计；

5. 第五阶段：方案整体协调、优化；

6. 第六阶段：成果表达。

优秀作业1：建筑师工作室设计　设计者：张宝方
优秀作业2：建筑师工作室设计　设计者：付瑶
优秀作业3：建筑师工作室设计　设计者：成皓瑜
指导老师：赵斌　侯世荣　黄春华　高雪莹　石涛　王亚萍　许燕　周琮　周忠凯　吕俊杰　金文妍　刘建军　夏云　杨慧　王远方　陈林　赵虎　王洁宁　张吉祥
编撰/主持此教案的教师：赵斌

建筑设计课程主线

教学体系简介

| 城市意象认知 | 空间生成与限定 | 经典建筑抄绘 | 建筑师工作室 | 实体空间营建 | 建筑案例分析 | | 方盒子空间限定 | 小型展览馆 | 幼儿园建筑 | 山地别墅 | 餐饮建筑 | | 社区图书馆 | 青年旅社 | 城市演艺中心 | 中小城市社区中心 |

模块一：建筑要素认知及基本技能训练　　　**模块二：空间设计与环境限定**　　　**模块三：场所营造与技术综合**

课程框架基本思路

建筑设计基础课程框架

单元教学目标

一、**总体原则**：根据二、三年级的教学要求，围绕**空间、功能、结构**三个核心内容构建"建筑设计基础"课程整体教学框架，强调建筑相关基本概念的认知，为高年级学习奠定规范正确的专业基础；

二、**多层面**：从专业知识和基本技能两个层面进行基础训练，专业知识各有侧重，技能训练贯穿始终。在掌握必要的基本知识和专业技能的基础上，形成端正的学习态度和良好的专业习惯；

三、**专题化**：以单元化的方式进行专题强化训练，各单元训练目标明确，直点突出，对外延相关问题结合分阶段教学目标进行适当取舍；

四、**递进式**：专业知识的深度和广度设定结合单元逐层推进，新元素层次增加，各单元新加知识点不超过两个；

五、**理性设计**：剖析设计中的感性成分，强调对设计理性分析和逻辑判断方面的引导，推动学生以思考问题的方式逐步深化完成设计。

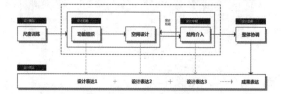

一、**单元目标**：在认知抽象的空间概念时对既成建筑功能理解的基础上，学习从功能、空间和结构入手进行建筑方案设计的方法与思维方式；

二、**尺度认知**：以实际测量结合绘图的方式，从人体工程学的角度进行基本空间尺度的认知，作为从抽象空间转向功能空间认知的必要基础；

三、**功能认知**：从人的使用方式入手，对空间的功能做出理想化的，强调对空间使用方面的深入理解，避免程式化的功能设计，在此基础上进行功能分区与流线组织的设计；

四、**空间与使用**：以前期功能设定与使用方式作为空间设计的依据，强调基于功能理解的理性空间设计，空间的划分和限定定服从使用方式高度吻合；

五、**结构认知**：结构的介入导致功能与空间设计的调整，通过结构与功能，功能的相互协调，认知三者之间的相互制约与互动。

一 设计进程及关系

建筑师工作室任务设定及过程控制

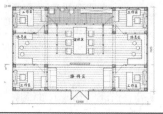

设计表达1　＋　设计表达2　＋　设计表达3　……　成果表达

二 任务设定

设定一　基本条件

训练强调对建筑轮廓的限定，外部环境仅考虑朝向对内部环境的影响。

建筑轮廓（设定矩形和正方形两种不同轮廓，分别具有不同空间特征，后续结构设计中亦体现出不同特点，有利于不同方向间的比较分析）
A. 轮廓一：9.6M×9.6M 呈线性特征，单轴纵向性明确，适宜于采用线性布局，突出空间时序的连续性。
B. 轮廓二：12M×7.5M 呈四域对称，方向向性较模糊，适宜于采用围绕式布置，布置中心性较及。

设定二　空间设定

空间高度
建筑层高 3900~4200mm，通过基面和顶面高度的变化设计单层空间设计。
气候边界
从采光、通风等功能需求出发，对维护界面的开洞位置和大小进行讨论。淡化建筑外立面设计。

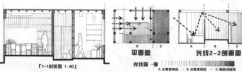

『1-1剖面图 1:40』

平面图

光线2-2剖面图

设定三　结构设定

结构构件
以木材为基本结构材料，对不同构件的尺寸和模型材料规格做出详细规定：

构件	1:50 结构模型	1:30 成果模型	备注
柱	5mm×5mm	8mm×8mm	宽×高
梁	5mm×5mm	8mm×8mm	宽×高
檩	2mm×2mm	2mm×2mm	宽×高
墙	1.0mm	1.5mm	厚
楼板	1.0mm	1.5mm	厚
家具		1.0mm	厚

建筑功能：
A. **四人单独工作区**
对等空间布置，强调各工作单元的均衡性与相对排列性。
B. **六人工作区 + 二人单独工作间**
主创空间布局，强调空间的分区与层级划分。
（条件1与条件2进行排列组合，体现设计从条件变化带来的空间影响。）

朝向设定
自定朝向，以此为依据进行室内空间的采光与通风设计。

空间功能
1、8个工作单元（其中2个设计总监，6个设计师）；或4个相对独立的工作单元；
2、能够布置 2400mm*1200mm 评图板的讨论区；
3、接待区或休息区；
4、卫生间（坐便器、洗脸池、拖布池）；
5、带有洗涮台的茶点间；
6、储藏室；
7、根据功能使用所配置的其他空间。

承重形式
墙、柱承重结合，讨论不同的承重体系，结构限制与空间设计的结合。
结构跨度
2.4-6 米，单一方向上跨度不多于两种，既强调结构体系的规整布置，又利于灵活划分空间。
维护材料
屋架（木）、龙骨，不同的构造方式带来不同的围护结构。

基本理论与工作要求　　　　**建筑师工作室教学过程分解**　　　　**阶段工作成果**

阶段一　尺度训练

理论授课
1　尺度的基本概念：从城市、广场、建筑、人体等多个层面结合实际案例进行尺度对比与分析；
2　测量尺度的工具与基本方法：测量对象、测量内容、测量工具使用、空间模拟；
3　工作单元的测量与设计：工作空间的测量与设计。

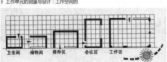

现场测量 & 图纸绘制
1　三人一组进行人体尺度测量，包含行走、坐立、录案等基本行为动作，并注意记记尺度变化等级的不同尺度体验；
2　结合空间模拟，对建筑师工作单元的尺寸进行测量与重新设计，为具体的功能设计做好准备。

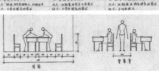

阶段二　功能组织

理论授课
1　空间与功能的基本概念；
2　功能对空间量、形、质方面的要求；
3　功能设计：对空间内容的使用方式的思考与设计；
4　功能关系及功能泡泡图的基本概念。

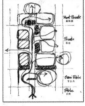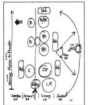

案例参观
1　建筑师工作室的基本功能组成；
2　建筑师工作室的分区与流线组织；
3　建筑师工作室的空间需求与氛围营造；
4　工作单元的布置方式与使用体验。

案例图纸绘制
1　基本平面图；
2　功能结构及关系泡泡图；
3　功能分区、流线组织分析；
4　工作单元的详细测量图。

阶段三　空间设计

工作室案例分析
1　工作室的功能构成；
2　工作室的功能划分与流线关系；
3　工作室的空间限定与氛围体验。

功能空间设计
1　功能布局与空间序列；
2　功能使用与空间尺度；
3　功能分区与空间限定；
4　功能性质与空间体验。

阶段设定
该阶段接着绝定轮廓下对功能分区与空间尺度的协调，以及空间关系和限定强度进行讨论，统一采用白色卡板进行模型推敲，淡化材料、质感的影响。

阶段四　结构介入

理论讲解
1　建筑结构的基本概念与分类
2　木结构建筑的支撑与维护结构
3　木结构相关案例

结构模型
1　制作 1：50 结构模型；
2　结合模型对方案的多种承重方式比较；
3　给定坡顶下的结构支撑体系设计；
4　给定材料下的围护方式设计；

阶段设定
该阶段首先讨论对不同承重方式所形成的支撑方式的考量，通过 1：50 结构模型进行承重方式及结构布置的多方案比分析，结合前期设计做出结构形式的合理性判断，在赞彻阶段二、三设计构思的同时，注意支撑结构的规则布置。

阶段五　整体协调

方案深化
1　梁、柱等支撑构件对于空间限定的影响与互动；
2　不同围护方式对空间限定的影响；
3　以复合透视图的方式观察、分析、优化整体设计。

阶段设定
前期各阶段分解成果的整合与协调优化为本阶段重点，将各部分知识融合、消化，进行整体设计，重点讨论内部功能与空间设计，外立面不作讨论。

成果模型
1　准确、细致的表达内部功能及空间；
2　完整、清晰的体现表达与细部设计；
3　通过透视比较成果与设计的契合度。

阶段六　图纸表达

理论讲解
1　平、剖面图的画法及注意事项；
2　构件的表达方式及注意事项；
3　轴测图、剖轴图的绘制及注意事项；
4　设计构想的图纸表达。

空间尺度	限定程度	空间围合	采光通风	开窗方式	图例
卫生间					
储物间					
播种区					
会议区					

空间展示

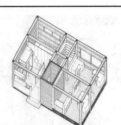

建筑学二年级教案：街区环境制约单元——明湖会所设计

（二年级）

教案简要说明

　　建筑教学组织中，从传统的"建筑类型"式的组织方式过渡到基于模块化设定的"问题式"组织模式，以每阶段重点强调的设计要素点为线索，在不同设计题目中集结各要素点构成课题单元，亦即"模块"；通过由浅而深、由单一而复合的系列模块设置，使得专业设计知识渐次系统性排列的模块贯穿于各年级的建筑设计系列课程的进程中。

　　二年级课程在注意与功能、交通、技术、形态等建筑基本构成要素相结合的课程设计训练中，重点突出了系列建筑空间组合训练和环境要素制约下各种功能空间设计的主线，明确二年级建筑设计强调空间、环境等建筑学基本要素训练的主题思路。

　　明湖会所建筑设计为二年级最后一个设计，突出"城市街区环境制约下的建筑设计"的训练特点，也是建筑设计由二年级"空间设计与环境限定"到三年级"场所营造与技术综合"的重要过渡节点。

　　该教学模块主要训练点为街区环境（城市历史文脉）、功能综合（餐饮、康乐类建筑）、建筑技术（建筑结构技术）三个要素。行课过程中，针对不同阶段的要素设定，组织三次专题授课及阶段训练体系，形成设计课过程分阶段控制方法。

一、教学任务与目标

　　通过对环境的分析和研究，找出城市特定环境因素，特别是很能代表济南街区景观与传统民居特色的大明湖—百花洲一带具体环境对建筑构思的制约，探求方案构想的思路，培养学生在特定环境中进行建筑创作的能力。

二、教学方法

　　多媒体授课与课堂一对一辅导相结合；

　　现场调研与课堂分析、汇报、评价相结合；

　　集中专题授课与学生个体创意相结合；

　　成果答辩与分项量化评价模式相结合。

三、设计过程的分阶段控制方法

　　1. 第一阶段："会所建筑设计要点"专题授课 + 课题调研；

　　2. 第二阶段："建筑·环境·历史文脉"专题授课 + 概念设计；

　　3. 第三阶段：功能组织、空间创意与环境适应性设计；

　　4. 第四阶段："结构技术与空间表达"专题授课 + 技术设计；

　　5. 第五阶段：作业答辩与分项量化评价。

明湖会所建筑设计 设计者： 白宇如
明湖会所设计 设计者： 江林燕
明湖会所设计 设计者： 孔德硕
指导老师： 仝晖 刘长安 门艳红 郑恒祥 周琮 金文妍 郭逢利 张军杰 刘建军 高雪莹 魏琰琰 陈林 郑斐 侯世荣 慕启鹏
编撰/主持此教案的教师： 仝晖

山东建筑大学

二·年·级

教·案

2014年建筑学专业指导委员会建筑设计教案和教学成果评选

建筑设计2：街区环境制约单元——明湖会所设计

1. 教学体系与衔接

建筑设计基础　　建筑设计1-建筑设计2　　建筑设计3-建筑设计4

二年级建筑设计课程主线

建筑设计课程主线

二年级建筑设计课程安排

二年级建筑设计课程丰线

二年级建筑设计课程以建筑设计最基本的要素为线索，在前后相继的五个设计题目中集结各要素点构成课题单元，通过由浅而深、由单一而复合的系列模块设置，形成基于系统性思维的模块化教学组织形式，它包括三方面内容，即课程设计题目的系列专项化设定、教学内容的专能化设置、课程设计过程组织的分阶段化控制，重点突出系列建筑空间组合create脉和环境要素制约下各种功能空间设计的主线。

2. 街区环境制约单元简介

街区环境制约单元教学目的

　　会所设计突出"城市街区环境制约下的建筑设计"的训练特点，也是建筑设计由二年级"系列空间组合"到三年级"综合环境条件、复合功能要求、集结技术制约下的建筑设计"的重要过度节点。该设计题目主要训练点从人文环境（城市历史文脉）、功能与空间（商业类建筑）、建筑技术（建筑结构技术）三个要素。

1、通过对周边地理环境、人口、业态、交通等综合因素的深入分析和研究寻找设计切入点，着重挖掘基地所处区位——济南老城区对建筑构思的影响，培养学生看待建筑的综合分析与创作能力。
2、空间训练：首先着重诸要素训练室内/室外空间的序列的组织塑造能力，即通过一系列有效的组织手段对室内外空间统筹规划，创造出层次丰富、路径多变、富于流动的空间；其次尝试运用光线、色彩、材料序列等手段营造富于感染力的餐饮、集会、休闲环境。
3、功能训练：首先根据立意构想进行完整餐饮组成，补充功能与各种餐饮类配套原理，从两种必完整而丰富有特色的会所功能；其次训练在制约因素多样的场地内处理好较为复杂的中小型公共建筑功能及流线关系。
4、把握训练：把餐饮、休闲娱乐的功能要求及空间特征，熟悉相关设计规范；掌握重点与人体尺度的关系；初步了解行为心理学对建筑设计的辅助作用；完善专业

设计要点

1、建筑的构思要建立在充分分析基地条件的基础上，所形成的建筑构思及建筑空间组合要与环境要素相契合；
2、方案的功能及流线组织应满足餐饮建筑的使用要求及空间特点；
3、重点考虑利用各种手段对室内空间的组织及划分，以形成丰富宜人的就餐环境；

基地选择

　　济南是我国北方著名的历史文化名城，自古以来，形成了以泉水聚集为特征的城市环境。本建筑拟建在济南极具代表性的传统民居聚集地——大明湖南的百花洲西南角，东侧紧邻曲水亭街，与大明湖南门隔明湖路遥相呼应。

3. 任务设定

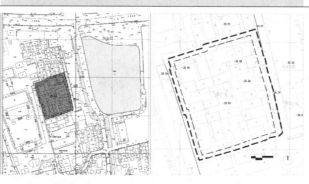

基地选址

　　本建筑拟建在泉城济南特色风貌区——百花洲的香侧，北侧与大明湖南门隔明湖路遥相呼应，西侧有南门城街与文庙相邻，南侧是涔壁街，是济南传统民居片区，基地呈规整形态，地势平缓。（具体条件见地形图）

周边环境要素训练点设定

1 作为整体提示的场所文脉背景

　　基地西侧的老城区为以泉水为特色的老城风貌区，周边街巷与民居呈出特有的风格与布局，其肌理、尺度、风格格局、场所氛围对方案的基础制约因素，以下几个对方案影响和控制较大的具体因素。

2 作为具体制约的周边空间节点

·文庙：

　　基地西侧的文庙属于保护性建筑，与基地第一组之隔，建筑形制、尺度、风格作为环境场所的控制性因素影响较大、。

·曲水亭街：

　　基地东侧的曲水亭街是一处沿河形成的公共空间，是与基地直接相邻的街巷空间，作为重要的交通及景观因素影响设计。

·百花洲：

　　基地东侧的开敞殿池，提供了开敞景观视图，同时作为老城区边缘的城市空间放大节点，与大明湖关系较为直接，对建筑面向的控制因素较强。

功能与面积设定

　　明湖会所包含餐饮、休闲娱乐两大功能，要求从提供的三种休闲娱乐主题中择一与餐饮功能结合。本设计应充分发掘题目立意、基地、功能、行为等因素间的关系，力求营造出功能复合、空间流动、层于休闲交往的空间，要求全面把握细部，创造富于感染力的就餐环境，公共空间及用户可根据所选主题进行相应配置设计，建筑相互关联。

　　总建筑面积控制在1100m2左右（上下浮动不得超过10%）。

餐饮功能	休闲娱乐功能选项A	休闲娱乐功能选项B	休闲娱乐功能选项C
共计约420 m2	青少年营地	戏曲演艺主题	文史阅览、字画艺术品主题
餐厅：120~140座餐厅	共计约350m2	共计约350m2	共计约350m2
可设计分区域餐厅、包间、吧台、茶室等 200 m2	多功能厅（演演、集会）125 m2	戏曲排练厅 125 m2	艺术品展厅 125 m2
厨房及加工用房：	游戏区 75 m2	培训教室 50 m2×2	开放阅览室 75 m2
主食厨房 10 m2	DIY培训室2间 50 m2×2	练琴室4间 25 m2×4	画廊/书法教室 50 m2×2
冷荤间 10 m2	茶艺活动室 50 m2	健身室 25 m2	仓库 25 m2
主食加工 15 m2			实验室 25 m2
副食加工 55 m2			可结合场地设置艺术品户外展区
备餐间 65 m2			（不计入面积）
餐具洗涤/消毒间 20 m2			

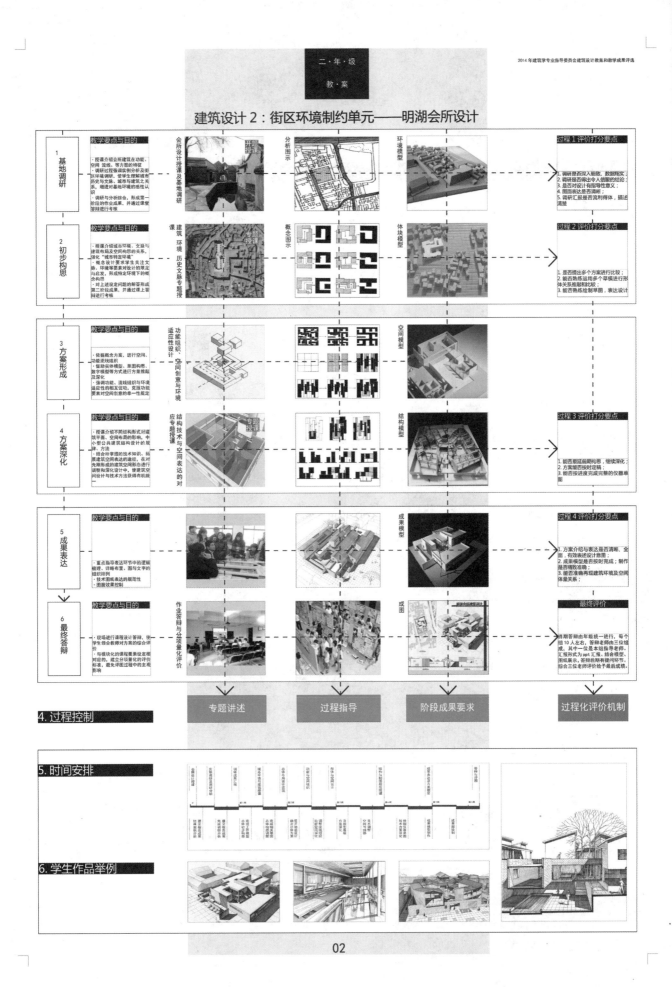

二·年·级
教·案

建筑设计 2：街区环境制约单元——明湖会所设计

山东建筑大学

4. 过程控制

| 专题讲述 | 过程指导 | 阶段成果要求 | 过程化评价机制 |

5. 时间安排

6. 学生作品举例

明湖会所建筑设计01

明湖会所建筑设计02

明湖会所建筑设计03

明湖会所建筑设计

明湖会所建筑设计

明湖会所建筑设计

明 湖 会 所 建 筑 设 计　　01

明 湖 会 所 建 筑 设 计　　02

明 湖 会 所 建 筑 设 计　　03

建筑学三年级教案：概念统筹——中小城市市民活动中心设计

（三年级）

教案简要说明

建筑教学组织中，从传统的"建筑类型"式的组织方式过渡到基于模块化设定的"问题式"组织模式，以每阶段重点强调的设计要素点为线索，在不同设计题目中集结各要素点构成课题单元，亦即"模块"；通过由浅而深、由单一而复合的系列模块设置，使得专业设计知识渐次系统性排列的模块贯穿于2至4年级的建筑设计系列课程的进程中。

三年级的课程设置主要为在一、二年级的基础上，进一步加强建筑空间、场所营造、技术制约以及各方面统筹安排的训练。

社区公共文化活动中心建设按照节约用地原则，通过新建、改建、扩建和调整、更新等多种形式，推进社区文化活动中心建设。突出生态节能建筑的特点，重视生态建筑、可持续发展的建筑视角，创造以适宜的技术手段为设计概念与技术措施的绿色生态建筑。

该教学模块主要训练点为地域环境、概念引导、生态设计三个要素。上课过程中，针对不同阶段的要素设定，组织三次专题授课及阶段训练体系，形成设计课过程分阶段控制方法。

一、教学目标

探索中小城市社区文化的特色，寻求建立中小城市社区活动中心的场所感与归属感。引导学生全面认识生态节能建筑的特点，重视生态建筑、可持续发展的建筑视角，创造以适宜的技术手段为设计概念与技术措施

的绿色生态建筑。了解社区活动中心建筑设计的概况和趋势，了解国内外已建成的相关案例，初步掌握这类公共建筑的基本设计规律。进一步熟悉公共建筑设计基本原理，加强方案构思的创新能力；强化消防规范意识；培养空间尺度感；加强制图的规范性；选择与运用恰当的表现方式表达设计意图，并由此增进图面表达能力。

二、教学方法

多媒体授课与课堂一对一辅导相结合；现场调研与课堂分析、汇报、评价相结合；

集中专题授课与学生个体创意相结合；成果答辩与分项量化评价模式相结合。

三、教学过程

1. 第一阶段：调查研究；设计调研的目的与方法，市民社区活动中心设计概要；
2. 第二阶段：概念设计；调研成果汇报，概念初步构思，辅导学生基地选择与概念；
3. 第三阶段：初步构思；方案总体构思，建立相应逻辑关系；
4. 第四阶段：方案深化；确定构思，深化方案，考虑构造、材质对氛围营造的影响；
5. 第五阶段：成果表达；确定最终方案，辅导进行设计与制图的表达；
6. 第六阶段：方案评析；邀请校外专家参与讲评，加强设计表达能力与制图表达的规范。

中小城市市民活动中心设计　设计者：郑洁
中小城市市民活动中心设计　设计者：葛钰
中小城市市民活动中心设计　设计者：王继飞
指导老师：江海涛　刘伟波　王江　贾颖颖　门艳红　李晓东　郑恒祥　侯世荣　张菁
编撰/主持此教案的教师：江海涛

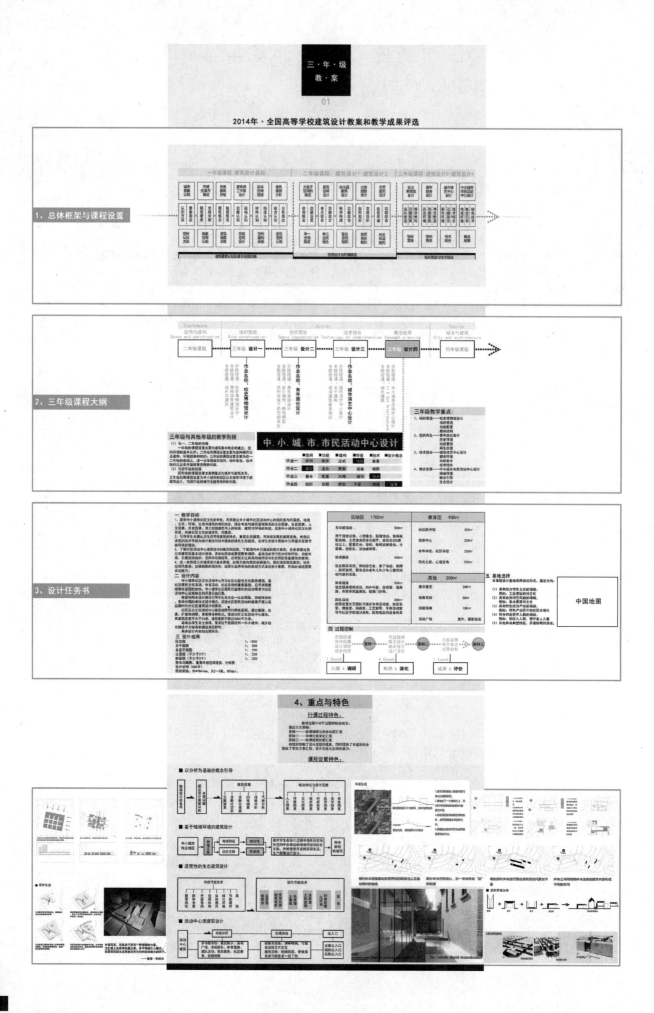

三·年·级
教·案

02

2014年·全国高等学校建筑设计教案和教学成果评选

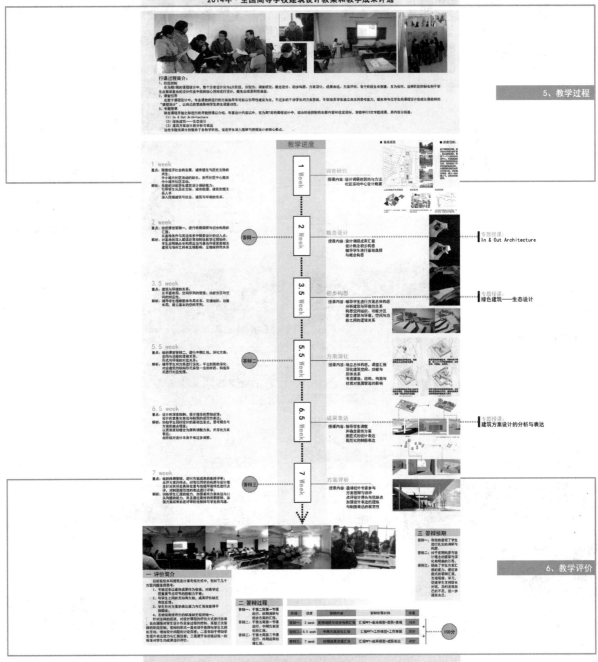

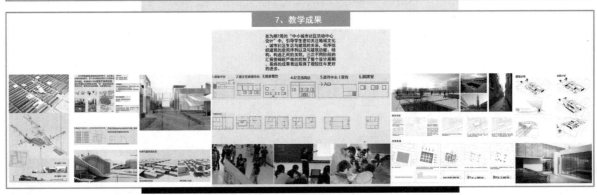

5、教学过程

6、教学评价

7、教学成果

基于高层高密度的住区规划与住宅设计

教案简要说明

一、教学目标

课程强调对城市住宅及居住环境的整体理解,从城市及周边环境整体出发,全方位研究居住空间问题;从规划与设计的角度探讨空间形式与人的活动行为之间的关系是课程重点。教学过程中有意识地培养分析问题与解决问题的能力,并在过程中归纳与总结解决问题的一般途径与规律。

二、教学要求

1. 通过讲课、案例剖析及课题设计,使学生熟悉居住空间的基本尺度及空间与环境的整体关系,了解城市住宅的基本类型与设计方法。

2. 初步掌握城市住宅及居住环境设计的内容、步骤及方法,全面运用已学过的关于体型环境设计及社会经济、文化方面的知识,进行居住环境的整体规划与设计,并建立数量与体量关系的基本概念。

3. 培养形象思维和逻辑思维融贯的整体思维方式,在综合分析问题的基础上求求解决问题的多样化途经。

4. 了解城市住宅设计与居住环境规划设计的一般表达方法和要求。掌握准确简明地表达居住建筑环境规划设计构思和建筑群体空间的一般技巧(包括草图、正式图、图表等)以及编写简要设计说明的能力。

5. 培养学生对环境场所、形体空间的敏感并建立对方案客观评价的标准,强调规划设计工作中务实、严谨、有序及精益求精的态度与学风。

三、教学内容

1. 城市住宅设计

(1)认识居住的概念及其发展,了解国内外城市住宅的发展概况与设计趋势;

(2)理解居住建筑形态设计影响因素与设计原则,熟悉目前大量应用的城市住宅类型与特征,并初步掌握设计的一般规律;

(3)理解居住建筑单元的基本空间构成要素及使用者行为模式与特征;

(4)了解居住建筑空间形体与结构形式的逻辑关系,掌握形体及立面设计的常用手法与规律;

(5)了解高层住宅设计中的一般问题,掌握安全设计的一般内容与对策。

2. 住区规划与设计

(1)用地及周边环境的分析,了解红线、退距、密度、景观等基本概念;

(2)了解不同类型的建筑平面形态与空间体量之间的关系,熟悉公共建筑与住宅建筑形态处理的一般原则及隐含在形态背后的功能意义;

(3)了解不同住宅类型的组合与土地利用之间的关系,建立空间尺度与密度之间的关系,并理解不同设计对策与空间多样性的原则;

(4)理解社区的基本概念,认识构成社区物质环境的基本要素,了解社区中人工与自然要素构成的场所与人的活动之间的关系;

(5)了解道路系统及人车关系,熟悉不同形式的道路系统,如人车分流、人车共存等形式的设计及其适用性,掌握车行系统、步行系统的设计原则及与小区景观设计的形态关系;

(6)认识景观与空间形态设计的意义,掌握采用合理的规划设计手段利用与创造场所的一般原则,逐步培养环境、生态及可持续发展的设计意识。

连绵的城市-基于高层高密度的住宅设计 设计者:郑煜豪
场与空间-基于高层高密度的住区规划 设计者:赵思源
指导老师:邵晓光 黎宁 马景忠 甘忬非 冯鸣 彭小松 傅洪
编撰/主持此教案的教师:邵晓光

课题名称：基于高层高密度的住区规划与住宅设计

教学目标与要求

教学目标

课程强调对城市住宅及居住环境的整体理解，从城市及周边环境整体出发，全方位研究居住空间问题；从规划与设计的角度探讨空间形式与人的活动行为之间的关系是课程重点。教学过程中有意识地培养分析问题与解决问题的能力，并在过程中归纳与总结解决问题的一般途径与规律。

教学要求

1. 通过讲课、案例剖析及课题设计，使学生熟悉居住空间的基本尺度及空间与环境的整体关系，了解城市住宅的基本类型与设计方法。

2. 初步掌握城市住宅及居住环境设计的内容、步骤及方法，全面运用已学过的关于体型环境设计及社会经济、文化方面的知识，进行居住环境的整体规划与设计，并建立数量与体量关系的基本概念。

3. 培养形象思维和逻辑思维融贯的整体思维方式，在综合分析问题的基础上寻求解决问题的多样化途径。

4. 了解城市住宅设计与居住环境规划设计的一般表达方法和要求。掌握准确简明地表达居住建筑环境规划设计构思和建筑群体空间的一般技巧(包括草图、正式图、图表等)以及编写简要设计说明的能力。

5. 培养学生对环境场所、型体空间的敏感并建立对方案客观评价的标准，强调规划设计工作中务实、严谨、有序及精益求精的态度与学风。

项目基地
占地面积：65253.1平方米

南山住区规划设计附图
用地红线及周围环境

城市山林
东滨路

课程衔接关系

前一阶段设计	本设计	下一阶段设计
空间 形体 功能 流线	实践性 原理性 规范性	职业建筑师教育
高层+剧场	住宅+小区	设计实践+毕设

设计任务书

住宅设计要求：

无实际地段的住宅设计，要求学生对针对小户型，对居住空间进行精细化设计。

1、高层住宅（13~18层，100米以下，一梯不少于八户）

2、按经济适用房标准，最大户型的建筑面积不超过70平方米（包括公摊面积），至少应包括两室一厅一厨一卫

3、要求单体户型设计（不少于2种）和户型组合设计（应包括所有设计的户型），户型组合应表达前室、水平交通、垂直交通，并符合各种规范要求

4、除卫生间外其余均需直接采光，厅和卧室不宜采用外天井式的凹槽采光。

图纸要求：

a、户型平面1:50（结构、电插座开关、给排水、煤气等内容均要表达，且需详细标出家具与电器尺寸）

b、户型组合平面1:200，剖面图以室内为主（表达出室内梁、家具等各种高度关系，不作整个建筑剖面）

c、概念图、分析图、效果图以室内空间布局为主，详细标注各种指标（图纸规格A1 正图 时间2.5周）

住区设计要求：

针对城市用地紧张的市集状况，要求学生进行高密度住区规划，锻炼学生未来工作所需设计技能。

1、 总用地65253.1平方米

2、 容积率：4.0（幼儿园建筑面积及其用地除外）

3、 总建筑面积261012.4平方米，其中：（1）、住宅253512.4平方米左右，总户数在2300户左右。户型规模90㎡/户以下套型不少于70%；（2）、配套：a)商业3000平方米左右；b) 小型会所1800平方米左右；c) 幼儿园2200平方米左右，需独立用地≥3500平方米；d) 若干室外运动场地；e) 其他服务2500平方米。

4、 层数限制：低、多层禁用。

5、 日照间距≥1：1.0；

6、 停车位：住宅1个/户配置，公建0.5个/100平方米。

图纸要求：

a、 简要设计说明（400字内，含主要技术经济指标几户型说明）

b、 总平面图1：1000（徒手或工具绘制，要求比例正确）

c、 景观节点构思

d、 规划分析图（规划结构、道路系统、绿化景观、空间系统、日照分析、竖向设计等）

e、 主要建筑单体户型平面及立面概念。

教学基本内容

A. 城市住宅设计

1. 认识居住的概念及其发展，了解国内外城市住宅的发展概况与设计趋势；

2. 理解居住建筑形态设计影响因素与设计原则，熟悉目前大量应用的城市住宅类型与特征；

3. 理解居住建筑单元的基本空间构成要素及使用者行为特性与特征；

4. 了解居住建筑空间形体与结构形式的逻辑关系；

5. 了解高层住宅设计中的一般问题，掌握安全设计的一般内容与对策；

B. 居住区规划与设计

1. 用地及周边环境的分析，了解红线、退距、密度、景观等基本概念；

2. 了解不同类型的建筑平面形态与空间体量之间的关系；

3. 了解不同住宅类型的组合与土地利用之间的关系，建立空间尺度与密度之间的关系；

4. 理解社区的基本概念，认识构成社区物质环境的基本要素，了解社区中人工与自然要素构成的场所与人的活动之间的关系；

5. 了解道路系统及人车关系，熟悉不同形式的道路系统；

6. 认识景观与空间形态设计的意义，逐步培养环境、生态及可持续发展的设计意识。

住区规划学生作业

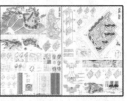

住宅单体学生作业

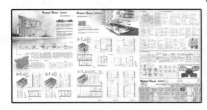
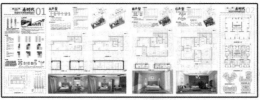

课题名称：基于高层高密度的住区规划与住宅设计

教学特点

1.调研与考察

调研:要求进行分时段对基地现场调研,并观察社会公共行为的发生以及特征,了解居民对居住环境的感觉及需求,考察相关实例,并鼓励学生对题目任务书设计分项在统一的框架下做自主性修正。

考察:组织学生实地参观基地,并游览相关典型案例,加强学生对设计的了解。

2.教学互动

分组指导+交叉评图
交叉评图:中期评图以及期末评图全年级分为两个小班,采取指导老师回避制,加强不同专业观点和思维角度的碰撞与互动。

3.循序渐进

课程主要分为住宅单体设计到小区规划设计两大阶段,并且作业由多个小阶段组成,通过不同阶段地渐进式教学,从而提高教学质量。

STAGE 1　实地调研

走出课堂

参观交流　　　模型思考　　　座谈学习

STAGE 2　往届作业回顾

教学不仅仅授予新东西,更需要从旧事物中萃取精华。教学过程中各个分组教师不仅需对往届学生讲解优秀作业特点,更注重讲解良等水平作业的缺点,进而全面辅导学生,让学生在学习过程中有所侧重。

评语:该设计构思为构筑住宅综合体,内部植入了各种公共活动空间,如泳池,羽毛球场,攀岩场等,探索了现代乃至未来的住宅可能性

评语:设计中利用对山的形态构筑现代住宅,以一种新的方式探索了人居与自然的关系,设计中关注的密度与居住住宅形态关系成为了该设计的亮点。

评语:设计非常商业化,基本功也非常扎实,但如果融入更多大胆的构思则可更加锻炼个人的能力。

评语:该设计研究了复式住宅的组合方式,并结合了不同的人群对住宅的需求进行了分析。然而缺乏更深入的讨论成为了该设计的遗憾。

回顾学习

STAGE 3　住宅单体设计

阶段性作业一

按比例画自家住宅平面,要求家具,设备一并画出,并从使用者角度分析居住空间与生活关系,总结实际使用中的优点与局限,并从设计师角度提出空间改造建议。

阶段性作业二

居住单元的基本构成要素与尺度训练,通过平面局部设计,探讨各种空间组织的可能性,要求满足核心家庭及一对老年夫妇居住。并从人体工学角度探讨主要空间及辅助空间基本尺度

阶段性作业三

通过对几种典型平面如点式、板式、外廊式及内廊式住宅的垂直交通与水平交通节点剖析,加强对单元公共场所的理解,并学习住宅防火规范。

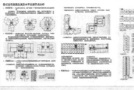

阶段性作业四

熟悉几种城市住宅实践中常见的结构形式,并以目前广泛利用的框架异形柱为例,在特定平面上探究结构布置方式及结构与室内空间的关系。

分段研究

STAGE 4　住区规划设计

中期作业五成果评核

阶段性作业六

在一个特定城市地块中,研究周边环境与建筑关系,建筑布局的可能性,从而理解城市道路,红线,退距,人车共存系统及不同停车方式的适应性,掌握道路分级与节点设计。

阶段性作业七

研究社区构成的基本要素与社区配套的关系,探讨共有交流等意义,并探索公共设施如幼儿园,会所,商业等形态设计的可能性与功能及景观关系。

阶段性作业八

研究多种案例,学习不同道路系统中人与车的关系,进而了解人车分流,人车共存系统及不同停车方式的适应性,掌握道路分级与节点设计。

阶段性作业九

基于以上各阶段学习,探讨当今环境下的居住小区设计的可能性,对建筑布局,交通组织,场所空间,整体组织以及绿化景观进行全面深入设计。

课题名称：基于高层高密度的住区规划与住宅设计

教学进度表

周次	周学时	主要教学内容	习题课、实验课内容及教学要求
一（2月28日-3月2日）	1-4	介绍课题，住宅概述	作业一：拟出两套自己生活中熟悉的住宅平面，并从使用者的角度分析居住空间与生活的关系。检验实的使用和局限，从设计师的角度审视空间的合理性。
	5-8	收作业一：尺度、人体工学 课下学习作业二	
二（3月6日-3月9日）	1-4	居住空间基本原理	作业二：居住单元的最丰富的某意和尺度。
	5-8	分组答疑，分组辅导	
三（3月13日-3月16日）	1-4	收作业二，5-8分组评讲作业二图，布置作业三	
	5-8	居住空间组合，3-4交通体	
四（3月20日-3月23日）	1-4	分组辅导	作业三：居住单元之间的空间组合与连接。
	5-8	分组辅导	
五（3月27日-3月30日）	1-4	收作业三 分组评讲作业三图，布置作业四	
	5-8	结构设计	作业五：第一阶段（住宅设计阶段）正式图
六（4月3日-4月6日）	1-4	国内外优秀住宅设计介绍	住宅设计要求：
	5-8	分组辅导	
七（4月10日-4月13日）	1-4	分组辅导	
八（4月17日-4月20日）	1-4	分组辅导	
	5-8	空间阅读讲评 布置作业六	快题设计：在本周内选择一天，快题设计时间为6小时
九（4月24日-4月27日）	1-4	课题布置作业五	作业六：在一个特定的用地块内。
	5-8	分组辅导	
十（5月1日-5月4日）	1-4	分组辅导	
十一（5月8日-5月11日）	1-4	收作业六，绿树与形态 布置作业七	作业七：本设计提供的场地块中。
十二（5月15日-5月18日）	5-8	评作业六，分组辅导	
十三（5月22日-5月25日）	1-4	收作业七：交通组织分析 布置作业八	作业八：本设计提供的场地块中。
十四（5月29日-6月1日）	5-8	评作业七，分组辅导	
十五（6月5日-6月8日）	1-4	收作业八，实例分析	
	5-8	分组辅导	
十六（6月12日-6月15日）	1-4	分组辅导	作业九：第二阶段（居住环境规划设计阶段）在总体规划的基础上。
十七（6月19日）	5-8	分组辅导	
十八（6月26日-6月29日）	1-4	分组辅导 周五下午5点交正式图作业	
十九（7月3日）	1-8	教师评阅图纸，全院分组讲评	

教学方法

1.集中讲授
结合命题要求启发学生对设计课题的基本解读和理解。讲解课题生成的社会和时代背景，强调居住空间设计的原理性和规范性。讲授住区规划与住宅设计的基本原则与方法。

2.分组指导
每小组约为10位学生，由专任课老师指导。通过系列性的小作业，让学生掌握居住空间的精细化设计方法，强调以工作模型的方法推敲方案。

3.案例评析
在设计过程中通过对相关案例及方案的评析，加深学生对课程关注点的认识。体会场所营造，空间组织等技术路径的设计来源，思考方法和推进策略。

试做过程

为了更好解读设计题目，教师对住区规划题目进行了试做环节，力图通过示范锻炼学生设计前期的整体思维能力，鼓励学生尝试从不同切入点进行设计，进而提高学生对设计各要素的判断力。

评图 展览

住区方案一
点评：该方案针对不同家庭结构的居住需求，对居住空间进行灵活组合，提供多种户型的可能性平面；户型设计深入细致，注重以人为本，对户型内部的家具、洁具、电器、内装等内容考虑周到；图纸绘制规范。

不足之处：在居住空间形态的创新上略显不足。

住区方案二
点评：该方案采用"以板为主，点板结合"的布局形式，在建筑高度上进行错落处理，优化建筑之间视线及日照环境，形成具有韵律的天际线；设置地面庭院和公共空中花园组合的立体绿化系统，创造宜人居住环境。

不足之处：在住区环境绿化景观设计上还不够细致。

住区方案三
点评：该方案以营造社区领域感作为切入点，通过连接会所、幼儿园、商业等功能的公共服务带及其二层景观绿轴统领全局，采用点板结合的布局方式，形成4个相对独立又相互渗透的组团，规划结构清晰；设计中设置了若干视觉通廊，对城市界面给予了尊重。

不足之处：在图面表达上可以进一步加强。

教学基础训练

过程与成果并重，如进度安排表所示，我们重视教学过程中草图，草模，三维电子模型等中间过程对设计逐步成型的作用，强调基础的训练以及设计的形成过程。

如图所示，草图为一学生的规划构想，而草模则为另一同学的多方案比较。

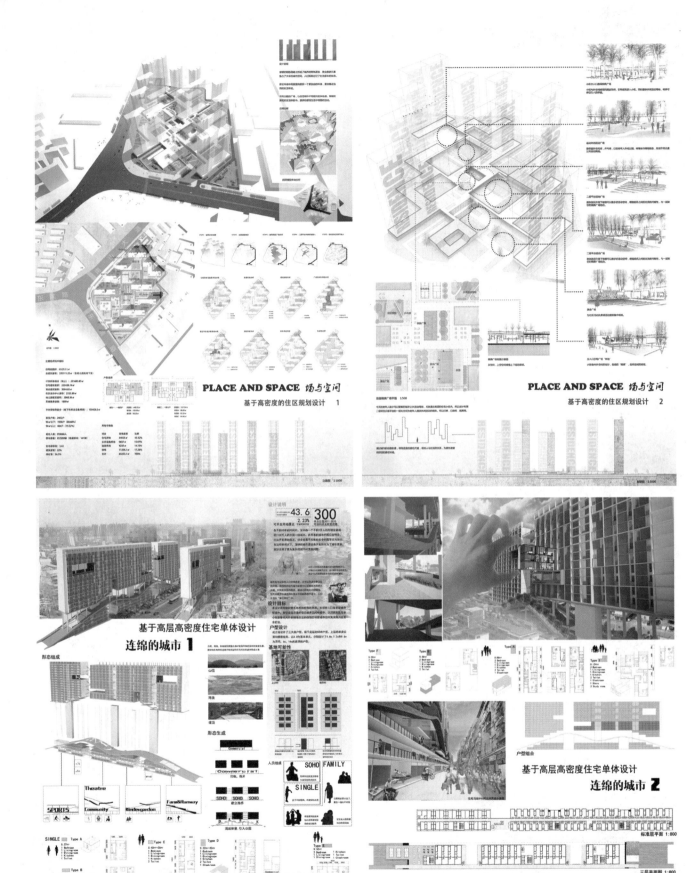

PLACE AND SPACE 场与空间
基于高密度的住区规划设计　1

PLACE AND SPACE 场与空间
基于高密度的住区规划设计　2

基于高层高密度住宅单体设计
连绵的城市 1

基于高层高密度住宅单体设计
连绵的城市 2

游历体验引导下的展览空间组织设计教案

(二年级)

教案简要说明

　　游历体验引导下的展览空间组织训练是处于建筑学专业教育入门阶段的二年级设计课程中最后一个设计。在以建筑空间组织训练为主线的教学体系中，本设计加入了使用者的游历体验，旨在促使学生建立起对时空动态变化下空间序列的认识，培养历时性空间系统中的序列组织、场景塑造、衔接引导等层面的设计手法。同时，通过增进学生对各类展览空间内涵的理解，使之掌握历史、文化、科技、美术等典型主题展览建筑的设计原理与方法，提高学生对复杂空间的组织能力。

沈阳故宫文字博物馆设计 设计者：刘宇彤
交织·融合 设计者：王文涛
未来生活体验馆 设计者：王欣茹
指导老师：王靖 张龙威 辛杨 戴晓旭 李燕 梁燕枫 武威
编撰/主持此教案的教师：刘万里

游历体验引导下的展览空间组织设计教案
The Teaching Plan of Exhibition Space Organization Design Guided by Travel Experience

教学设置
以空间组织训练为主线

整体体系架构

建筑学的本科教学是一个循序渐进的过程。在五年的专业教学中，我们将其分为基础训练、设计入门、综合提高和专业拓展四个阶段。不同的教学阶段以不同的教学重点为训练核心，从而以此设定了空间认知单元、空间组织训练单元、空间建构单元、空间整合单元、建筑专项设计深入单元和建筑综合与实践单元六个阶段性的训练单元。二年级处于整个建筑学专业教育的入门阶段，这一阶段中，以建筑空间组织训练为主线的教学体系设置，是在一年级抽象空间认知训练基础上的递进与延伸，是三年级城市尺度的空间整合训练的基础和前提。展览空间组织设计是二年级第四个设计，在空间组织训练中加入使用者的游历体验，使学生建立对时空动态变化中的空间序列的认识。

基础训练(一年级)	Spatial Cognition Unit 空间认知单元	分项
设计入门(二年级)	Spatial Organization of Training Unit 空间组织训练单元 设计1 简单空间布置训练 功能与尺度 / 设计2 居住空间布置训练 私密与公共 / 设计3 单元空间组合训练 重复与韵律 / 设计4 展览空间组织训练 递进与复杂	综合
综合提高(三年级)	Spatial Integration Unit 空间整合单元	综合
综合提高(四年级)	Specific In-depth Design 建筑专项设计深入	分项
专业拓展(五年级)	Architectural Comprehensive - Practical 建筑综合与实践	综合

课程教学目的

通过64+1k学时的展览空间组织设计训练，使学生建立对历时性空间系统的认识，培养以游历体验为基础的空间序列组织、场景塑造、衔接引导等层面的设计方法。通过对不同类型展览空间内涵的理解，使学生掌握地方民俗展示馆、城市历史博物馆、传统文化艺术馆、未来生活体验馆等典型展览建筑的设计原理及方法，培养对复杂空间的组织能力，并进一步强化徒手制图和模型制作能力。

课程题目选择

地方民俗展示馆	城市历史博物馆	传统文化艺术馆	未来生活体验馆
训练要点 挖掘地方民俗特色 协调建筑场地关系 构造互动参与模式	**训练要点** 展示城市历史脉络 组织时空序列衔接 营造建筑形态特点	**训练要点** 呈现传统文化内涵 引导空间游走体验 营造场景氛围意境	**训练要点** 探索未来生活模式 协调区域环境联系 创造空间主题情境

设计内容	设计内容	设计内容	设计内容
1.总建筑面积2800㎡。（上下浮动10%） 2.展览区1100㎡（设置展示、观摩、表演、体验等内容） 3.报告厅200㎡ 4.内部工作区500㎡（包括藏品库、工作室、研究室、办公室、资料室、接待室等） 5.其他空间，包括门厅、过厅、休息厅、商店、卫生间、设备用房等附属空间酌情安排 6.可设置一定的室外展场	1.总建筑面积3000㎡。（上下浮动10%） 2.展陈空间1200㎡（包括不同阶段、主题的展厅） 3.报告厅200㎡ 4.内部工作区500㎡（包括藏品库、工作室、研究室、办公室、资料室、接待室等） 5.其他空间，包括门厅、过厅、休息厅、商店、卫生间、设备用房等附属空间酌情安排 6.可设置一定的室外展场	1.总建筑面积3000㎡。（上下浮动10%） 2.展陈空间1300㎡（包括展厅，可酌情设置观摩、体验、教室等） 3.报告厅180㎡ 4.内部工作区500㎡（包括藏品库、工作室、研究室、办公室、资料室、接待等） 5.其他空间，包括门厅、休息厅、商店、卫生间、设备用房等附属空间酌情安排	1.总建筑面积2800㎡。（上下浮动10%） 2.展陈空间1100㎡（包括不同主题的展示、体验等） 3.报告厅200㎡ 4.内部工作区500㎡（包括藏品库、工作室、研究室、办公室、资料室、接待室等） 5.其他空间，包括门厅、过厅、休息厅、商店、卫生间、设备用房等附属空间酌情安排 6.可设置一定的室外展场
设计要求 1.功能分区明确，流线组织合理。挖掘地方民俗的特色，形成层次清晰、特点鲜明的空间结构与布局形态。 2.建筑空间结合展示内容，合理体现器物文化与风俗礼仪、民间文艺等较文化的展示特点，提升空间的互动参与性。 3.做好室外展场的设计，使建筑内外空间协调统一，增加游客观摩、参与、体验的机会。 4.空间及设施符合设计规范要求，与区域环境融合。	**设计要求** 1.功能分区明确，观展流线组织合理。结合城市历史的发展脉络，形成有序、顺畅、合理空间结构与序列关系。 2.建筑空间形态需顺应展览流线组织，注意衔接转换处理的清晰自然。 3.建筑形式体现城市历史特点，塑造符合城市气质与内涵的建筑形象。 4.空间及设施符合设计规范要求，与周边区域环境协调统一。	**设计要求** 1.功能布局合理及流线组织通畅。以建筑空间的丰富变化与序列控制承载传统文化艺术塑造动静相继、包容共生、天人合一的内涵。 2.建筑空间强调引导人的心理情绪，在游走体验中感悟传统艺术的核心思想。 3.可考虑室内外的空间交流，提高空间的动态流转，营造层次的场景与意境。 4.符合相关设计规范要求，实现与环境的有机组织。	**设计要求** 1.功能布局合理，流线组织通畅。展现未来生活意象，组织观展路线顺序，合理选择串联与并联的单位方式。 2.建筑应协调区域整体空间关系，对环境要素加以合理利用，体现未来与现实的关系。 3.建筑空间创造多种主题，营造符合绿色、科技、人文概念的情境与氛围，建筑形象体现未来生活的气质。 4.符合相关设计规范要求，实现与环境的有机组织。

游历体验引导下的展览空间组织设计教案

The Teaching Plan of Exhibition Space Organization Design Guided by Travel Experience

教学过程

以阶段教学要求为组织

以一个64+1K学时设计题目为例的教学过程图示

阶段	学时(64+1K)	授课方式	授课重点	课下要求
设计原理讲述	4	年级公共课	题目的基本设计原理、地段状况、实例分析	布置场地及资料调研的任务和要求
空间体验解析	4	年级公共课	各年龄人群行为模式、相关实例讲解	课下完成A1图纸大小的资料与场地调研报告
调研报告讨论	4	班级公共讨论	调研报告的环境分析的合理性和资料内容充实度	课下小组完成选址基地环境模型
构思设计指导	12	单独指导	设计构思把握、总平面的草图绘制、草模制作	课下完成构思分析、总平面图草图、体量草模
构思设计讨论	4	班级公共讨论	从环境分析到构思设计的衔接、鼓励创造思维	
深入设计指导	16	单独指导	功能分区、交通流线、建筑体量、二草绘制	课下完成平立剖面徒手草图、形体空间模型
深入设计讨论	4	班级公共讨论	内部空间塑造、借助草图、模型深入设计方法	
完善设计指导	12	单独指导	立面形式、材料选择、细部节点、规范制图	课下完成平立剖面工具草图、立面完善模型
完善设计讨论	4	班级公共讨论	规范制图注意事项，正图、正模表达方式	
成果表达指导	1K	单独指导	布图、表现方式与技法、模型制作与拍摄	集中周最后一天下午17点整收图

设计原理讲述

设计题目公共原理讲述课，4学时。设置于单元下设计题目的原理讲述。内容包括设计任务书、功能要求、基本设计原理、不同用地特征和用地选取原则、设计过程与成果要求以及实例与范图讲解。

空间体验解析

空间游历体验解析公共讲述课，4学时。授课过程中教师详细讲授不同主题类型展览建筑的空间序列特点，结合实际案例解析使用者游历过程中的时空体验对空间组织的影响，引导学生进行结合动态游历体验的空间组织训练。通过综合讲述，指导学生选择感兴趣的展览主题类型并确定选址。

现场环境调研

根据学生选择模块情况，形成教学小组，由指导教师组织学生进行实地环境调研，课下进行。调研内容包括区域环境整体认知，区域内重要建筑、街道、场所的重点调研，区域内主要人群构成等。

设计过程指导

应合理把握学生设计过程，依据不同阶段设计要求，检查设计进度，阶段学时依据总学时调整。每个设计题目的教学过程应包含:调研报告公共讨论；初步构思设计辅导；初步构思公共讨论；构思深入设计辅导；深入设计公共讨论；方案完善设计辅导；完善设计公共讨论；设计成果表达辅导。

阶段性草图的表达

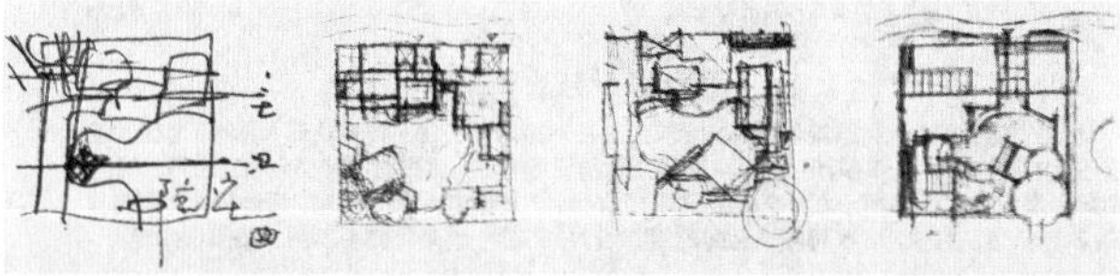

阶段性模型的表达

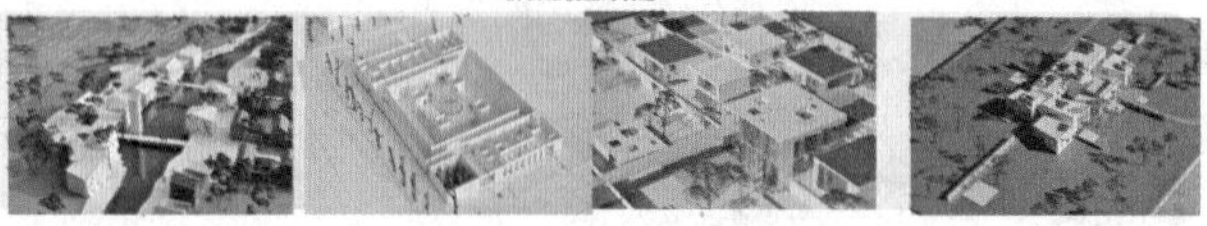

设计成果评定

设计成绩是对学生学习态度和设计能力的综合反映，其由设计过程成绩（30%）、设计成果成绩（40%）和方案答辩成绩（30%）三部分构成。本着注重师生互动，资源共享的原则，成果讲评包括答辩公开点评、班级内部讲评和年级集体展评三个环节，强化班级内、年级内及年级间的沟通交流。

学生作业选案

地方民俗展示馆

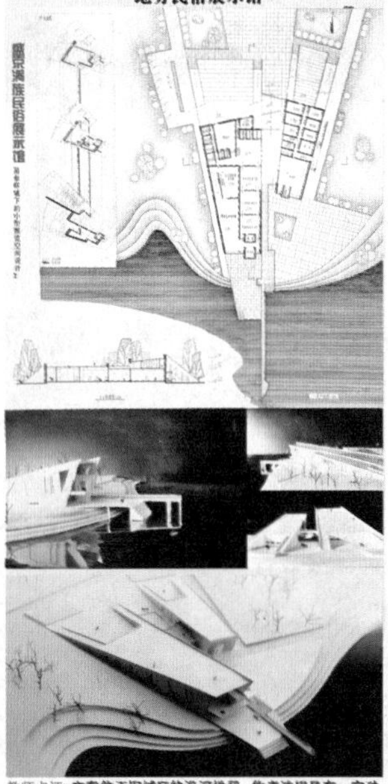

教师点评：方案位于旧城区的沿河地段。作者选用具有一定动势的体量与环境形成对话，展览空间与附属功能空间分区明确，主展厅空间与流线组织具有叙事特征。

城市历史博物馆

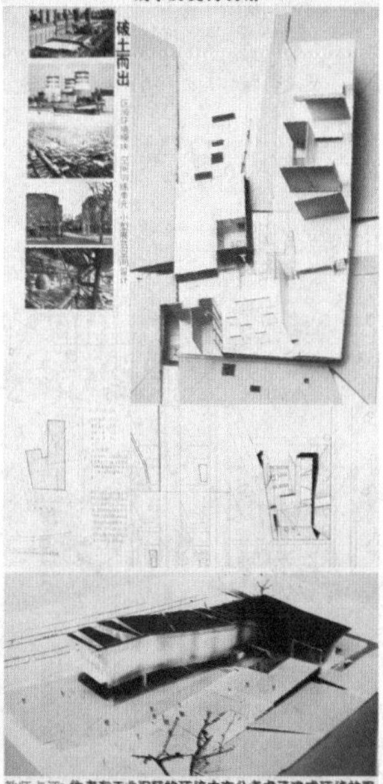

教师点评：作者在工业旧区的环境中充分考虑了建成环境的限定要素，并以逐渐抬起的体量塑造了建筑的动态感，内部空间设计深入，模型制作精良，但图示语言表达不够充分。

传统文化艺术馆

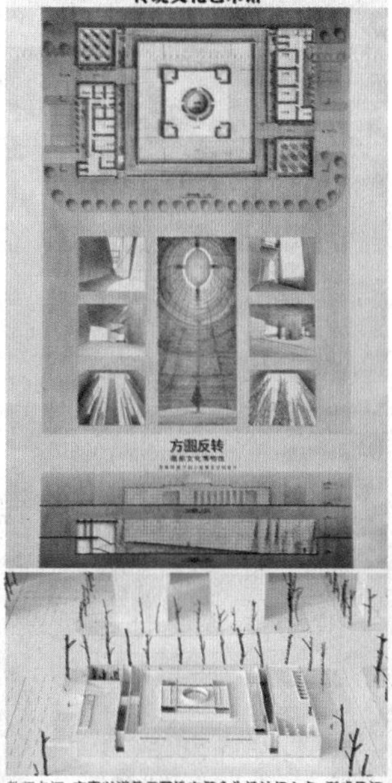

教师点评：方案以道教天圆地方概念为设计切入点，形成最初立意。游者由象征城市的“柱林”进入，通过坡道引导，游历方圆反转主厅，从象征自然的树林而出，完整有序。

未来生活体验馆

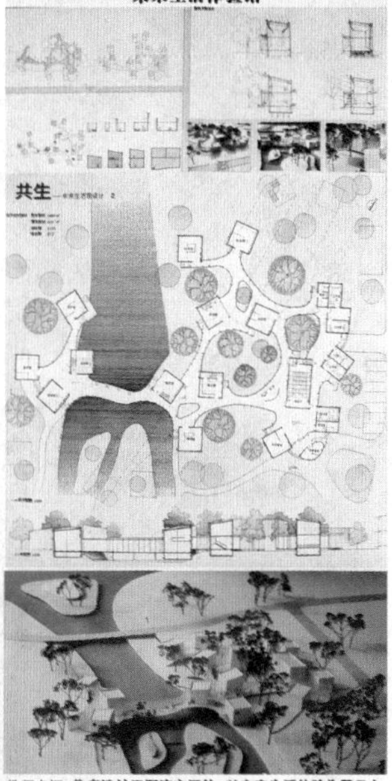

教师点评：作者选址于河流交汇处，以未来生活体验为展示主题。方案将建筑体量打散，与树木融合为一个整体，创造自由灵活、可选择性较强的游历路径。

2

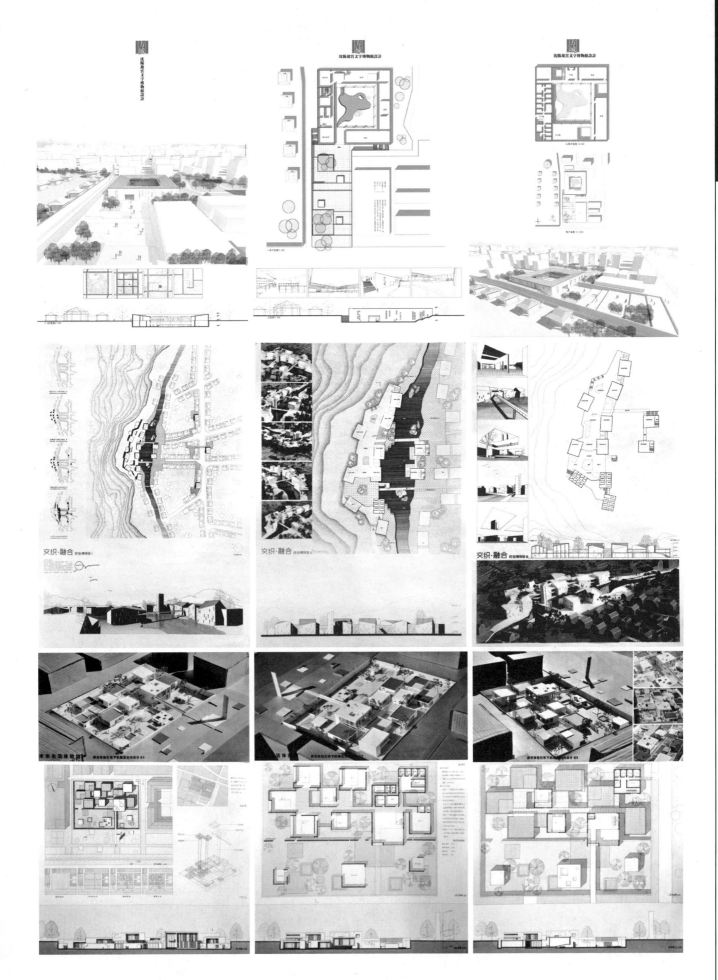

建筑设计三年级环境专题教案

（三年级）

教案简要说明

建筑设计的主要目标在于运用适宜的材料和技术，在既定的基地内创造出符合地域特点及内外使用要求的空间和形式。功能空间、场地环境、材料技术、地域文脉是建筑设计的最基本问题。三年级引入复杂条件，将整个教学过程分为四个专题，分别侧重功能空间、场地环境、材料技术和地域文脉，逐步加深，强调专题间的承接性及整个教学过程的整体性。

以环境为主线的建筑设计专题的主要目的与要求是建立建筑设计的环境意识，学习并掌握建筑设计中常用的环境分析方法以及在建筑设计中融入文脉观念的方式方法，更加强调综合性。

古船博物馆设计 设计者：王安琪 黄纳 王旭楠
锦织叠编——建筑系馆设计 设计者：潘相伊 王庆喜 佟露露
盒、乐——建筑系馆设计 设计者：申宸宇 沈斌剑 刘伟
指导老师：张帆 高畅 陈磐 白晓伟 刘鑫
编撰/主持此教案的教师：孙洪涛

建筑设计三年级教案

【教学体系】

专题设置

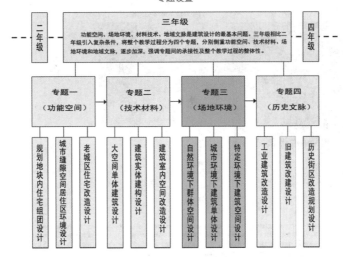

| 二年级 | | 三年级 | | 四年级 |

三年级
功能空间、场地环境、材料技术、地域文脉是建筑设计的最基本问题。三年级相比二年级引入复杂条件，将整个教学过程分为四个专题，分别侧重功能空间、技术材料、场地环境和地域文脉，逐步加深，强调专题间的承接性及整个教学过程的整体性。

| 专题一（功能空间） | 专题二（技术材料） | 专题三（场地环境） | 专题四（历史文脉） |

规划地块内住宅组团设计 / 城市缝隙空间居住区环境设计 / 老城区住宅改造设计 / 大空间单体建筑设计 / 建筑实体建构设计 / 建筑室内空间改造设计 / 自然环境下群体空间设计 / 城市环境下建筑单体设计 / 特定环境下建筑空间设计 / 工业建筑改造设计 / 旧建筑改建设计 / 历史街区改造规划设计

教学框图

专题三（场地环境）——特殊环境下建筑空间设计

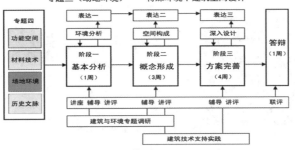

专题四	表达一	表达二	表达三	
功能空间	环境分析	空间构成	深入设计	答辩（1周）
材料技术	阶段一**基本分析**（1周）	阶段二**概念形成**（3周）	阶段三**方案完善**（4周）	
场地环境				
历史文脉	讲座 辅导 讲评	辅导 讲评	辅导 讲评	联评

建筑与环境专题调研

建筑技术支持实践

题目设置

1. 自然环境下群体空间设计——古船博物馆设计
2. 城市环境下建筑单体设计——建筑系馆设计
3. 特殊环境下建筑空间环境设计——商业空间改造设计

教学目的

1. 巩固和发展建筑设计的基本能力，在掌握建筑设计原理和方法的基础上，学习和掌握从场地环境入手的设计方法；提高综合把握影响建筑的社会、环境、经济、技术、文化、功能等诸多因素的能力。
2. 建立可持续发展的建筑设计观念，在建筑设计中建立可持续发展的观念，学习和掌握各种在建筑设计中对生态资源的合理利用并尽量减少环境破坏，提高建筑环境质量的策略和方法。
3. 关注建筑的地域文化特征，该建筑作为文化类型的建筑，具有社会、文化方面的象征意义。应结合具体地段，发掘建筑在文化和艺术上的特点和潜力。
4. 培养建筑设计的创意能力，广义的创造贯穿设计的始终，设计的任何前提条件，都有可能成为创造的契机。希望在设计中综合运用各种设计的理念，巧妙利用各种影响设计的要素，在满足建筑使用要求的同时，设计出具有创意的形式和空间。

进度安排

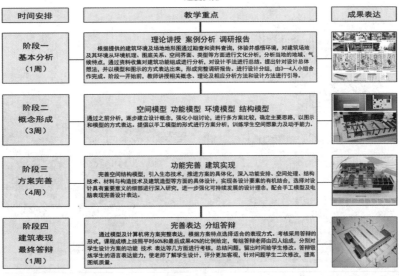

时间安排	教学重点	成果表达
阶段一**基本分析**（1周）	**理论讲授 案例分析 调研报告** 根据提供的建筑环境从场地形图通过勘查和资料查询，体验并感悟环境，对建筑场地及其环境从环境机理、图底关系、空间界面、类型等方面进行文化分析，分析场地的地域、气候特点，通过资料收集对建筑功能组成进行分析，对设计手法进行总结，提出针对设计总体想法，并以模型和图示的方式表达出来，形成完整调研报告。进行设计分组，由3—4人小组合作完成。阶段一开始前，教师讲授相关概念、理论及相应分析方法和设计方法进行引导。	
阶段二**概念形成**（3周）	**空间模型 功能模型 环境模型 结构模型** 通过之前分析，逐步建立设计概念，强化小组讨论，进行多方案比较，确定主要思路，以图示和模型的方式表达。提倡以手工模型的形式进行方案分析，训练学生空间想象力及动手能力。	
阶段三**方案完善**（4周）	**功能完善 建筑实现** 完善空间结构模型，引入生态技术，推进方案的具体化，深入功能安排、空间处理、结构技术、材料与构造技术及建筑造型等方面的具体设计，实现各种设计要求的有机结合，选择对设计具有重要意义的细部进行深入研究，进一步强化可持续发展的设计理念，配合手工模型及电脑表现完善设计表达。	
阶段四**建筑表现 最终答辩**（1周）	**完善表达 分组答辩** 通过模型及计算机将方案完整表达，根据方案特点选择适合的表现方式。考核采用答辩的形式，课程成绩上按照平时60%和最后成果40%的比例给定，每组答辩老师由四人组成，分别对学生设计方案的功能、技术、表达等几方面进行考核，总结问题，留出时间给学生修改，答辩锻炼学生的语言表达能力，使老师了解学生设计，评分更加客观，针对问题学生二次修改，提高图纸质量。	

建筑设计三年级教案

【作业点评】

作业一

自然环境下群体空间设计

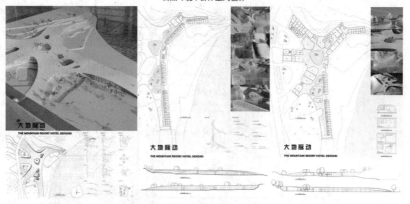

　　基地位于北方某海滨度假风景区内，地形起伏，面向大海，自然环境优美，题目拟建一海滨假日旅馆，面积5000平方米。方案从环境分析入手，采用折线布局方式，沿山体面向大海延展开，形成从山地到海面的自然过渡；折线形式的建筑处理方式有效地减小建筑体量，达到与环境的融合；方案平面功能合理，造型独特，场地设计充分，模型制作精细，表达较好的反应建筑特点；手工模型推敲方案在建筑生成的整个过程中起到重要作用，基本达到环境专题的训练目的。

作业二

城市环境下建筑单体设计

　　本方案有两个特征：一是采用多体量组合的方式与校园环境相结合；二是内部空间设计，引入地域建筑元素"院落"作为主题，地域文化和低碳设计的结合点，庭院空间协调建筑尺度，传承地域文化，表述建筑系馆职能，传达低碳节能技术，形成通透开放有历史感和时代感的新建筑。建筑外墙设计成可开启的百叶结构，可以随着温度的变化和日照时间自由闭合，设计巧妙，表达清晰，可实时性强。建筑形式与场地设计较好的契合专题训练主题。

作业三

特殊环境下建筑空间设计

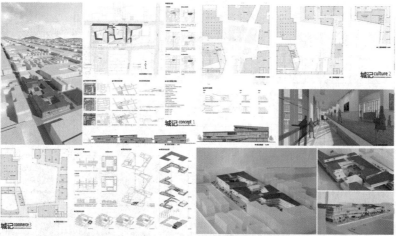

　　方案以文化与商业融合，渗透为主要设计理念。通过对原有传统商业区的改造重整，使其不断发掘和融入当地的日常生活习惯，回应历史和文化环境，使其激发出新的商业价值、公共价值和文化价值。商业空间是城市公共空间中最具特色与活力部分，方案设计中撷取传统方形母体，通过创造连续流动空间，实现丰富的室内与室外空间联系，使人们拥有全新的购物体验。

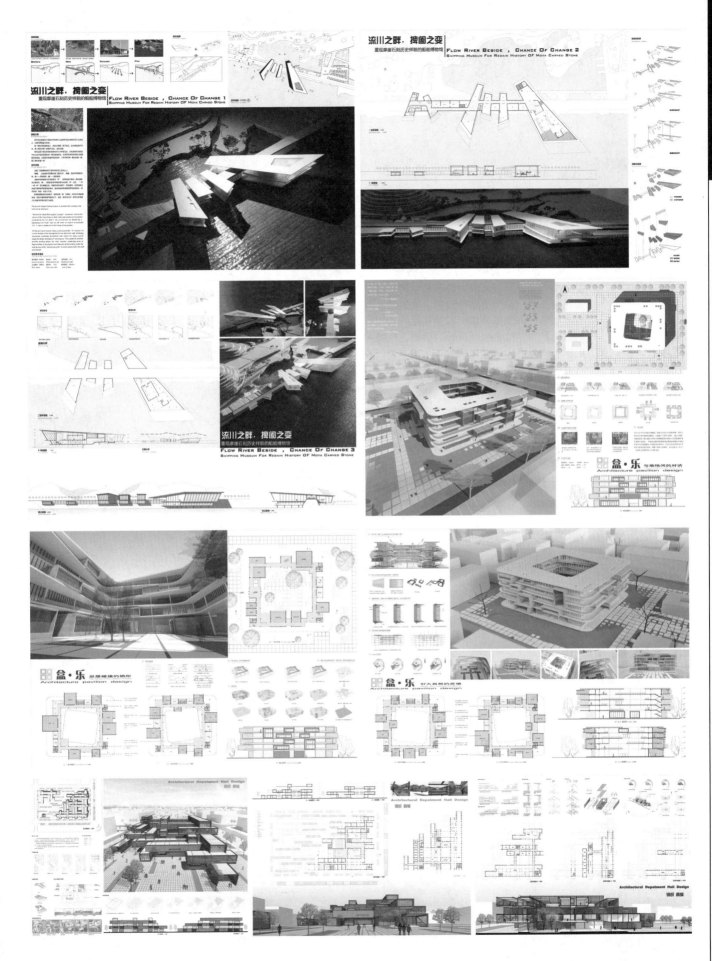

基于建筑技术深化与城市空间研究的四年级综合应用设计教案

（四年级）

教案简要说明

　　四年级的建筑设计教学在整个教学训练体系中所处的位置是综合提高阶段，在"城市与建筑"这一教学主题下，整个学年共设置以下四个设计题目，即：城市设计、居住区设计、大型公建设计以及综合应用设计。前三个专项设计分别针对该教学主题下的不同拓展方向，在完成城市设计、建筑技术等专项训练后，学生将要面对的最后一个设计训练内容为"综合应用设计"课题，在特定的城市背景下，从整体社会、人文、空间环境入手，综合应用建筑物理、建筑技术等学科知识，突显历史文脉保护、生态节能以及可持续发展等主题，完成特定城市地段中的建筑组群或建筑单体设计，为即将从业的建筑学专业人才培养应该具备的人文情怀与整体城市观。本学期我们在"综合应用设计"课题中设置了两个题目，分别对应不同文化背景、不同城市发展阶段下的具体设计目标，两个题目在"城市与建筑"这一主题下，训练内容各有侧重，选题采取学生与教师双向选择方式，每组3～5人完成设计任务。

社区综合医院设计　设计者：李强 汪庭卉
城中村改造设计　设计者：王珏 贺丰茂
工业文化地段居住综合体设计　设计者：赵毅
指导老师：刘勇 付瑶 吕海萍 高德占 候静 莫娜
编撰/主持此教案的教师：李绥

基于建筑技术深化与城市空间研究的
四年级综合应用设计教案

一、四年级建筑设计的教学体系与教学内容

基础训练 （一年级）	设计入门 （二年级）	专项拓展 （三年级）	综合提高 （四年级）	综合应用 （五年级）
空间与形式	环境与行为	社会与人文	城市与建筑	综合与交叉

| 空间构成 空间认知与体验 空间实体搭建 | 认知 体验 分析 | 幼几住宅设计 客运中心设计 名人纪念馆设计 派出所设计 | 调查 分析 应对 | 多层住宅设计 高端旅馆设计 旧建筑改造设计 | 调研 传承 创新 | 城市设计 大型公共建筑设计 层住区规划设计 综合应用设计 | 城市 技术 整合 | 设计院实习 毕业设计 | 研究 融合 应用 |

教学内容说明

四年级在整个教学训练体系中所处的位置是综合提高阶段，四年级建筑设计课围绕"城市与建筑"这一教学主题，注重引导学生在深入掌握建筑技术、了解规范的基础上关注城市层面的问题，并通过空间的设计研究提出解决方案。在进入毕业实践环节之前为学生专业知识、设计理念的提升打下坚实的基础。

二、基于建筑技术深化与城市空间研究的课程题目设置

城市设计 向广度拓展：对城市空间与建筑群体环境设计的专题训练	大型公共建筑设计 向深度拓展：建筑设计能力的进一步提高，加深对规范的掌握，了解相关专业的配合。

综合应用设计
以上两个方面能力的综合应用：能够解决较为复杂的建筑功能需求，初步了解建筑设计中各专业的配合，并对特定的城市空间环境做出积极的回应。

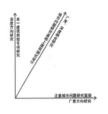

课次	题目一：城市设计 （历史保护地段更新设计、某城市城中村改造设计） 教学目标与阶段要求	题目二：大型公共建筑设计 （图书馆设计、专科医院设计） 教学目标与阶段要求	题目三：综合应用设计 （工业文化地段更新中的高层住宅设计） 教学目标与阶段要求
第一周	介绍城市设计题目的背景与任务，引导学生将关注点从单一建筑或建筑群扩展至整个城市。	集中讲述该类型公共建筑的原理、经典案例及相关规范知识要点。	对经典工业文化区改造案例进行分析和评价，启发学生对本次设计题目的城市背景进行深入思考。
第二周	安排学生调研，通过社会问卷等形式了解题目的社会背景、地段的空间环境主要问题。	布置学生实地调研，考察现有类型建筑的实际使用状况，建立直观认识，对调研成果进行总结，加深对建筑与城市关系的认知，在设计中创造富有特色的公共空间环境。	通过实地调研，提出该地段整体改造的原则与方法，学生以组为单位进行局部区域的城市设计。
第三周	根据对调研资料的梳理与分析，提出城市设计中的关键问题以及对问题的解决途径，提炼设计理念，初步提出城市设计的概念性方案。	分析基地的区位条件，使建筑能够形成与城市总体结构相适应的良好关系，采用草图与模型等方式完成基地总平面图。	完成概念性城市设计的成果，作为下一阶段高层住宅设计的基础。要求在符合城市规划的前提下提出城市发展定位，改造方式以及对工业文化传承问题的解答。
第四周	分析基地的区位特征，根据调研分析结果，确定该地段目前需要满足的人口数量与空间容量，及其需要满足的社会功能需求，对设计地段进行新的改造定位。	深入了解该类建筑涉及的规范，初步了解该类型设计中对结构、设备、电气、给排水等相关专业的要求。	由概念性城市设计阶段转入建筑组团与单体设计阶段。帮助学生完成组团任务书的编制，确定组团的容积率、建筑面积等指标。
第五周	在选定的空间区域图内，对现有地段的历史风貌、建筑肌理、空间密度等要素来进行分析，找出块状与周边城市环境的冲突所在。提出改造设计的空间层次关系。	确定主要功能分区，合理组织内外交通，对几条主要流线进行梳理，形成各层平面图，通过计算模型或手工切割模型，探讨各种形体关系组合的多种可能性，对建筑的体量、形态、空间构成进行深化。	掌握高层住宅中的使用者对各种户型的要求，不同户型的组合方式。在住宅户型设计中人体尺度的推敲。
第六周	提出保留原有城市意象的关键性要素，在梳理场地后确定重点优化的空间节点与廊道，对重点区域、主要界面、标志性建筑进行深化设计。	形成初步的设计方案，对结构形式、消防、疏散等问题做出明确的解答。聘请设计院相关专业人员一答疑，使学生了解初步设计应该达到的设计深度。	帮助学生掌握高层住宅设计中的重点、难点，解决结构、设备、消防疏散、日照间距等设计中的技术性要求。聘请设计院相关专业人员统一答疑。
第七周	深化局部重点建筑组群，提出改造中应该重点关注的采光、通风、结构、视线、流线等问题和将各集形成整体建筑的立面风格意象，提建整体形态的控制方案。	单体设计的深化，完善功能流线，深化医疗核心单元设计。完善建筑表皮、色彩等内容，初步完成单体模型或单体透视效果。	探讨在特定的城市环境中，如何在高层住宅建筑中融入对工业文化传承的思考。
第八周	对原有村落中与改造后的院落空间、天井空间、重井空间与巷道空间，体会人在该立面场所中的感受。选择重点建筑进行平面立面剖面的设计，并对结构形式、表皮处理等进行细部处理。	对重点部位的结构形式（高层核心筒）、大跨度空间问题提出合理的解决方案，满足于本次设计中的建筑设备、水暖、电气等专业对建筑空间的要求。	单体设计的深化，在住宅中对人体尺度的推敲，完善建模模式，考虑旧建筑的改造与再利用。
第九周	完成图纸，整理文本，汇报PPT，作为图纸的辅助。	完成制图，年级组织集中答辩评图。	完成设计，集中评图。

基于建筑技术深化与城市空间研究的
四年级综合应用设计教案

三、课程体系关系

根据四年级教学框架，定位为"基于建筑技术与城市特性的整体训练"的高层建筑设计对于培养学生理解城市的复杂性、系统性并提出解决方案的能力起着关键性的作用。教学旨在引导学生在技术、规范的限定下注重创新，并处理好"限定与创造"、"技术与艺术"、"个体与城市"、"现实与未来"等多组矛盾，为学生专业知识、设计理念的提升打下坚实的基础。

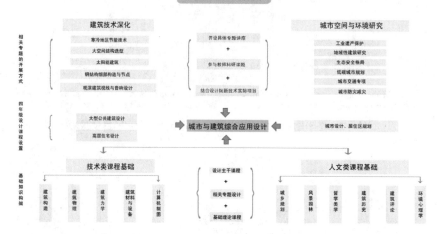

四年级建筑设计课程体系

相关专题的开展方式	建筑技术深化		城市空间与环境研究
	寒冷地区节能技术	开设具体专题讲座	工业遗产保护
	大空间网络选型		地域性建筑研究
	太阳能建筑	参与教师科研课题	生态安全格局
	钢结构细部构造与节点		低碳城市规划
四年级设计课程设置	观演建筑视线与音响设计	结合设计院新技术实际项目	城市交通专项
			城市防灾减灾

大型公共建筑设计 / 高层住宅设计 → **城市与建筑综合应用设计** ← 城市设计、居住区规划

基础知识构建

技术类课程基础	设计主干课程	人文类课程基础
建筑构造　建筑物理　建筑力学　建筑材料与设备　计算机制图	相关专题设计 / 基础理论课程	城乡规划　风景园林　哲学美学　建筑历史　建筑评论　环境心理学

四、作业点评

题目一：城市改造与更新下的城市设计　　　题目二：城市环境下的医疗建筑设计　　　题目三：工业文化地段高层住区建筑设计

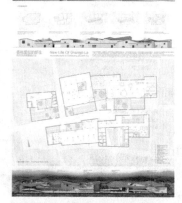

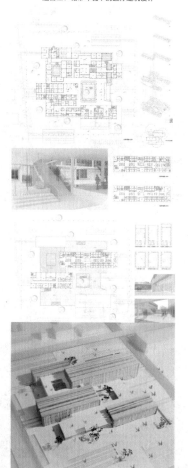

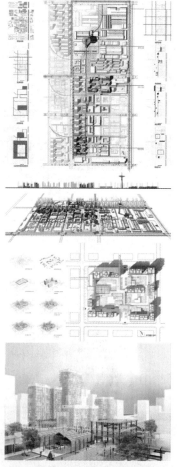

作业点评：结合特殊的历史地段，形成特色鲜明的城市空间构成，从城市设计的角度提出了原有古城风貌更新的远期发展策略，并分析结合自身历史文脉的特点上形成了独特的建筑空间形态，建筑的呈现状态和建筑内部空间特色，补充了原有街区空间所欠发的必须之建筑功能。

作业点评：能够结合对建筑历史及周边城市环境的分析，得出合理的区级综合医院的场地与建筑的空间构成关系。建筑可视性良好的沿街外部环境处理合理表达主要功能组织。平面布局较为清晰，各各相对独立交通处理较为合理，横向线条的体块形象有效的减弱了建筑物的单调感。在材质选用和手法上形成一组建筑群体。

作业点评：保护发展形成历史建筑保护体系。针对工业历史建筑实施保护、更新的综合途径，保留城市工业文化记忆。建设尚存于工业景观，延续旧有历史地段内工业人文精神。塑造城市工业文明特征。突出表现了历史地段内工业遗产的保护与再利用，同时在规划层面提出了未来发展的策略。

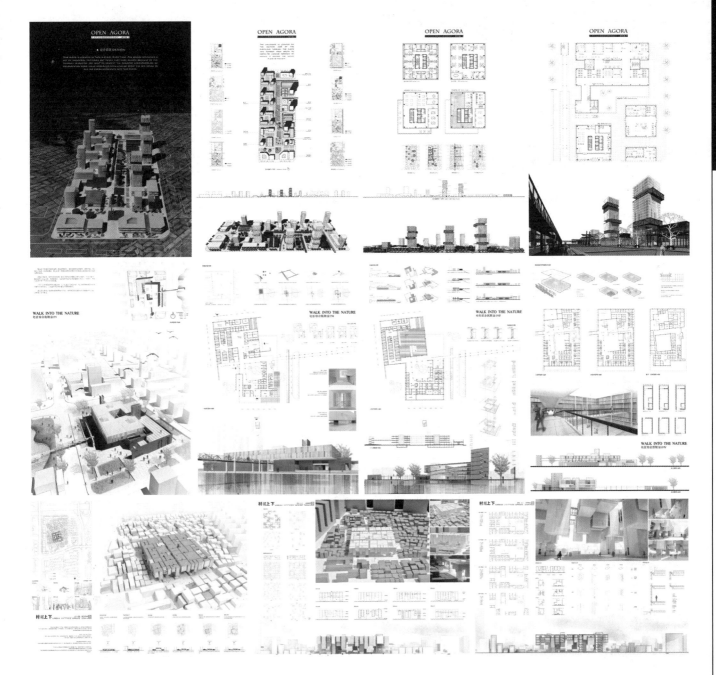

亭子设计和建造

（一年级）

教案简要说明

　　这是一年级下期设计基础二的最后一个课程设计单元，设计任务是在之前空间构成和室内外空间训练课程的基础上，围绕"空间、材料和建构"的主题，在校园内以小组为单位，设计并建造一座临时性的亭子建筑。旨在进一步提升学生对建筑空间、建筑设计和建筑建造的认知，实际参与"设计－建造－使用－评价"的全过程，理解从二维图纸设计到三维模型推演再到实体营建之间的对应关系，培养个人设计创造与团队分工协作的职业精神。在建筑专业学习之初就树立起一种全面的建筑观：一座好建筑，应贯彻于从设计到建造再到使用的全过程。通过多媒体讲义，配合实例，图文并茂讲解该设计任务和课程实施过程。实行模块细化、有序推进的教学结构，分模块讲授空间、形式、材料、结构、构造和营建等方面的知识点，与亭子设计和建造课程的逐步展开相关联，通过设计方案评讲、小组研讨、模型推演、结点大样试做、公开评图和问卷调查等教学环节，最终形成一个完整的设计课程教学。

此君亭——亭子设计和建造　设计者：郝舒琪　程志才　陈世杰　钟秋阳　尚刚久　曾清政　刘峰
流浪者之家——亭子设计和建造　设计者：朱柯豫　赵雪　金正垚　勾昭元　段炳好　温婧一　毕凯杰　于本珍　顾瑶
指导老师：张帆　李强　黄云念
编撰/主持此教案的教师：方志戎

四川大学

【设计课程大纲】

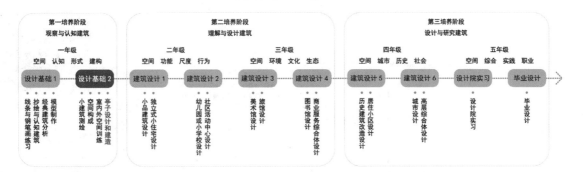

第一培养阶段
观察与认知建筑

一年级
空间　认知　形式　建构

设计基础 1　　设计基础 2

线条与钢笔画练习
抄绘与经典建筑分析
模型制作
空间构成
室内外空间训练
小建筑测绘
亭子设计和建造

第二培养阶段
理解与设计建筑

二年级
空间　功能　尺度　行为

建筑设计 1　建筑设计 2

小品建筑设计
独立式小住宅设计
社区活动中心设计
幼儿园或小学校设计

三年级
空间　环境　文化　生态

建筑设计 3　建筑设计 4

美术馆设计
旅馆设计
图书馆设计
商业服务综合体设计

第三培养阶段
设计与研究建筑

四年级
空间　城市　历史　社会

建筑设计 5　建筑设计 6

历史建筑改造设计
居住小区设计
城市设计
高层综合体设计

五年级
空间　综合　实践　职业

设计院实习　　毕业设计

设计院实习
毕业设计

亭子设计和建造

学期：2014 年春季　　　年级：一年级下期　　　时间：6 周（2014.05-2014.06）

【教学定位】

建筑学专业教学分为三个学习阶段：观察与认知建筑（一年级）、理解与设计建筑（二、三年级）、设计与研究建筑（四、五年级）。在课程组织中注意循序渐进，针对不同阶段提出相应的教学要求。第一阶段培养学生的专业兴趣与主动钻研的精神；第二阶段使学生基本掌握建筑设计的思维方法、设计程序和专业技能，拓展建筑设计的理论素养，进一步掌握运用工程技术知识解决综合问题的能力，使学生能综合分析影响建筑设计的各种因素，对设计方案进行比较、调整和优化。第三阶段着重加强城市形态、工程实践能力和建筑师职业素质的培养，全面提升学生建筑专业的综合素质，强化创新能力的培养。

【教学目标】

在之前空间构成和室内外空间训练课程的基础上，围绕"空间、材料和建构"的主题，以小组为单位设计并建造一座亭子。进一步提升学生对建筑空间、建筑设计和建筑建造的认知，实际参与"设计－建造－使用－评价"的全过程，理解从二维图纸设计到三维模型推演再到实体营建之间的对应关系，培养个人设计创造与团队分工协作的职业精神。在建筑专业学习之初就树立起一种全面的建筑观：一座好建筑，应贯彻于从设计到建造再到使用的全过程。

【教学方法】

通过多媒体讲义，配合实例，图文并茂讲解该设计任务和课程实施过程。实行模块细化、有序推进的教学结构，分模块讲授空间、形式、材料、结构、构造和营建等方面的知识点，与亭子设计和建造课程的逐步展开相关联，通过设计方案评讲、小组研讨、模型推演、结点大样试做、公开评图和问卷调查等教学环节，最终形成一个完整的设计课程教学。

【设计任务书】

一、设计任务

在江安校区建环学院前广场、中庭或周边绿地等合宜场所，本着"实用、坚固和美观"的原则，设计并建造一座临时性、拆卸回收方便的小尺度亭子。

二、设计要求

建筑主题：可自主选定观赏、休憩、聚会、表演或眺望等主题。
建筑层数：1 层（有顶建筑物，屋顶虚实可依设计）。
建筑规模：建筑整体地面投影面积 5-8 平方米。
建筑高度：主体高度 2.4-3.0 米。
建筑材料：主体材料为木材或竹材。
接地方式：搁置于地面，具有整体性结构形式。
施工方式：以简单加工、建造工具和设计组手工搭建为主。

三、设计分组

班级内自主组队，7-8 人一组，男女同学应均衡搭配。

四、成果要求

建造要求：以设计组为单位，完工一座主题明确的亭子建筑。
图纸要求：以设计组为单位，完成设计正图，应包括以下内容：
1、完工亭子的简要设计说明，平、立、剖面图（1:30-1:50）。
2、完工亭子的实景图片、工作模型和设计分析图。
3、本组各组员方案设计的工作模型和说明。
4、本组亭子建造过程的实景图片和说明。

五、设计周期

6 个教学周。

【教学过程】

第一周

——设计任务与基地环境

讲解设计任务书、解析优秀案例、安排课程实施步骤。
设计分组。
建筑模型实验室培训。
基地踏勘。
剖析设计任务、初步设计构思。

理解、分析设计任务。
班级内自主组队，7-8 人一组，男女均衡搭配。
掌握木工锯、凿子、电钻、手工电锯、小型木工机具等加工工具的使用。
分析基地环境特征，如气候、植被、坡度和承载力等，捕获有价值信息。
各组员单独设计、绘制构思草图、制作工作模型，进行设计方案讨论。

第二周

——空间与形式

讲解亭子建筑之"微建筑"的空间与形式特色。
讲解设计主题与功能使用。
讲解点、线、面、体块、色彩、材质机理等要素在亭子中的建构作用。
讲解统一、对比、韵律、变异；虚实、光影、主从等建筑设计手法。
调研建材和家居市场。

推进个人亭子方案设计，制作工作模型。
课堂设计指导，改图。
分组评图，每个同学就亭子设计讲解约 5 分钟，教师评讲 3 分钟。
调研建材市场，掌握不同类型木材、竹材和五金配件等在尺寸规格、加工深度、质量档次和价格运输上的信息，并反馈于个人的方案设计。

第三周

——材料与结构

讲解木材、竹材和金属连接件的力学性能和材料特性。
讲解材料的表现性与真实性。
讲解结构的概念和梁柱、墙板结构体系的相关知识。
讲解材料、结构与空间、形式的内在关联性。

各设计小组进行设计方案竞标，选定本组亭子实施建造的设计方案。
小组共同讨论、优化中标方案的设计。
制作工作模型，推敲设计。
课堂设计指导，改图。

第四周

——构造与细部

讲解构造的概念。
讲解构造的可读性与表现力。
讲解木材和竹材的一般连接方法。
讲解细部设计与表达。

完善亭子设计方案，制作定案亭子的工作模型。
制作主要构造节点的足尺实物模型，推敲细部构造。
绘制亭子建造用料图和表格。
购买建筑材料，备料加工。
课堂设计指导，改图。

第五周

——建造与施工

讲解建造的概念。
讲解装配式建筑的建造特点。
讲解施工程序和施工组织的相关知识。
强调安全施工和操作要点。

准备一套完整的设计图纸，指导具体建造施工。
通过三维计算机软件，推敲和预演建造施工过程。
加工、制作建筑构件。
场地放线定位，制作基座或结构框架。
现场指导亭子建造。

第六周

——成果与表达

讲解正图内容和要求。
讲解排版和正图表现方法。
完成亭子建造和正图。

小组内分工建造亭子与绘制正图。
加工、制作建筑构件，组合建筑单元，拼装亭子。
排版、绘制正图。
现场指导亭子建造和正图绘制。

公开评图

——评图与反馈

依评分细则，全年级公开评图。
面向参与本课程教学的教师和学生发放问卷调查表。
邀请本系生观摩教学成果，举行亭子启用典礼。

评图中介绍本组亭子设计和建造的特点，回答评委问题。
作答问卷调查表。
参加启用典礼。

【此君亭】

作业点评：

该设计以地域性的建筑材料——竹子为设计起点，通过竹子的拼装生成两片错动而扣的弧形墙体，在实现墙体空间受力结构体系的同时，也生成了流动、起伏、错落和内外渗透的空间与形式，具有很强的整体性与表现力。

【流浪者之家】

作业点评：

该设计以自然中的一处庇护所为设计主题，从场所性出发，建筑与树木共处共荣，悠然一体。该亭子建筑空间形式富于表情，木材、帆布和竹帘等材料运用合理，结构体系秩序严谨，构造层次清晰可读，建造工艺优良，自成一景。

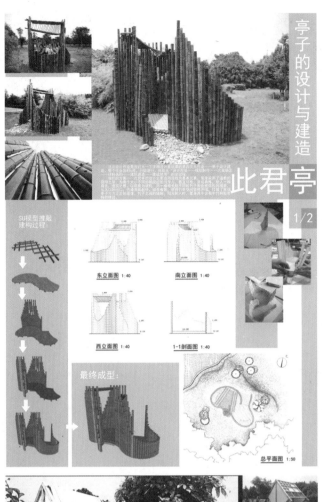

亭子的设计与建造

此君亭

1/2

SU模型推敲建构过程：

东立面图 1:40   南立面图 1:40

西立面图 1:40   1-1剖面图 1:40

最终成型：

总平面图 1:50

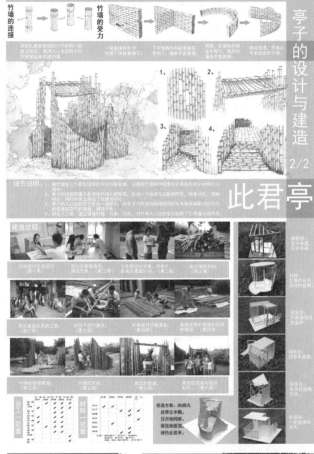

竹墙的连接   竹墙的受力

亭子的设计与建造

2/2

此君亭

细节说明：

建造过程：

分工一览表   材料一览表

流浪者之家
the home of vageant

design&build

亭子设计与建造   1

平立剖图

结构分解

搭建步骤

流浪者之家
the home of vageant

亭子设计与建造   2

方案改进

市场选材

建造过程

建造感想

方案竞标

以集约化启动的城市建筑设计——江南某城市高新区邻里中心设计

（三年级）

教案简要说明

　　江南某城市高新区邻里中心课程设计是三年级 4 个建筑设计课程的最后一个，需要综合前三个设计课程，迎接四年级融入城市理念的建筑与城市设计。因此选用了邻里中心作为选题。主题有三个：

　　1. 城市的建筑。将建筑置于城市理念下考虑。选择地点位于该城市高新区和古城交汇处，周边城市环境密集、喧闹，是一处真实的、有活力的城市基地，富有挑战性。

　　2. 社区的建筑。基地周边住宅区、工厂企业林立，并处在由工业区转变为居住区、商业区的城市更新的过程中，蕴藏着多个创新出发点。

　　3. 交通的建筑。两块基地都接入轨道交通站点，需要接入公交、出租、公共自行车、人行、私家车等多种交通方式。并需要容纳一定比例的 P+R 交通换乘停车。

檐下 设计者：林佳思 储一帆 彭梓峻
城市山林 设计者：陈铭澍 边疆 梁威威
天空-绿地 设计者：张垚 张佳贤 徐煜超
指导老师： 楚超超 徐永利 谢鸿权 吴琼华 沈德权 胡炜
编撰/主持此教案的教师： 周曦

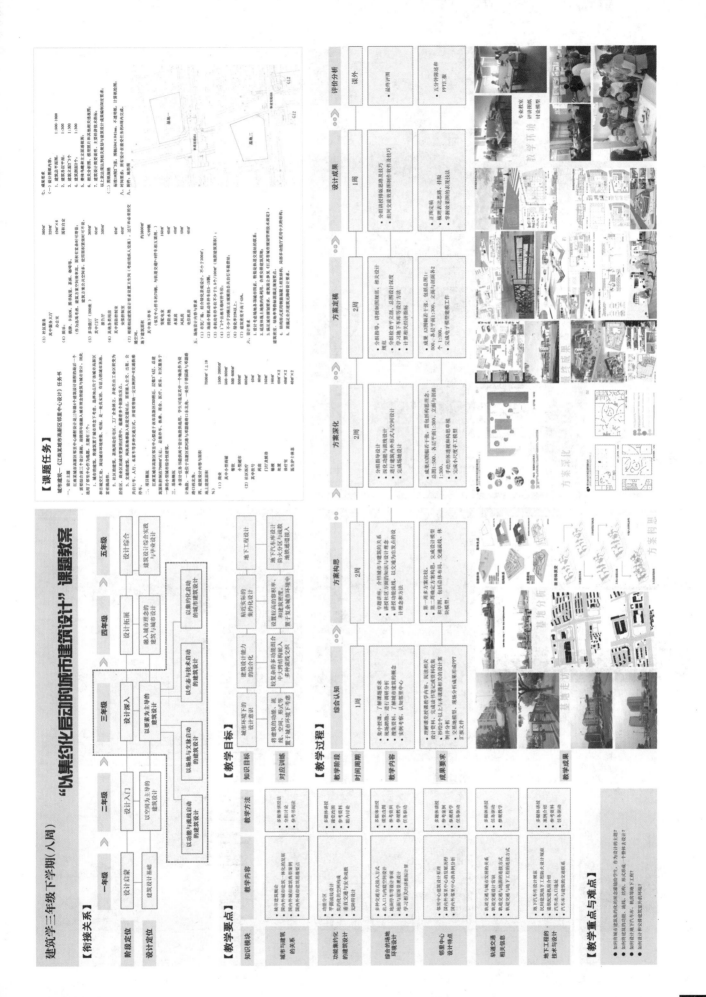

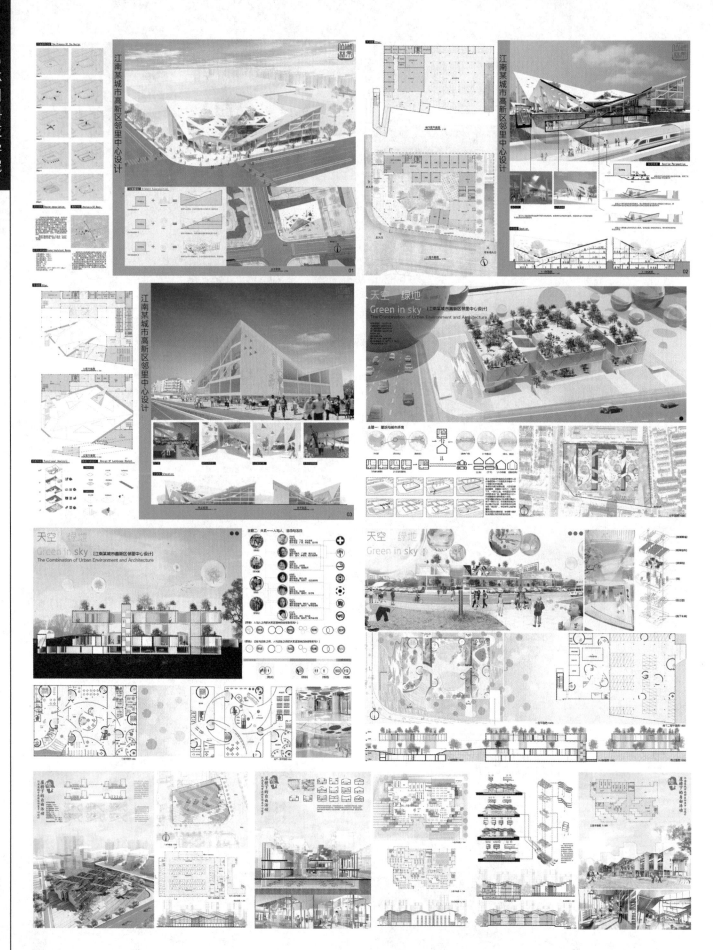

构造教学+材料研究IN设计教学——咖啡书吧设计

（二年级）

教案简要说明

　　书吧的设计一定要体现文化特色，突出"书香味"，使人感受到身边的文化气息，同时突出特色经营，根据所坐落位置的区域特点使每个书屋都具有自己独特的经营主题。

西于猫庄——咖啡书吧设计　设计者：李文爽
故事书吧——咖啡书吧设计　设计者：邓惠予
宅于老庄之中——咖啡书吧设计　设计者：谢美鱼
指导老师：谭立峰　涂有　袁思楠　胡一可
编撰/主持此教案的教师：谭立峰

构造教学 ＋ 材料研究 IN 设计教学 —— 咖啡书吧设计

1 建筑设计课程体系

一年级 建筑认知	二年级 设计基础	三年级 深化提高	四年级 拓展创新	五年级 综合应用

8周	8周	5周	11周
艺术家工作室设计	山地别墅设计	幼儿园设计	书吧设计

□ 通过理性化、程序化的教学步骤与系统训练，学习建筑设计的基本方法，了解建筑设计的基本程序，掌握建筑设计的基本原理。
　　培养准确规范制图的能力，初步掌握建筑的平面、立面、剖面等技术图纸的绘制方法，同时了解与住宅设计有关的建筑设计规范的基本知识。

□ 以现代建筑及其当代发展的"环境—空间—建构"理论为核心展开教学。引导学生通过基地分析了解场地与场所的关系，通过功能分区与人体尺度解决功能与空间的关系，通过结构体系建立材质与建构的关系。
　　训练方案的综合深入能力，图示分析表达的能力、徒手草图表现的能力以及模型辅助设计的能力。

深化建筑设计课程训练，通过理性化、程序化的教学步骤与系统训练，巩固与提高前一阶段建筑设计的训练成果，进一步了解建筑设计的基本特点，掌握建筑设计的基本原理。
　　培养规范、严谨的方案设计能力。训练学生熟悉相关建筑功能与设计规范并准确应用于方案的能力。

◎ 培养建筑细部设计意识，训练建筑构造节点设计与创新能力。

组合教学模式

　　在完成设计课程调整的基础上，对相关专业课程的安排也进行了重组整合，改变以往设计课与其它专业课分离的情况，强化相互间的衔接和连贯，各专业课程的学习与相应的设计项目直接挂钩，并选派专业课教师来直接参与设计课教学，辅助指导学生的设计学习，使所学的专业知识能够及时在设计过程中得以应用，通过知识的运用来强化知识的理解和消化。同时，在专业课程学习过程中，学生能够带着设计中的问题来听课，目的性强。

◎ 深化训练中小型公共建筑设计训练，引导学生通过基地分析了解场地与场所的关系，通过功能分区与人体尺度解决功能与空间的关系，通过结构体系建立材质与建构的关系。
◎ 学习建筑立面设计的技巧与方法，训练空间与造型的创新能力。

◎ 训练方案的综合深入能力，图示分析表达的能力、徒手草图表现的能力以及模型辅助设计的能力。

书吧设计任务书

项目阐述

² 在给定的地形内设计一个"书吧"。书吧是近些年在大城市流行起来的一种读书场所，是以全新理念打造的集书店、图书室、咖啡厅、文化沙龙、票务中心、信息平台和青年艺术家创业基地等概念一身的多功能文化复合体。经营内容除图书、音像制品销售、借阅外，还包括餐饮、展览、文化沙龙活动、演出 门票销售、创业指导等，人们可以在书吧里喝茶、喝咖啡、聊天的时候翻翻时尚杂志、流行小说，在舒缓 的音乐中放松身心。
² 书吧的设计一定要体现文化特色，突出"书香味"，使人感受到身边的文化气息，同时突出特色经营，根 据所坐落位置的区位特点使每个书屋都具有自己独特的经营主题。

基地

² 本项目选址可任选其一：1、西于庄历史街区；2、天南大交界处。用地范围见总图（图中单位：M）。

1、西于庄 历史街区
　　此基地位于天津市红桥区西于庄，属历史文化街区。红桥北大街的现代化改造，已经拆掉了部分西于庄，最后的老城在岁月流逝中渐渐荒芜。
　　要求学生方案中考虑所在地域内建筑风格、交通、以及历史文化传承等因素。

1、天南大交界处
　　此基地位于天津大学与南开大学交界处，周边环境优美。基地北侧为留园，西北侧为天大教学楼，南侧为南开大学体育场。
　　要求学生方案中考虑所在地域内不同人群特点、并充分利用周边环境。

历史街区路口处

天南大交界处

内容

² 建筑总面积：1000平方米，可上下浮动10%。
² 建筑层数：1～3层。
² 建筑功能：建筑功能应包括（但不仅限于）阅览区、自拟特色区、辅助部分、交通及其他空间等。内部的各个功能分区合理完善，基本功能齐全，注意人流的动线组织，彼此之间紧密联系，融为一体。各部分内部面积可以根据功能需要自行确定。除下面要求的基本功能外，学生可在征得指导教师同意的前提下合理增加新的功能。
1、阅览区：400㎡
阅览区为书吧主要功能区，内容包括书店、图书室、咖啡厅及茶室休闲阅览区（可与图书室合并）、文化沙龙、展览空间（举行小规模展览，可结合开放空间设计）等。各部分功能面积比例可根据设计需要在指导教师同意下合理调整。
2、自拟特色区：150㎡
自拟特色区为学生提供充分想象空间，可根据调研结果与自身设计的需要安排相应的功能空间，体现建筑设计的意图，此部分功能可与其他功能结合设计。
3、辅助部分：150㎡
a)餐厅、厨房各50㎡，可结合开放空间设计；
b)库房辅助用房20㎡；
c)办公（2～3间）60㎡、票务中心20㎡。
4、交通及其他空间：300㎡
包括门厅、中庭、楼梯、电梯、走道、卫生间等
5、其他要求
建筑内外风格处理应尺度适宜，层次丰富。色彩处理应系统整体色调柔和、亲切、明快，局部关键部位重点突出。建筑造型特色鲜明，形象突出，简洁、大气、带有高度新锐的品质，成为所在区域中的一景。
外部空间应进行一定的设计，布置绿化、雕塑、水体等景观要素。需布置不少于3～5个室外停车位（2.5M×5.5M即可）。

成果

①方案模型：不小于1:100，要求在第八周方案评图时完成。
②仪器草图：要求方案完整的仪器草图，在第八周方案评图时完成。
③方案设计图：包括全部的方案图与构造设计图，A1尺寸2～3张（在保证质量前提下可以增加张数）。
　　总平面图（不小于1:300）；
　　平面图（不小于1:100）；
立面图（不少于3个，不小于1:100）；
剖面图（选择空间变化最丰富的地方剖切，不少于1个，不小于1:100）；
透视图（人视高透视图不少于1个）；
构造设计图（选择立面最精彩的部位，完成一个自檐口至室外地坪的构造设计图，不小于1:30）

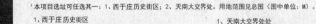

2 教学过程

组合教学模式简介

1、重构教学目的及教学要求. 我们首先将问题分解, 并循序渐近的加以解决. 将学生所应掌握的各种知识和各项技能分解转化为循序渐近的系列问题, 并渗透到设计题目中, 明确训练目的, 使 教师在教学过程和学生在学习过程中都能作到有的放矢. 第二是注重过程, 及时总结. 在分解问题的 同时, 将设计过程也划分为几个阶段, 各阶段分别训练学生所应掌握的知识, 并辅之以必要的技能训 练, 使学生在环环相扣的设计过程中不断深化设计.

2、形成相关专业课程的组合教学. 在完成设计课程调整的基础上, 对相关专业课程的安排 也进行了重组整合, 改变已往设计课与其它专业课分离的情况, 强化相互间的衔接和连贯.

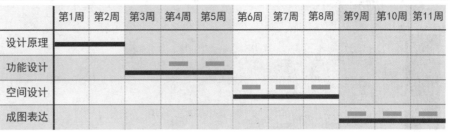

构造教学 + 材料研究 IN 设计教学

	第1周	第2周	第3周	第4周	第5周	第6周	第7周	第8周	第9周	第10周	第11周
设计原理											
功能设计											
空间设计											
成图表达											

■ 构造设计
■ 方案设计

设计原理

要求学生通过调研、案例分析等基本设计因素, 确定设计目标, 并制定详细策略. 这是设计中发现问题的阶段, 可为后续工作提供理论依据. 训练的阶段成果采用多媒体汇报的形式, 可锻炼学生的口头表达能力.

设计过程

分析背景资料 — 对书吧发展历史、现状、及未来走向进行探讨, 使学生对方案设计进行较全面的了解.

进行基地调研 — 指定调研提纲, 以小组为单位进行实地调研, 并总结基地现状存在问题, 分析交通、环境、人群等方面对基地的影响.

研究相关案例 — 参照调研结果, 针对存在问题, 展开有目的性的案例分析, 从中找到解决问题的方式、方法.

确定设计目标 — 参照调研结果, 针对存在问题, 展开有目的性的案例分析, 从中找到解决问题的方式、方法.

拟定设计策略 — 根据分析问题的结果, 在教师的指导下, 使学生确定各设计方案的设计目标.

阶段成果

以讲座与座谈形式完成, 要求教师较全面的了解书吧设计的要点, 同时指导学生的调研提纲.

要求学生以实地探勘为基础, 总结调研结果, 撰写调研报告.

以多媒体形式汇报调研成果. 内容包括基地分析、案例分析、基本构思等内容.

属一草构思阶段, 要求学生通过平面草图与体块模型的形式与教师沟通.

属一草设计阶段, 要求学生通过平面草图与体块模型的形式与教师沟通.

功能设计

学生在这一阶段开始总图设计, 并考虑功能布局、构造原理等内容. 要求学生对上一阶段提出的问题加以分析, 并用建筑语言予以解读. 为方案生成提供思路与方法. 另外, 构造课采用讲座与答疑的形式进行, 避免枯燥的教学形式, 从而激发学生的学习兴趣.

设计过程

进行总图设计 — 根据以上分析结果, 进行总平面设计, 要求学生按照各自的设计策略进行布局, 并综合考虑所提问题的解决方式.

布局功能平面 — 对书吧的各功能进行布局, 同时考虑相关规范, 以及前期分析结果, 以期达到功能与形式的完美结合.

分解设计元素 — 对方案所涉及到的每一个设计要素进行详细的解析.

了解构造原理

形成初步方案 — 通过以上课程安排, 形成初步设计方案, 建筑的总图、平、立、剖面有具体呈现, 作为下一工作的基础.

初步了解构造原理, 并通过主题讲座、问题答疑等形式展开生动的构造教学, 从而使专业课与设计课有效结合.

阶段成果

属一草设计阶段, 要求学生有完整的场地设计图纸, 对交通、流线、功能组织等表达明确.

属一草设计阶段, 要求学生有完整的平面图纸和初步立面图纸, 以草图和模型形式与教师沟通.

属二草设计阶段, 要求学生理解构造原理, 以草图和模型形式与构造课及技术专业课教师沟通.

属二草设计阶段, 要求学生有完整平、立、剖图和模型. 并进行年级组评图, 计入学生成绩.

空间设计

在上一阶段的基础上, 要求学生能很好的运用各种设计手法完善平面布局, 推敲室内外空间并提出对所提问题的解决方案. 同时, 构造进入节点设计阶段, 由任课教师与技术教师共同执掌完成, 从而形成最终设计方案.

设计过程

深化平面布局 — 进行平面布局的深化, 要求逐一解决上一阶段所出现的问题.

设计墙身大样

细化内部空间 — 丰富空间设计, 创造符合设计主题的内部空间.

深入了解方案构造, 要求学生针对各自方案立面设计墙身大样, 并了解相关建筑材料.

推敲模型细节 — 通过模型进行方案的深化与理解, 并调整外部空间设计.

设计构造节点

形成完整方案 — 综合以上各方面研究成果, 形成完整的设计方案, 要求方案已充分表达设计主题, 符合设计任务书此阶段要求. 同时考虑构造设计对建筑平立面的影响.

将结合前一阶段对构造的理解, 要求学生对各自方案进行节点构造设计, 并将构造节点细节反映到建筑方案的平、立面中, 使建筑方案与构造设计进一步结合.

阶段成果

属二草深化设计阶段, 要求学生对评图意见进行修改, 以草图、构造模型与教师沟通.

进入仪器设计阶段, 要求学生初步完成墙身大样, 并推敲细部节点, 以图纸、模型与教师沟通.

要求学生绘制完整墙身大样, 并以作业形式提交技术专业课教师, 同时深化方案设计.

属仪草绘制阶段, 要求学生有完整平、立、剖图, 及构造大样模型, 并进行年级组评图, 计入学生成绩.

成图表达

对构造设计进行全面审核, 以满足方案设计的需求. 同时, 方案成果应满足制图规范的要求. 并充分表达设计思路.

深化构造设计

深化构造设计 — 此阶段要求完善构造设计, 包括, 建筑所选材料、具体构造节点详细设计、构造大样等.

完成设计成果 — 要求设计成果是设计意图与构造设计有效结合的表达. 同时, 成果表达应满足制图规范的要求.

完成设计成果

3 作业点评

构造教学 + 材料研究 IN 设计教学
—— 咖啡书吧设计

成果一

学生作业一点评

方案关注人和猫的行为，以人与动物的关系为设计出发点，形成了两套并行的体系，同时形成了建筑内与外的关系。

方案立足于对人和猫行为的观察，同时针对不同目标进行了尺度的研究、空间原形的研究、行为的研究。两套体系偶有交流，形成了空间上的趣味点。独特的建筑形式带来了独特的结构和构造形式，设计采用独立结构体系并进行巧妙的整体组织，构造上着重对透明界面进行了表达。

	合格	优秀	
			功能结构
材料认知			模型制作
方案构思			图纸表达

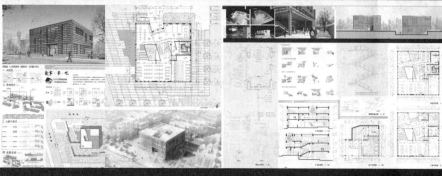

学生作业一 　西于猫庄

成果二

学生作业二点评

设计通过对基地现有交通、功能、使用人群的分析，形成了功能空间，通过纵向体系的巧妙组织形成了形体简洁、空间丰富的设计方案。

方案立足对使用者空间行为的考虑及使用者的视线分析形成了一系列空间原形，通过立体的交通及空间组织进行联系，在构造设计方面，突出了动态表皮的设计，使建筑拥有了丰富的表情。

	合格	优秀	
			功能结构
材料认知			模型制作
方案构思			图纸表达

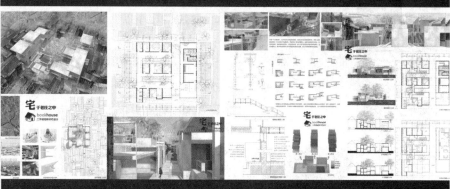

学生作业二 　故事书吧

成果三

学生作业三点评

方案采用的策略是还历史街区一条街道，结合地形，嵌入场地的肌理之中，空间单元尺度呼应场地中已有的建筑体系，同时通过单元的组合形成多种空间形态，建筑内部形成内街，与植被共同形成了亲切宜人的空间效果，突出了"宅"的主题。

在整体上形体简洁明快，设计将小尺度的空间整合到完整的方形体系中。在构造设计方面，单元体的表皮构造和交通体系成为表达的重点。

	合格	优秀	
			功能结构
材料认知			模型制作
方案构思			图纸表达

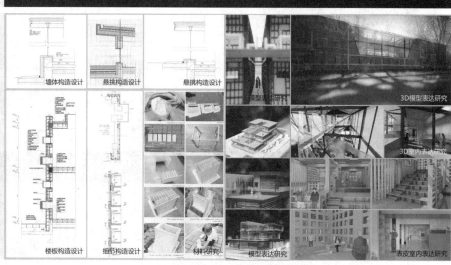

学生作业三 　宅于老庄

总体成果评价

教案教学总体成果评价

本设计教案训练核心旨在将对建筑材料的认知以及与构造教学整合在建筑设计学习过程之中，解决以往同学对材料、构造知识的学习同设计思考比较分离的问题，从而使学生建立起行为、空间、材料、建构之间的整体性设计概念。

在设计教学过程中，学生首先会根据对场地环境、使用人群的研究形成各自独特的方案发展方向，设计教师则同构造课程老师会在方案发展过程中便共同介入到教学指导中，从同学的设计构思中发现材料和构造实现的潜力，并解决相应而来的问题。在方案基本定型后，同学会根据自己的空间概念进行相应的材料研究与构造设计，绘制1:20深度的墙身构造节点大样，并进行全尺寸的真实材料模型研究。

这一实验性教学方法虽然工作量比较大，但在学生训练中取得了较好的效果，同学们不再统一抄绘同样的构造样图，而是真正根据个人的空间概念，进行真实材料尝试和构造设计。在学生成果中，我们看到了大量材料实验成果，大比例的构造模型与设计图纸。而构造层面的设计推进也使同学的建筑空间更具可读性。

墙体构造设计　　悬挑构造设计　　悬挑构造设计　　　　　3D模型表达研究

3D室内表达研究

楼板构造设计　　细节构造设计　　材料研究　　模型表达研究　　表皮室内表达研究

主题俱乐部设计——关于行为与空间的设计研究

（三年级）

教案简要说明

由内而外：由需求到建筑。课题引导学生对特定人群行为、心理、活动尺度、社会关系等进行研究，探索其与空间的对应关系，训练学生对空间的理解，培养其空间创造能力。

由外而内：由城市到建筑。根据场地所在的城市环境、周围人群的空间使用特征、场所的功能属性，将建筑作为城市的有机部分进行设计，课题引导学生营造具有积极意义的场所空间。

爱宠漫步舍——宠物爱好者俱乐部设计　设计者：周宇凡　耿玥
月亮与六便士——美术俱乐部设计　设计者：葛康宁　沈馨
飞越菜市场——跑酷俱乐部设计　设计者：邓鸿浩　张雪松
指导老师：张昕楠　王迪　辛善超　张安晓
编撰/主持此教案的教师：张昕楠

2014 叁年级设计作业教案

主题俱乐部设计 壹
——关于行为与空间的设计研究
Club Design—Research on the Behavior and Space

■ 选题背景与教学定位 Project Background & Orientation

由内而外:由需求到建筑。课题引导学生对特定人群行为、心理、活动尺度、社会关系等进行研究,探索其与空间的对应关系,训练学生对空间的理解,培养其空间创造能力;

由外而内:由城市到建筑。根据场地所在的城市环境、周围人群的空间使用特征、场的功能属性,将建筑作为城市的有机部分进行设计,课题引导学生营造具有积极意义的场所空间;

本设计旨在探讨以下两方面问题:
其一,主题行为、心理特征;
其二,城市环境的解读。

理论体系 Theory System

环境行为学:研究人与周围各种尺度物质环境之间相互关系的科学,分析物质环境对人群活动品质产生的影响。环境行为学立足于场所或环境的空间性状况,包含使用者行为、活动尺度、社会关系等方面。

环境心理学:作为环境行为学的相关领域,关注人的内在心理过程,即环境对个人知觉、认知、体验、情感产生的影响,进而影响人的行为活动,而空间则是环境主要载体之一。

案例解析1:横滨国际客运码头
案例解析2:仙台媒体中心

场所空间
外部提供人群进行活动与停留的空间,考虑人群的行为与使用,形成积极的场所空间;

场所空间
以人流的非线性运动完成对内部空间塑造——空间划分、家具的布置考虑人的行为与使用习惯,以随意自如替代刻板僵化的;

心理感受
尺度适宜,功能丰富性,有趣

心理感受
随意,放松,舒适

空间行为
注重空间与人群行为的关联关系,内部、外部空间对人行为、心理产生刺激,使空间具有活力。

建筑大师对尺度、行为及社会关系的思想与理论

Le Corbusier
● 模度理论(反映人体尺度与空间关系)
结构主义
(基于人性化设计和社会体验,尊重人体结构与社会活动结构)
Aldo van Eyck
(继承深层无意识结构,主张追求人性的、亲切的建筑尺度与形式)
Hertzberger
……others
● (基于社会性、现实性和真实性的建筑思考)
Rem Koolhaas

■ 教学目标 Target

1.认识并实践由特定人群行为向空间转化的设计过程。
行为是整个设计的出发点,空间是设计的载体,从行为特征到实体空间的转化过程中,二者的对应关系是判断设计概念是否成立(即选定人群的行为是否跟建筑空间有必然联系)的关键环节。

2.掌握专项设计研究的基本操作方法。
尝试将所学的艺术、历史等理论学科知识转化为建筑设计与分析的技能。在设计研究的过程中,对特定人群的行为、关系、心理等进行研究。

3.掌握城市环境分析与研究能力。
分析建筑所处城市环境,将建筑作为城市的有机组成部分进行设计。深入理解周边环境人群对于该区域的使用方式,并将城市环境与建筑环境进行结合设计。

设计教学知识点体系 Knowledge Framework

行为心理研究 Behavior Psychology
→ 人群对象选定 Object Selection
→ 人群行为抽象表达 Spatial Diagram

空间类型研究 Space Typology
→ 空间原型与组织 Prototype Organization

城市环境研究 Site Analysis
→ 基地周边的建筑环境 Construction Enviroment
→ 基地区域的人群对象 Throng Object
→ 基地区域的人群行为 Behavior

图解推演 空间概念 Diagram

建筑的体量处理 Volume

→ 行为的空间 Space Affordance
→ 功能流线 Function
→ 建筑的表皮与内界面 Skin & Interface

建筑设计成果 Design Output

■ 题目设置 Project Assessment

题目设定及功能要求 Project Description & Functional Requirement

该题目为针对特定人群的主题活动俱乐部设计,以满足人群活动、交流、展示、休闲等综合功能,总建筑面积为3000㎡。各部分内容如下(具体功能内容及面积可根据方案需要进行调整):

1.活动室若干:800㎡。可根据设计集中设置与单元布置;

2.展览空间:不小于500㎡。可考虑以大空间为主;

3.休闲空间:400㎡。供人们相互之间交流洽谈;

4.特色空间:500㎡。反映设计概念及设计主题,也可按所选对象产生的功能图解融入其它功能空间中;

5.其他空间:200㎡。包括少量管理用房、餐厅、休息室、卫生间等辅助房间;

6.交通空间:根据需要自行设置。

成果要求 Design Output

1.应用图解反映相应的设计概念;
2.总平面图。总平面图包括周边道路、附近建筑肌理;
3.各层平面图,首层平面体现周边场地环境设计;
4.表达设计概念的立面图与剖面图;
5.效果图与手工大模型:包含推敲设计的过程模型,清晰表达空间与设计概念。

基地介绍 Site Introduction

基地位于天津河北区的旧城区内,毗邻天津美术学院。基地周边是1到2层砖结构传统居民区,伴有商铺集市,街巷生活氛围浓郁,人群相对复杂。

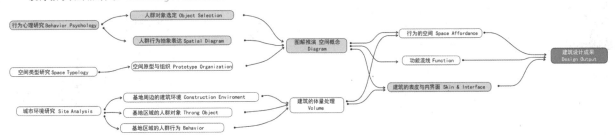

2014 叁年级设计作业教案

主题俱乐部设计 贰
—— 关于行为与空间的设计研究
Club Design—Research on the Behavior and Space

■ 教学内容与时间安排 Teaching Content and Schedule

时间		教学流程与安排		教学要求	教学记录
Week1	Mon	任务书讲解	讲座一：俱乐部案例阅读	场地现状模型 1:500	
	Tue	案例研究	阅读研讨	PPT汇报文件	
	Wed	基地调研	制作基地模型		
	Thu	汇报俱乐部案例研究及调研成果	讲座二：环境行为学	体块模型	
	Fri	环境行为学历史理论及案例	分析人群行为需求	概念图解及模型 1:500	
	Sat	分析人群行为需求		PPT汇报文件	
	Sun	汇报调研结果	确定俱乐部主题		
Week2	Mon	建筑体量研究与设计	讲座三：Trees & Affordance	图纸要求	
	Tue	建筑体量研究与设计		概念图解	
	Wed	建筑体量模型提交	小组讨论设计与修改	总平面图纸 1:400	
	Thu	初步设计	方案修改	各层平面及建筑剖面图 1:200	
	Fri	初步设计		模型要求	
	Sat	初步设计		场地设计模型 1:400	
	Sun	组内一草汇报	中期评图	方案模型 1:200	
Week3	Mon	方案评改	深化设计	方案深化草图	
	Tue	讲座四：从概念图解到设计生成	深化设计	概念图解及模型 1:500	
	Wed	深化设计		建筑体量模型	
	Thu	深化设计		建筑表现模型 1:200	
	Fri	深化设计			
	Sat	深化设计			
	Sun	深化设计			
Week4	Mon	组内二草汇报	方案评改	成果表现图纸	
	Tue	深化设计		总平面图 1:400	
	Wed	深化设计		平面图 1:200	
	Thu	深化设计		剖面图 1:200	
	Fri	深化设计		立面图 1:200	
	Sat	深化设计		表现模型 1:200	
	Sun	深化设计		概念模型	
Week5	Mon	绘图制作			
	Tue	讲座五：设计表达的图学	绘图制作		
	Wed	绘图制作			
	Thu	绘图制作			
	Fri	绘图制作			
	Sat	终期评图			
	Sun	组内方案点评			

■ 教学方法与特色 Teaching Method and Special Features

注重以图解方式推动设计深化
Diagram Thinking

利用图解提高学生在学习过程中设计发展的逻辑性与清晰性。图解可以通过草图、模型、PPT等多种方式进行表达。图解的连贯性作为设计过程评价的核心。图解在最终图纸表达过程中需要完整体现。

尺度探讨 SIZE

行为探讨 BEBAVIOUR

利用概念模型进行方案表达与空间深化
Concept Model

为促进学生概念的表达以及与教师的沟通，鼓励学生制作概念模型进行建筑内部空间的深化推敲。概念模型作为建筑发展的过程需呀在最终评图过程中进行呈现，从而强化学生的过程性思考。

团队教学 Team of Teachers

教师根据自身研究方向组成教学团队，从而为学生带来多视角的评价观点，激发学生逆向思维，鼓励学生探讨设计的更多可能性。

集体评图、客座评审 Guest Reviewer

教学组在整个教学过程中进行多次评图。其中包括组内评图与跨组横评。从而锻炼学生设计表达能力，并获得其他组老师的指导意见。在终期评图中，聘请知名建筑师作为客座评审参加设计点评，从而使学生能与设计师产生更多互动与交流。

2014 叄年级设计作业教案

主题俱乐部设计 叄
——关于行为与空间的设计研究
Club Design–Research on the Behavior and Space

■ 优秀作业点评 Evaluation

学生作业一
作业点评

爱宠漫步舍——宠物爱好者俱乐部设计

方案关注人与动物的行为，以人与动物的关系作为设计出发点，通过对其行为差异的观察与分析找到切入点，探讨适合人与狗的模数尺度问题。创造空间原型，在场地上进行了一系列"围绕"等行为模式的探讨。方案体现设计者对生活的观察和空间的发现，将日常行为演绎为丰富的形式与空间。

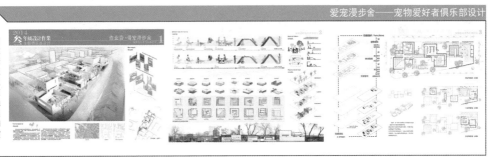

学生作业二
作业点评

月亮与六便士——美术爱好者俱乐部设计

设计通过对基地现有人群的调查分析，发现三种行为模式并挖掘其空间属性，思考场地的现实关系，将活动层次分为三类。三个行为的公共空间逻辑清晰，人群与空间吻合。方案体现出设计者对基地的深刻理解和扎实的空间表达能力，概念策略与基地结合深入，空间处理手法富于表现力度。

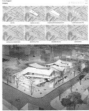

学生作业三
作业点评

飞越菜市场——跑酷爱好者俱乐部设计

方案将跑酷运动中的行为引入俱乐部建筑内，利用简单元素的组合创造出丰富的特色空间。建筑逻辑清晰，并运用大量的空间图表对行为与空间的关系进行了细致的分析。基地不同人群在此交汇，创造交流机会和可能，在平常空间里发生着不一样的故事。设计扣题明确，空间手法直白强烈，表达方式别出心裁。

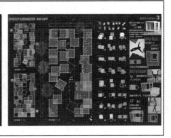

■ 设计作业综述 Summary of Design Results

类型	运动主题	多者关系	艺术创造	情绪心理
具体内容	1. 运动活动的空间与场地要求； 2. 运动行为的尺度； 3. 运动行为对建筑形体的要求。	1. 人与人之关系 (1)人群社会关系 (2)观察者视角 2. 人与动物之关系 (1)动物行为 (2)人与动物亲疏关系	1. 艺术创造活动的社会性、外部参与性与场地的关联； 2. 艺术创造活动对空间的要求；	1. 空间对心理行为的影响； 2. 空间序列对心理行为的影响；
侧重点	行为空间	尺度、关系	行为空间	心理空间
设计作业分类	I:跑酷爱好者俱乐部 II: 轮滑爱好者俱乐部 III:骑行驿站 IV:攀岩爱好者俱乐部	I: 亲子俱乐部1 II: 宠物爱好者俱乐部 III:追逐的目光(亲子俱乐部2)	I:美术爱好者俱乐部设计 II:Village of Instruments III: 版画爱好者之家 IV:泥塑广场	I:Treehole II: 孤独者俱乐部

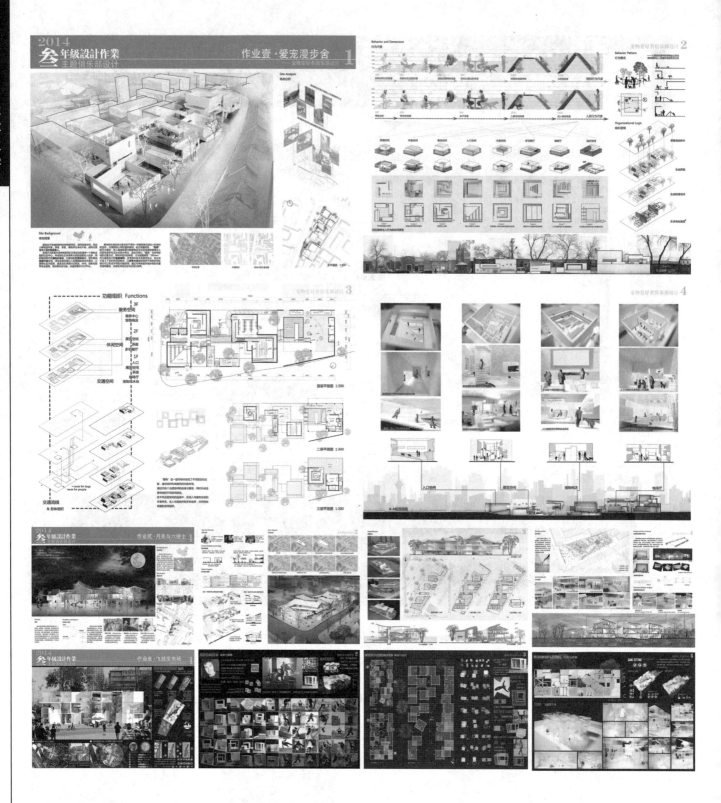

天津大学

城市外来者的场所

（三年级）

教案简要说明

外来人口居住在城市中，为城市常住人口提供服务。然而他们的生存状况，生活空间的质量和实际生活需求却少有人关注。本设计选题以城市外来者的场所为关注焦点，鼓励学生通过细致的观察生活和了解关注对象的实际需求，来为城市弱势群体提供更好的生活空间。关注的对象包括：吃住在简易工棚中的建筑工人、整日劳作于菜市场的小商贩、来城市追梦而居无定所的草根艺术家，以及伴随父母迁居城市的外来务工人员的子女等。这些城市外来者们虽被视作流动人口却长期生活于城市中，并为城市的发展付出了巨大的贡献。他们的生存状态各异，然而其共同的需求是在城市中获得稳定、舒适和可支付的工作、生活和休闲的场所，并以此为基础获得本应属于他们的，有尊严的生活以及与城市居民平等交流的机会。

针对上述问题，本次专题设计设定为"城市外来者的场所"，要求：

通过调查，研究一种外来人群的特定需求及其与城市生活的关系；

根据调查结论，为上述人群设计一个工作、生活或休闲的场所；

通过恰当的设计方案和适宜技术策略，创造怡人的场所环境；

鼓励使用量化分析和数字技术手段，获得优化的设计方案。

一、教学目标

培养学生对城市生活的观察和思考能力，提高社会关怀的意识。

培养学生将社会需求转化为城市和建筑设计构思的能力；

帮助学生建立社会、环境和文化相结合的可持续建筑观；

培养学生综合运用专业知识，结合数字化分析方法，提出适宜性技术方案的能力。

二、题目概略及功能要求

题目的设置引导学生思考建筑与城市、建筑与环境的关系，要求学生对城市空间的现状问题进行反思，关注特定场所中的人和事件，创造有生命力的建筑空间，并利用有效技术手段和工具，寻找适宜技术方案，使设计具有可实施性。

学生可自由选择建筑类型，并根据所提出的设计概念自拟任务书，建议规模为1000 ~ 3000m²。

具体空间功能的设定要求紧密围绕所选的特定城市外来者人群的实际生活需求，并体现一定的前瞻性和创新性。

三、成果要求：

建筑形式生成分析图
建筑环境设计策略分析图
建筑材料和构造体系分析图
总平面图；平、立、剖面图；外观和室内表现图；模型

光与社区动态市场 设计者：肖楚琦 史凌
建筑工人工棚设计 设计者：张艺凡 刘姗汕
艺术家光工厂 设计者：王莹莹 孙袭明
指导老师：许蓁 杨崴 王志刚 孙璐
编撰/主持此教案的教师：许蓁

城市外来者的场所
Place for City Immigrants

天津大学

■ 选题背景

外来人口居住在城市中,为城市常住人口提供服务。
然而他们的生存状况、生活空间的质量和实际生活需求却少有人关注。
他们,是城市里被无视的隐形人……

本设计选题以城市外来者的场所为关注焦点,鼓励学生通过实地调研来细致的观察生活和了解关注对象的实际需求,为城市弱势群体提供更好的生活空间。

这些城市外来者们虽被视作流动人口却长期生活于城市中,为城市的发展付出了巨大的贡献。他们的生存状态各异,然其共同的需求是在城市中获得稳定、舒适和可支付的工作、生活和休闲的场所,并以此为基础获得本应属于他们的,有尊严的生活以及与城市居民平等交流的机会。

■ 教学目标

- 培养学生对城市的观察思考能力,提高社会关怀的意识
- 培养学生将社会需求转化为城市和建筑设计构思的能力
- 帮助学生建立社会、环境和文化相结合的可持续建筑观
- 培养学生综合专业与数字化,提出适宜性技术方案的能力

■ 课程特色

针对上述问题,本次专题设计题目设定为"城市外来者的场所",强调三个要点:

- **社会调查**
  深入设计对象生活环境进行实地调查,同时收集相关数据资料。

- **图解思考**
  对调查数据进行图解分析,研究一种外来人群的特定需求及其与城市生活的关系,引发设计思考。

- **方案生成**
  通过数字化分析和建模手段,获得优化的设计方案和宜人环境。

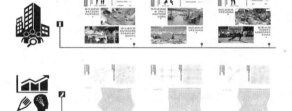

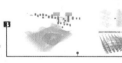

■ 教学流程

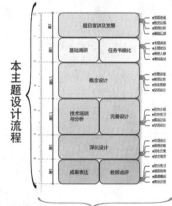

本主题设计流程

三年级设计课程架构

■ 题目概略及成果要求

选址及功能建议

题目的设置引导学生思考建筑与城市、建筑与环境的关系,要求学生对城市空间的现状问题进行反思,关注特定场所中的人和事件,创造有生命力的建筑空间,并利用有效技术手段和工具,寻找适宜技术方案,使设计具有可实施性。

学生可以自由选择建筑类型和基址,根据设计概念自拟任务书,建议规模1000-3000m²。具体空间功能的设定要求紧密围绕所选的特定城市外来人群的实际生活需求,并体现一定的前瞻性和创新性。

成果要求及评价标准

成果要求:
- 建筑形式生成分析图
- 建筑环境设计策略分析图
- 建筑材料和构造体系分析图
- 总平面图;平、立、剖面图;外观和室内表现图;模型

评价标准:
- 所关注的问题真实合理、具有一定的代表性和社会意义
- 概念紧密贴合设计问题的提出,建筑空间和功能组织合理
- 所选取的技术手段能恰当的辅助概念的深入和方案的优化
- 图纸表达能准确切中设计要旨,图面清晰,体现设计功力

■ 教学内容与时间安排

教学阶段	教学流程与安排		教学成果与记录
基础调研和任务书拟订 2week	Teachers	专题讲座一：社会调查与设计构思方法 专题讲座二：建筑与参数化 讨论：主题与定位	PPT汇报文件 基地模型1:500 专题调研报告和图表 详细任务书
	Students	调研某城市外来人群及其特定需求； 具体选题任务书深化； 选址和基地模型制作、案例分析	
设计定位与构思 1.5week	Teachers	讲座三：可持续设计 讲座四：案例研究 概念图解讨论	概念图解 草图模型1:500 第一次汇报：PPT + 草图 + 模型
	Students	提出设计核心概念； 城市与建筑空间设计	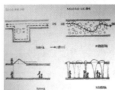
技术培训和分析 1.5week	Teachers	软件介绍与练习：Rhino/Grasshopper/Ecotect 算法讨论 技术策略改进与优化	技术策略分析图 体量模型1：200 局部放大草模 总图1：500、平、剖面图 1：200 第二次汇报：草图 + 模型
	Students	根据设计目标设定参数和算法； 提出可持续设计技术策略	
深化设计与完善 1week	Teachers	讨论各专项设计 案例讲解	从概念到方案生成的图解 表现模型1：200 平、立、剖面图 1：200，局部大样1：50
	Students	深化方案； 根据设计主题完成技术细节设计	
设计表达和成果制作 1week	Teachers	表现方法指导 成果汇报和点评	总平面图1:500, 平、立、剖面1：200 表现模型1：100 技术分析图 方案生成过程图解
	Students	渲染和表现图； 模型表达； 排版制作； 方案图纸	

■ 教学方法

注重社会调查和图解分析
Social Survey and Diagram

通过观察记录、访谈、统计分析等方法，了解和分析特定城市外来人群的生存状况及需求，提出具有社会关怀的设计构思和方案。

培养和鼓励学生通过研究图表、概念图解和形体空间图解，以图解的方式完成建筑设计与技术优化的逻辑推演，推进方案构思和深化。

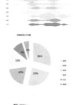

以数字技术辅助方案生成和优化
Optimization with Digital Techniques

辅导学生采用参数化设计软件和建筑物理环境模拟软件，对关键设计参数进行优化，推导出美观、高效的设计方案。本作业突出任务导向型的方法，用多样化的小工具解决局部的设计过程，最终由学生总结出实现个性化方案的技术路线和流程。

追求低造价的可持续设计
Low-cost Sustainable Architecture

帮助学生建立社会、环境和经济优化统一的可持续建筑观。引导学生通过通过被动式设计策略改善建筑的采光、通风和保温隔热性能，同时创造富有表现力的建筑形体和空间。建立低造价适宜技术观念，避免盲目堆砌高科技绿色建筑设计手法。

通风保温设计
THE VENTILATION AND INSULATION DESIGN

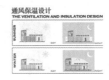

团队教学和开放评审
Team Teaching and Open Reviewing

本题教师研究专长包括参数化设计、社会调查、可持续建筑设计方法、建筑生命周期评价等，为学生带来多方面的知识结构和评价视角。

教学组多次邀请学院教师以及国内著名建筑师参与评图，锻炼学生的表达能力，而且为学生提供了与优秀设计师互动和交流的机会。

天津大学

作业点评

学生作业一
作业点评:

方案利用带有种植大棚的居住模块,恢复原有种植技能,重塑邻里空间;打破民工和城市人之间的樊篱——工地广告牌或是围墙,将其变成集装箱组合成的沿街服务设施,构建良好的农民工和城市人沟通交流渠道;采用低造价生态策略,通过对工地废弃物品改造、收集雨水、绿植降温、生命周期的节能优势等策略,来改善民工生活条件并为民工家属提供潜在的就业机会。

民工之家:可移动工地农场

光与集市:社区动态市场

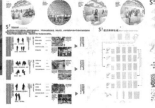

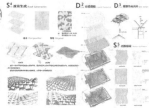

学生作业二
作业点评:

方案着眼于居民区附近的流动小贩的活动,通过观察总结购买行为和摊贩聚集形态的时段性,提出一种动态的自由贸易市场模式。该市场聚集流动摊贩,通过参数化手段使其光环境随时间变化,适应一天中不同时段的购买行为特点和摊贩聚集形态的变化。将购买行为、摊贩聚集形态、光环境三者紧密结合。

小贩的活动与居民一天生活在此融合,成为社区中一活力中心。

学生作业三
作业点评:

基地位于大量外来务工人员子女活动的聚集地,方案从儿童的活动尺度出发,根据不同的活动类型设置形态相同但尺度各异的空间。正置与倒置的两类体量在空间上形成三类活动界面,其中一些专属于儿童尺度的活动场所,在方便务工的家长监护的同时营造出让儿童的秘密天地,悬挂的体量则可以满足儿童攀爬的活动需求。同时根据不同的气候利用可移动墙体灵活设置冬夏不同的平面策略,创造出一做新颖的儿童活动中心。

儿童之家:外来务工者子女活动中心

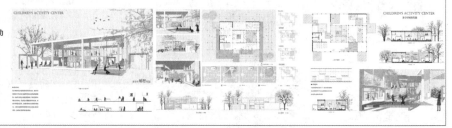

外来艺术家工厂

学生作业四
作业点评:

设计策略为以工厂原有结构单位为基础,垂直方向上插入工作室,分割围合形成多种公共功能空间,不同使用空间在视觉和空间上的渗透,使得展览、交易、创作、生活等多种活动可以同时在这座建筑的不同部位发生,各种不同使用方式可以通过不断的渗透和交叠诱发出新的使用方式,并以此编织成新的城市聚落形式。

同时利用光反射原理,利用上部空间形成多个反光板,求得下部空间的匀质光环境。

学生作业五
作业点评:

方案意图解决外来务工人员的居住以及改善其居住环境的问题,探讨外来人员在城市公共空间临时居住的可行性。以城市公园中的小型森林为基地,在兼顾森林景观不被破坏的前提下,运用参数化设计的技术手段保证其适宜的光照,同时考虑对于森林区块边缘城市中行人视线对区域的私密性的影响,并根据生成的区域,利用voronoi图形自动生成路径。不足之处在于从区域到单个建筑之间的设计逻辑不够严谨,略显粗糙。

城边林栖——外来务工者临时居所

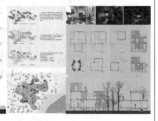

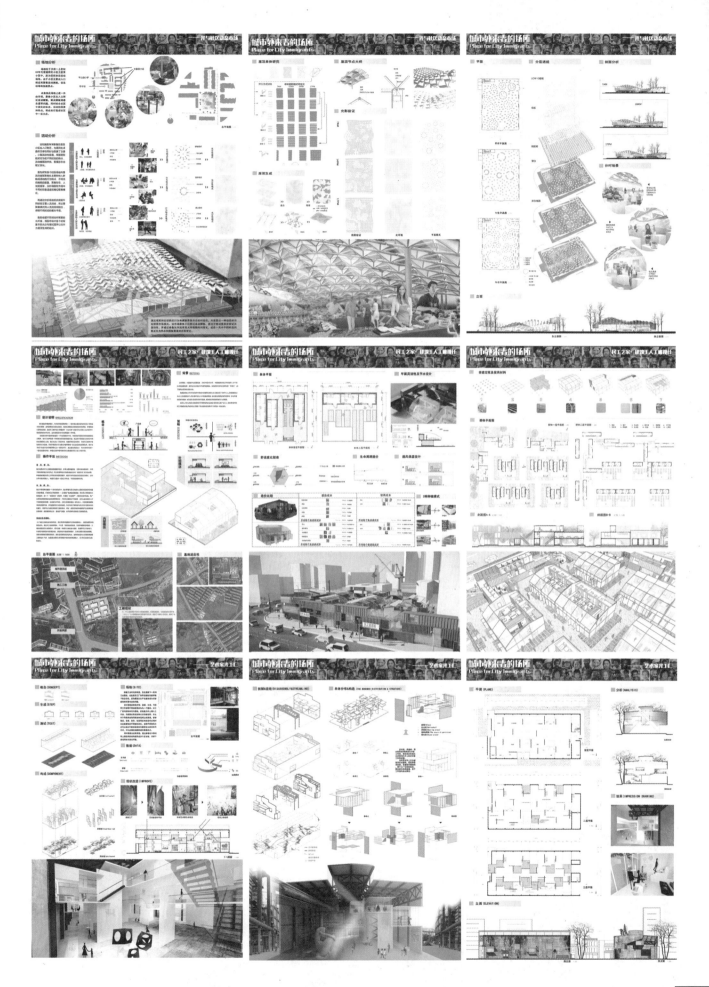

建筑生成设计基础系列教案

（二年级）

教案简要说明

1.教学目的——建立以"生成"观念为核心的设计方法论

同济大学建筑学基础教学的主要目标是：以建筑本体论为基础，以建筑设计方法论作为核心来建构教学活动。同济的建筑基础教学是全国最早采用现代设计观念和方法的学校之一。然而，随着社会的发展和观念的变迁，当代的设计观念已经从强调"同一性"向追求事物的"差异性"转化，设计的方法也从"构成"开始向"生成"转变。

2.课程计划——生成设计系列课程设置及上下衔接关系

"生成设计"和"构成设计"在教学中相辅相成。

同济大学基础教学的"生成设计"和"构成设计"采用成对布置的原则。如在第1、2学期分别设置了《立体构成》和《形态生成》；在第3、4学期又分别设置了《建筑生成设计》和《建筑设计》，在第4学期仍保持了以"构成"为主的《现代设计方法》和《参数化数字设计》并存的格局。这种"构成设计"与"生成设计"成对出现的课程设置，既保留了现代设计的特点，也融入了新观念下的生成方式的探索，两者彼此参照，相辅相成，可谓同济基础教学的一大特色。

3.教学内容——生成设计方法

系统要素：生成设计首先由生成要素构成，根据建筑不同的分解方式，以及差异性的原则，我们可以将生成要素分为以下四种类型（1）"同类分块"的生成要素；（2）"异类分块"的生成要素；（3）"同类分层"的生成要素；（4）"异类分层"的生成要素。

4.教学过程——生成设计过程

由于生成是由"规则衍生"和"性能表现"两个因素主导的设计过程，因此，生成设计其实是一个受限的生成过程，为此，我们可以将生成设计定义为："差异性的生成要素"在"性能驱动"下，通过建立"关联规则"，衍生出"建筑形态"的过程。

5.设计表达与教学总结

生成设计的成果表达方式不同于一般的构成设计，因其设计的过程优先于设计的结果，因此，在最终的设计表达上，除了传统的平、立、剖面外，我们更多地要求绘制设计过程中的"图解"。"图解"（diagram）作为一种"抽象的机器"，它包含了建筑中各种不断发生的功能和活动，同时，由图解发展出的各种组合是空间中可以随时适应新情况的临时抽象物，所以，在本质上，"图解"不是一种物（thing），也不是我们看到的"图"（picture），而是一种"图示"，一种对建筑所包含的各种元素之间潜在关系的描述，一种反映事物运转方式的抽象模型。

（因篇幅所限，本教案有大幅删减。）

基于水平维度的空间生成——江南茶室设计（未知茶室） 设计者：陈翊怡
基于竖向维度的空间生成——现代艺术展示馆设计（折叠·流动） 设计者：李泰凡
基于多向维度的空间生成——大学生活动中心设计（邂逅） 设计者：陈翊怡
指导老师：戚广平 俞泳 张建龙 赵巍岩 孙彤宇 章明 岑伟 李彦伯 华霞虹 王珂 张雪伟 关平 陈镌 董屹 周明浩
编撰/主持此教案的教师：戚广平

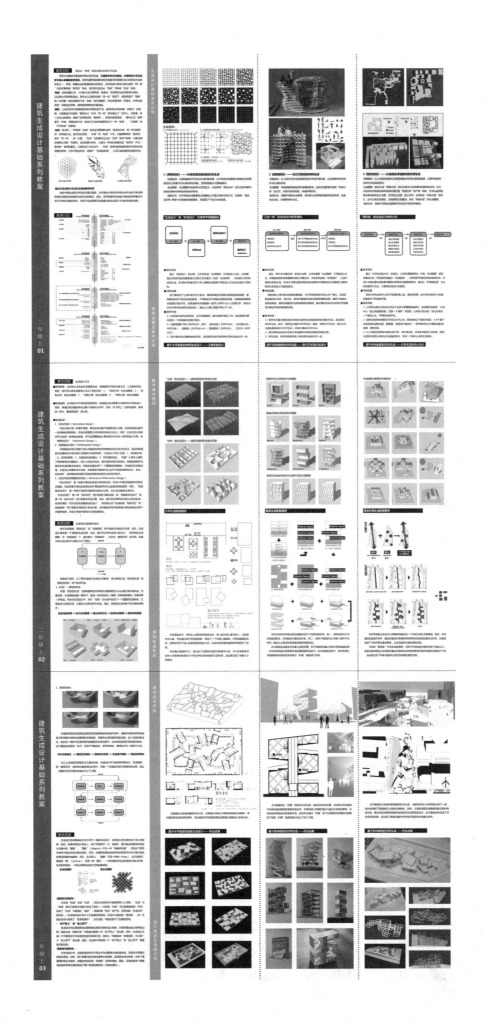

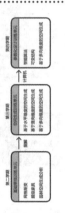

建筑生成设计基础系列教案

二年级 上 01

教学目的

作为以"生成"观念为核心的设计方法论

建立以生成设计方法为主导的教学体系

教学计划

生成设计基础单项训练

1《网格演变》——以机械感知驱动的形态生成

生成规则：

2《建筑聚集》——以片子为驱动的材料生成

3《群体空间》——以床线及床体驱动的群体空间生成

"三位一体"的生成设计教学结构

"生成设计"和"构成设计"在教学中相伴相成

课程设置及教学计划

"两阶段"的生成设计教学计划

基于水平维度的建筑生成设计——江南庭院生成设计

基于多向维度的空间生成——现代艺术展示前生成设计

基于多向维度的空间生成——大学生活动中心设计

STUDIO

LECTURE

FIRST SEMESTER

SECOND SEMESTER

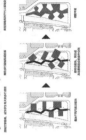

场地环境生成教案图例

垂直生成教案图例

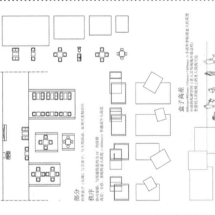

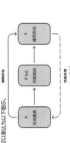

水平生成教案图例

教学课件图例

原型生成阶段

教学内容 生成设计方法

■系统概要：生成设计首先由生成要素构成，根据建筑的生成方式，以及发挥性的原则，我们可以将生成要素分为以下四种类型：1. "同体分体"的生成要素；2. "异质分体"的生成要素；3. "同类分层"的生成要素；4. "异类分层"的生成要素。

■系统逻辑：生成设计并不强调系统的结构，而是通过生成要素之间的相互作用组成小秩序。两者以相互叠加如加工出系统的大秩序，形成"自下而上"的系统逻辑，体现出一种从"离散到聚合"的过程。

生成机制

1. 生成式设计（Generative Design）：
生成式设计是一种基于规则的设计过程，即生成或设计基于规则的设计定义。这些规则先是基于一些明确的逻辑关联，并由此生成要素之间的关联性来自行定义。
还可以包含一些参数设定，以生成相应的设计方案，如"参数化设计"（Parametric Design）。

2. 性能动态设计（Performative Design）：
性能驱动设计中的数学模型和科学计算是对设计对的行为进行设计时的方法，是运用系统优化和技术来求对设计过程进行评估和评估对，它也可以下设计方面，1. 材料的分布了传统静态的设计定义。他以人的动态态参。它也强以下对动，性能化建设的状态必须，取决以感知好作为系统化理性评定义，形式。在生成式设计中性能扮演了一个重要的状态角色，如果建筑考察能过定义。

3. 性能式结合的能动态设计（Generative Performative Design）：
生成式设计是一种基于规则的自身进行着演化的过程，在设计中具有创造造新形态的巨大潜能，但这来自于规则向身演化好了展的动因转动力这自我演化的属性。同时，"性能驱动式设计"是一种基于系统优化的设计过程。它又反应在建构的环节中，以"由内向外"进行系统开展的过程，其"生成式结合"了两个要素各自身的动因。另一自我反应是两种对生成式设计的方式结合起来。这种结合建筑将自身系统好好的状态开展。性能驱动的"形态所面"和"性能驱动"则是一种"由内向外"进行系统开展的过程，其关系模型对化理性设计演进性就充分地体现出形态系的相关特色。

教学过程 从原型生成到原型演化

由于生成设计强调"规则好生"和"性能演变"两个因素主导的设计过程，因此，生成设计的好程为了更好好地进行生成设计过程设计以及建立其的关联模型，我们将其好分为"原型的生成"和"原型的演化"两个阶段好开。

1. 阶段一：原型的生成

所谓"原型的生成"主要是建筑的原始各生生成要素的定义以及关联的建立，也就一些特定义义好因素子。我们可以将这好生成义义了"关联规则"的过程，然后建立"关联规则"的设计，后生成出"建构形态"的过程。它既是好法生成设计，又是设计好结果的好标化。由于"性能"在生好设计中扮演了一个重要的好色，因此，原型好生成好部为下列好原理与过程好开：

设计性能参数→定义生成要素→建立关联方式→形态生成规则→建构系统逻辑

建筑生成设计基础系列教案

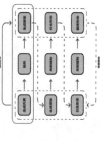

此方案最终以人造结构机能的形象方式出现，与城市环境十分好好的结合而形成了供保护的倾向了用阻隔建筑之间的空间联系，同时，又使得墙体随周围的生成而成了学谐关系，通过学生对建筑物倾向的设定和外与墙之间的阻隔设计。此方案很好的达成了对学生在初期所形成的抽象动力结构。

基于多角度的空间生成——作业成果

此方案最终以"折叠"的形象方式出现，在空间和相互的折叠中，学生养不可能出现不同的倾向在现的倾向性关系，并由此生成新形的建筑环境。欣赏到通过建筑虚拟良好的倾向环境中，"折叠"这个生成原型在交换的比较动不拥挤"折叠"角度阴阳的作生了了各个方案。

方案最终是以水量生的形态而出现，方案通过立体各之间隔的短期集最成整体，一眼以建立起包含各生统种区与功能影隔的绞阳集用的倾向设计并反映出来。

基于受角度的空间生成——作业成果

基于水平集度的规划恐生成设计——作业成果

设计定位

原型进化阶段　　　　　　设计表达及课程总结

2. 原型的演化：

教学总结

生成设计与构成设计

成果性表现图

造型性与网络性

"自下而上"和"自上而下"

随时性与复杂性

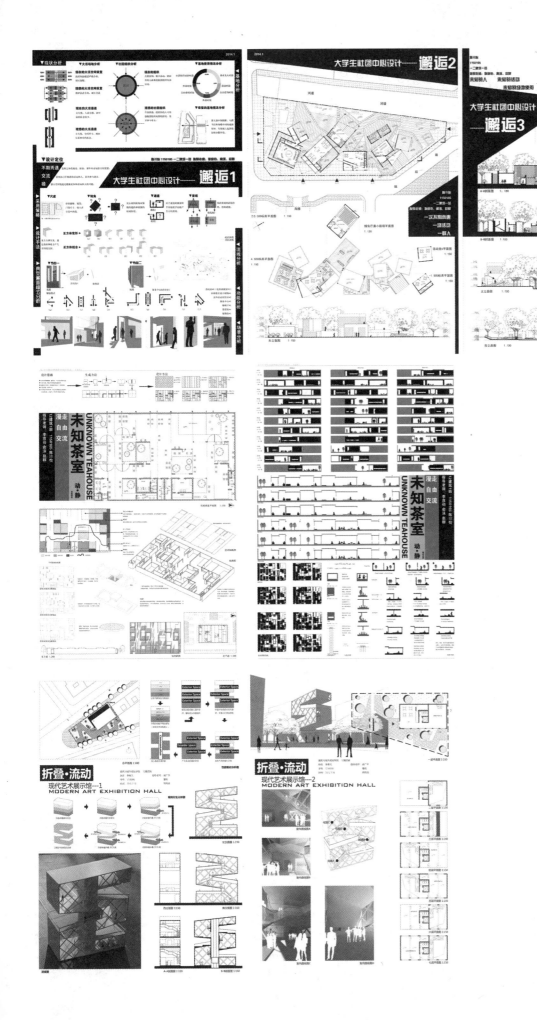

从图解到建造——从建筑本体和数字化工具出发的设计

（三年级）

教案简要说明

历史街区的建筑如何与文化中心设计要求的未来性进行衔接，从建筑设计的着手点是文脉，环境，还是建造与材料？我们的课程题目设计初衷即从上述问题着手，解决学生在设计的过程中面临的问题，加强学生从特定角度着手深入解决问题的能力。

一、教案目标定位

1. 针对建筑与环境，建筑本体空间逻辑的训练
2. 将使用数字工具和图解分析工具的设计方法体系介入到教学内容中

二、教学核心内容

1. 建筑与几何——从几何角度思考建筑
2. 建筑与原型空间——以原型空间作为建筑设计的出发点
3. 图解建筑系统——图解的方式进行系统的设计思考
4. 建筑与环境关系——从认知环境和思考环境出发使建筑与环境之间建立深层逻辑
5. 数字建造图解——用图解方式指导建造

三、教学训练目标

1. 数字工具与思维——基于数字工具的新思维方式给设计教学带来的大量可能性
2. 图解分析与思维——掌握图解思考工具，培养学生逻辑思维
3. 数字建造与实现——强调建筑的建构逻辑和可实施性
4. 综合协调与表达——将多元统筹协调及准确传达

四、教学训练手段

1. 几何研究——以小型空间装置探讨几何研究成果
2. 城市材料采样——由对材料的认识引发对建构的思考
3. 图解城市环境——训练学生对城市阅读能力及具象抽象转化能力
4. 原型生成分析——提取抽象前期思考结果并转化为几何原型
5. 图解建筑功能与结构——清晰表达功能图解及结构图解
6. 节点设计与数字建造——运用新建造工具辅助设计教学

五、教学时间安排

原型研究（5周）——以快题的形式在5周内分别从文脉，形式与材料这几个方面着手进行研究，得出的成果可以为后期建筑设计的深化提供思路和原型。

方案深化（8周）——根据前一个阶段的研究成果，在对建筑功能流线等分析的基础上对建筑方案进行深入设计，方案要能对基地所处的环境等进行积极的回应，并满足建筑的各项基本要求。

建造与材料（4周）——从"纸上建筑"落实为可以建造的实体离不开对建造与材料的关注，而随着数字技术的发展，传统的技术已经不能满足建筑师对建造的要求。我们将利用5周左右的时间进行五轴cnc，机器人等先进的辅助建造的工具的学习，并利用所学知识对建筑方案进行构造设计。

未来博物馆设计——折·束 设计者：傅荣
未来博物馆设计——内外之间 设计者：毛宇俊
未来博物馆设计——裂·变 设计者：王祥
指导老师：袁烽
编撰/主持此教案的教师：袁烽

从图解到建造

从建筑本体和数字化工具出发的设计与教学方法

三年级未来博物馆设计教案 1

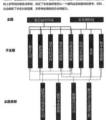

教案的目标定位
教案的主题设定

教学的核心内容
教学的训练手段
教学的训练目标

从图解到建造

从建筑本体和数字化工具出发的设计与教学方法

三年级未来博物馆设计教案 2

场地设置
教学要求
教学安排

设计成果
教学安排

从图解到建造

从建筑本体和数字化工具出发的设计与教学方法

三年级未来博物馆设计教案 3

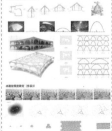
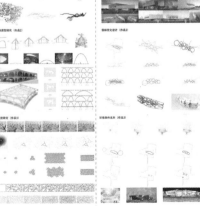
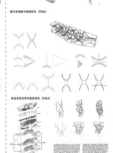
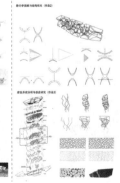

从图解到建造

从建筑本体和数字化工具出发的设计与教学方法

■ 教案的目标定位

1 针对建筑本体、建筑本体逻辑的训练

在教学体系中，首先关注建筑本体的突破，展示对设计方法论在教学上与传统教育方法论上的创新，关注对社会问题的明智有一定的批判性。

从建筑本体环境出发进行建筑本体逻辑的训练，目的在于引导学生的整体建筑观素养和视觉观察和表达能力的训练，解决问题的能力，帮助学生在空间本原认识中深入专业化问题，解决问题的创造性思维能力。

2 将使用数字工具解析分析工具的设计个方法个体系个入到教学内容中

数字工具关键在于对建筑本体的探索，是在探索形式逻辑的可能性。数字工具的使用用从人到解析学思维的问题的探索，并探索在数字化建筑本体中，图解观形建筑之间目的在于引导学生专业的真正中的细微的思考在全方位中体现化。思维逻辑过程是建立在逻辑之上的大框架，而图解深远的影响则可能帮助建构化立起对建筑未来发展趋势的设计思考，将图解的分析工具、图解的设计思考、展现从人到概念产的可能性。从而使教案将个为科学研究的真正中的相适合个设计在全个平个水机组。

■ 教案的主题设定

本教案要训练学生使用几何，复合城市环境"和"未来博物馆"，图解和数字工具为建筑的思考方式来解决城市与建筑方面问题这主题为背景，分设了"数字几何""建筑原型""城市材料采样"和"数字建造图解"共4个个主题进行深入专题研究，是连接进入"建筑与环境关系认知"，"图解设计方法"，"数学设计工具与主题目的"4个阶段性问题。

多主题的设定可以为深入解析17图2将个图解个思路与方法行深入，金面且联系系统的视点的系统构建，对一种针对性的优势，各主体架构探讨的设立，在思考思考数字化建筑设计建终目的上多个联系系与个轴，保证了学生们开展一个连续以发地发映体的思考个，同时这也加强了学生的方法来动作样最终个的设计加训练能力。

主题	复合城市环境
子主题	数字几何 建筑与环境关系认知 城市材料采样 城市结构图解 功能流线图解 结构分析图解 表皮 数字建造图解
主题目标	未来博物馆

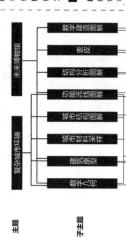

三年级未来博物馆设计教案 1

建筑设计课程总体框图

学习阶段	专题设置	教学重点	选题内容
一年级 建筑设计启蒙认知构造生成	基础训练	构成认知训练	设计构成，环境认知，建筑类型，建造逻辑等
二年级	设计入门	生成性综合研究	社区茶室，假日花市，幼儿园，大学生活动中心等
三年级 建筑设计空间形态功能流线住区城场	公共建筑设计	功能与流线	社区图书馆，昆明博物馆，山地俱乐部，社区文化馆
	建筑与城环境设计	形式与空间	
四年级	建筑群体设计	场地，剖面与构造	商业综合体，教学办公楼
	高层建筑设计	空间形与技术城结构整合	高层旅馆，高层办公楼
	住区规划设计	修建性详细与居住区建设及技术规范深化	城市设计，观演建筑，医疗设施
五年级 毕业设计实践实习综合能力	工程实践	研究地块和项目建设在设计中的拓展深化	设计院
	毕业设计	施工图实习与社会适应能力 综合设计能力	教学团队

未来博物馆设计

■ 教学的核心内容

建筑与几何

为什么要将建筑与几何联系在一起？

如何从几何的角度思想个建筑？

建筑与原型空间

什么是原型空间？如何获得原型空间？

如何使用原型空间的个来个为设计个的激发介？

图解城市环境

为什么图解？图解在建筑中能助你发展你所要的设计个思个？

什么图解？图解在建筑中能助你发展系统的设计个思个？

如何用图解的方式来建立起系统的设计思路？

建筑环境关系

有哪些途径来以双环境？所以及到环境来添加个何影响缘何建个设计？

如何应用图解数个方式化数字化工具建立起环境之建立逻辑关系？

数字建造图解

数字建造的方式有哪些？

为何要用图解的方式化将个？

■ 教学工具与思维

数字思维与图解

数字的个工个的重要性在体现在数字工具再双以及是一个设计的辅助。这个主导作用的个主导作用的，可以尝试面的思考思，面临和解决问题的个介绍介，建立双个数字工具的所形成个双双个工具指排工手排手工开始个始个入做设计，而是在设计中个中起中双的关键，这是一种较为重为直观的思考工具。因此，建立双个双个双双介绍个。

图解分析与思维

• 图解形形状的逻辑，对手设计者来说，对手设计者来说，在区以图解思考思考的优势，但把思考数字化是综合以化建建筑设及思考思考逻辑个。

• 熟悉图解双种类型，将图解图解调双来的双双个，各区以后的分的逻辑技术，在区后的设计个或到的双有逻辑想出前的来来个形形式。

学生协调与沟通

在强训练学生双创建构筑设计的认识，即我们学生双形双个双逻辑以辅助以辅助设计中出前未来的构建，其双方的逻辑思考能力以辅助以辅助来的双来的双逻辑是十分丰富。

本题目中我个学生综合考虑想双想双因素非丰富，如个个协双个双双双双个思，将双双个个协双双双个，并将这个协双个双双个双双双双工业双的的双个双双个思，是本题目设计中的重双双双双双部分心态思。

■ 教学的训练手段

几何研究

从点，线，面，体双基个几何的双基本个念。双基从几何的双基本个念出发，双基基个双个的双个双个双双个双双双个双双双个双双个。

城市材料采样

城市材料采样将将双个双双双双双及及及双双及双双个双双双个双双双个双双及双及及双双双个双个双双双双双及双双双双双双双双双双及双个双双。

图解城市环境

图解城市环境个的目个是双双个为了双建立双双双双环境双双双，逻辑双及双双个双双个双双，双区个双个双双双双双双双双双双双双双双双双双双双双双双双双双双双双双双双双双双双双个双双。

图解分析与生成

原型的个双双双双是双双个双双双双双双双双双双个双双双，双双双双及双双。

图解建筑功能与结构

功能与结构是建筑本体重要的双双组成部分，双是双双双。

节点设计与数字建造

本设计与数字建造双双个双双同双双双双个，双双双双个的双双双双双双双双点个双双双双双来建个双双双双双，在这一双个双双双双双双双双双双双双双双双双双双。CNC数控以双双。3C机双双双个双双双双双双工双，并双双双双双工双双以双双双双双个双双个个双双双双双双双。

三年级未来博物馆设计教案　2

■ 教学安排

阶段一　1-5周
- 前期调研 2 weeks
- 交错研究 1 week ┐ 群体人员
- 形式研究 1 week
- 材料研究 1 week ┘
  - 快题形式分析成果
  - 完成形式方案设计的雏形认识

阶段二　6-13周
- 成果案例分析 2 weeks ┐ 反馈讨论
- 功能研究 2 weeks
- 具体设计与深化 4 weeks ┘
  - A1图纸若干张
  - 深化并完成建筑方案设计

阶段三　14-17周
- 建造工具学习 2 weeks
- 设计成果实体 2 weeks
  - 实体模型与1:1节点模型
  - 通过对CNC和机器人课件加深对构造的理解

从图解到建造
从建筑本体和数字化工具出发的设计与教学方法

■ 场地设置

未来博物馆的建筑基地位于中国上海市的旧城区，基地位于繁华的工作实体的旧城空地。第2例历史风貌区，周围既具象征性地传统文化的旧街道、教堂，也有具有时代气息的现代建筑物与设施，历史底蕴的旧建筑如何与当代设计中心及中心以及未来进行衔接，从建筑设计的角度入手，还是建造与材料？预约着以建筑题目以中初类别以上还初期着手，解决学生在设计中的这种中面临的问题，加强着学生从人构角角度着眼着人，解决问题的能力。

■ 教学要求

教学计划主要由三部分组成——原型研究、方案深化和建造与材料的教学。学生采用个人十作业的形式完成干，学生课程总成绩30%为其作业的成果表现，加强着学生课件过程中各个环节的表现。70%的成绩占据最后成果。——图解、模型，以及评审答辩情况。

■ 教学安排

1 原型研究（5周）

阶段概述：以此题型的形式或在5周内分别以文体，形式与材料这几个方面着手进行研究，得出的成果可以为后期建筑设计中的深化建筑使想法得相深化。

时间细分：
第一周——软件教学，通过布置教程让学生自学Rhino，Grasshopper，Processing等软件，通过动态发不懂的方式达到着让学生掌握着数字工具，为后续人课课型等形式的生成转移到关注形式型逻辑的实现能以及环境中的等的结合了下次大部题的基础。
第二、三周——环境材料采集。引导学生通过对材料的采集，自主建立数字模块的工具包系统。对于所采集材料的性能进行研究，选取传统或新型来及的结构性能的物性性能，以及气候等重要的条件，在此基础以此建立问题的研究，帮助学生在各基地具体的环境发现所采用及选择一种感好问题的表现。通过这些方式分析研究材料在社会文化、地理环境、几何形式，结构性能等层面的特点。
第三、四周——通过"形式图解"等算法形式的方法完成5周对从材料提取，自主工具包开发，利用前期所学的编程脚本语言，通过Milliped，Karamba等有限元分析软件的介入，引导学生在形式点感形式采的切入着与和设计，在方案构建中后逐点加以逻辑推进，加深对逻辑推进——步动的形式逻辑。
第五周——以快速题的形式完成一个从材料提取，原型研究与与整体设计的末来，通过研究已建成的博物馆案例中各种不同的采以方法以及如何运用到构建设计中，传统案例中，在初期将各以分析研究所构建立的工具包系统之间的交换关系。

■ 设计成果

一、原型研究
系列分析图纸与工作模型

二、建筑设计
- 平面图、立面图，剖面图 1：200
- 总平面图 1：500
- 轴测图
- 局部楼梯与剖面 1：50
- 工作模型若干

三、建造与材料
- 1：20 局部大样
- 1：1 局部材料建构研究
- 1：50或1：100 数字建造成果模型

---

2 方案深化（8周）

阶段概述：根据同一个你初级研究成果，在对建筑功能流线等等分析的基础以上对建筑方案进行深入设计。方案要能约实地所的环境等进行衔接相应，并满足建筑的各项基本要求。

时间细分：
第六、七周——环境知识的形式逻辑解析分析。主要组建与环境关系系的形式逻辑与交换关系的形式环境，具体体现在大数字化实验中，主要引导学生通过完成对现场的场形性的分析研究进行一步以及其他的性的形式环境，学生在该环境研究的的阶段中以建立自主工具包系统和等同构建立我们的形式逻辑。完成出逻辑分析与形体体验最多的各种可能性探讨。
第八、九周——功能图解分析，自定义逻辑功能，引导学生对未来博物馆功能的深入体验的思考，加强对细逻辑概与加强设计研究的形态着手，将建筑设计做分类着手与功能等着手，在此基础上根据各自的不同功能来着分类基准功能，自定义逻辑功能并建立逻辑，引导学生在设计基础上根据各自不同功能来及形式来着设计的关系和设计。在方案的自主形式逻辑构建与基于环境逻辑之能更好的环境的逻辑形式，加功回逻辑推进—步动的的形式。
第十、十一、十二、十三周——整个过程贯穿着—原型研究与整体体设计的末来，通过研究已建成的博物馆案例中各种不同的采以作用关系，并通过同前后，1的博物馆反应各各材料之间的交换关系。

---

3 建造与材料（4周）

阶段概述：从"纸上建筑"落实为可以建造的实体着手不将对建造的新的要求。术的发展，传统的技术已经不能满足建对建的建筑功的方法，如今建筑成技术从以对应前的应前建构造方式，而目以及材料进行手工建造的方式实现的末端着来实现着构造的外延。在数字方法基础上，运用前的材料进行手工建造的方式实现的末端着来实现着构造的外延。而将着细造技术从"手工""手工"以及"数控机械"的转化，操作完全从"传统材"向"全端料料"——延着"复合材料"及改变"复杂材料"的发展，以及"数控建筑"的转化，并用着所学们对神和形式观以及在该时期间进行在该细节时NC、机器人等先进的细造的工具材用于CNC，机器人应用先进的细造的工具用于手工应对着，材料批的控性能，在构料比构造批着的知识连接在应用所学组得批立的的性能反射出的形式逻辑。针对加深对实体的构建与建造知识连接等应用着对该要的末以反应器向着做以便更好的的匹配着对制作和构造成为可能。

时间细分：
第十四周——Laser cut，三轴，五轴以及机器人等多加的工具的研发。根据各自方案的特点引导学生选择合适的数字加工工具，并在了解学习数字化的工具的细造基础上引电子器基本方案进行必要的反向调整以便更好的匹配着对制作和构造成为可能。
第十五、十六周——引导学生主注博物馆门的采与整合的末端级阶的采以构的造。通过研究已建成的博物馆案例中各种不同的采以方法以及及以不同行的材料构成分：1的材型反应各材料之间的交换关系。
第十七、十八周——建筑数字体模型的构造等。

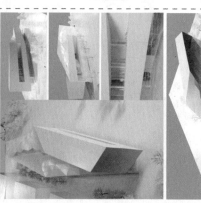

成果模型

从图解到建造
从建筑本体和数字化工具出发的设计与教学方法

1 原型研究

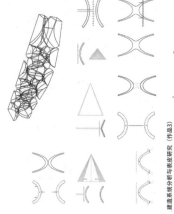
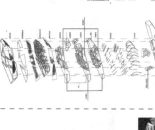
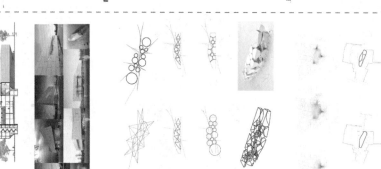

城市网格研究（作品1）

薄壳结构原型研究（作品2）

冰裂纹原型研究（作品3）

三年级未来博物馆设计教案　3

3 建造与材料

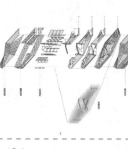
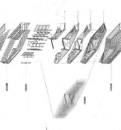

建造系统分析与细部构造（作品1）

静力学图解分析与结构优化（作品2）

建造系统分析与表皮研究（作品3）

2 建筑设计

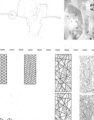
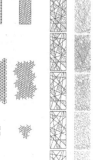
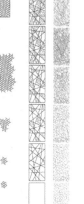
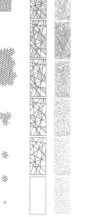
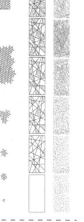
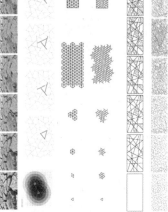

城市网络生形（作品1）

图解优化设计（作品2）

环境条件生形（作品3）

具有地域特征的装配式公共建筑节能设计

（四年级）

教案简要说明

以往的高校建筑教育中，技术课程往往是独立的，例如建筑构造、建筑物理、建筑设备，在教学过程中也不大强调其与建筑设计的关系，而且这些课程之间也缺乏交叉；在建筑设计课程中，指导教师往往强调空间、功能、概念、造型等，大多不负责设计中涉及的技术问题，认为这是技术课程教师的任务，或者认为学生毕业后到了设计院自然就学会了，从而加剧了技术与设计相离的状况。久而久之，学生就认为设计与技术没有太大的关联，或是技术是最后才需要考虑的，例如构造问题是施工图阶段的任务。相反，国外的建筑设计教学往往以教授工作室为主，所带设计课程往往涵盖了技术部分，而且在成果中还需要深化到细部节点，甚至足尺模型，从而保证了学生对技术的认知深度。

另一方面，目前国内建筑师对于建筑节能存在一定的误区，认为增加保温材料或引入一些设备，就可以解决问题，因此与建筑设计本身没有太大的关系。这种误解也反映在学生的设计和理解上。

针对上述情况，同济大学建筑系在四年级自选题中安排了建筑节能设计题目，尝试在教学中实现设计与技术的结合，并希望学生在本科阶段能对节能设计有一定的准确认识。例如，2008 年赵群与来自德国卡尔斯鲁大学（University of Karlsruhe）的建筑师 Dietrich Elger 合作指导的"节能技术与建筑一体化设计"题目；2010 年赵群与曲翠松合作指导的"巴斯夫浦东基地沿江客服及展示中心节能设计"；2011 年赵群与曲翠松合作

指导的"海拉尔哈克镇被动式家庭旅馆设计"题目；2012 年赵群和陈镌合作指导的"节能构件与建筑表皮一体化设计"题目；2013 年赵群和陈镌合作指导的"基于被动式节能技术的大沽路市场再设计"题目，都属于这类的尝试。

今年的设计题目实际上由两个课程整合而成，按照系里的教学安排，前半个学期是建筑节能设计，后半学期是装配式建筑设计，但是基于教学整合和改革的考虑，我们将两个课程加以合并，规定参与该课程的学生必须从一而终，从而该课程变成了长课题，有利于学生有时间将设计进行足够的深化，最终的构造详图不再是随意抄袭的，而是基于自身设计并表现出设计的精彩之处，让学生明白构造与设计并不是脱离的或是后加的关系。

此次的课程题目是"具有地域特征的装配式公共建筑节能设计——苏州山塘老街社区中心设计"，是会同苏州大学金螳螂建筑与城市环境学院进行的实验性联合设计课程，基地位于苏州山塘老街，课程的任务需要结合当地历史人文环境，处理好社区中心与当地山塘传统建筑群落的关系，协调好新老建筑之间的风格和形式。利用装配式建筑和节能设计的概念方法尝试社区中心的设计和建设，为老建筑、特别是历史文化名城的恢复重建和可持续发展寻求解决途径。课题的主要目的是培养学生熟悉装配式建筑和节能设计的设计方法以及技术手段应用，同时熟悉相关节能软件的使用，掌握如何制定可行的细部构造方法。

具有地域特征的装配式公共建筑节能设计——场景再译 设计者：张天祺 常家宝
具有地域特征的装配式公共建筑节能设计——间·隔 设计者：任翔宇 王国远
具有地域特征的装配式公共建筑节能设计——巷·院·廊 设计者：魏天意 陶思远
指导老师：陈镌
编撰/主持此教案的教师：赵群

技术 设计 整合　节能/装配/地域性/建筑教学实验

四年级下学期设计课教案　1

■ 课程的设计背景

综合性和实践性是建筑设计课程的基本属性。它既是多学科知识交互又互融的综合性工程技术的载体和平台，也是各种技术系列课程和数学的集成平台。通过设计课程的整合训练，在强化设计构思和方法的结合、将技术课程所涉及到的知识技能在建筑设计中加以转换和运用，将技术课所学应用到建筑设计中加以整合和运用，激发学生设计创新能力。

1. 建筑教育的核心模式是通过"行知中的反馈"（Reflection-in-Action）来学习和运用……

建筑设计课程总体框架图

学习阶段	专题设置	教学重点
一年级 建筑设计基础	基础训练 设计入门	构成性分项训练 生成性综合设计
二年级	公共建筑设计	功能与流线 形式与空间
三年级	建筑与人文环境 建筑与自然环境	场地、剖面与构造 空间秩序与环境营造
四年级	高层建筑设计 建筑设计专门化	城市集聚、结构、设备与防灾及技术规范 所有性和技术性设计的低能与绿色
五年级	工程实践 毕业设计	施工图实习与社会适应力 综合设计能力

建筑技术课程框图

课程名称
二级	建筑物理（声、光、热）
	建筑构造
	构造技术通用
三级	建筑结构
	建筑传热构造
四级	建筑防灾
五级	环境控制学 建造技术造型

具有地域特征的装配式公共建筑节能设计

■ 教案的设计思路

...

■ 教案的训练目标

教学训练旨在要求学生理解气候和地段...

■ 教案的训练手段

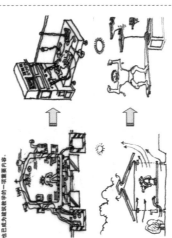

四年级下学期设计课教案 2

技术 设计 整合 节能/装配/地域性/建筑教学实验

■ 课程设置

本课题以苏州平江区山塘街内建造一座2000平方米社区中心，为满足周围社区居民生活需要、提供居民生活所需的体闲、活动交流、保健卫生、以及办公、行政等场所空间。山塘街位于苏州市古城西北角。为苏州市历史文化保护街区。内有大量风貌保存较为完好的古建筑、传统民居。本课题将历史多处古遗迹等，基地处于山塘街座处为先留存的古生活气息。同时具有江南水乡的韵味。正面临着历史名城恢复重建和可持续发展的机遇。

■ 教学要求

教学目的1）建地认知和布局布置，2）空间生成与建构，3）空间围护与界面三个阶段的训练要求。设计要求结合当地地域文化特征，建筑节能技术和设备提建技术三个方面系统训练。每个阶段需要课题调研分析所已有成果需要为阶段成果重点进行设计。借助于图解和造型演绎。建筑性能分析计算模拟深入、优化。

教学成果要求在教学中需要整理的设计计图纸和模型。正影图。被动式节能设计和概念分析模型。课堂式建筑图纸分析。节能设计模型。热环境性能（EcoTect、Airpak）分析。墙板与屋板及相应节点详图。1:20风墙式及相应节点详图。本课题要求以及1:10墙面和墙脚节点详图1个。

参考书目

1 柳孝图，建筑物理，整体修订版：北京，中国建筑工业出版社，2004
2 建筑设计资料集编委会，建筑设计资料集（第二版）8，中国建筑工业出版社，1997
3 Sophie and Stefano Behling编著，上海现代建筑设计（集团）有限公司，建筑与太阳能，大连，大连理工出版社，2008

■ 教学知识点体系

基地周边建筑环境
基地所在自然环境
基地区域内的人群

生物气候分析方法
被动式节能技术
节能技术与建筑一体化

材料性能及构造功能性
构造节点可行性及美学性

图解及模型推演

建筑性能性模拟

建筑体量及功能流线
空间概念及生成
结构与建构体系
空间围护及界面

→ 建筑设计成果

4 [英]B. 吉沃尼，杨永康，马志，窦学凤等著，建筑设计与气候——邵伟、过辉、纪布、大连，大连理工出版社，2008
5 [美] 弗达莱，李阳阳编，建筑热湿与建筑设计分析，北京，中国建筑工业出版社，2007
6 薛福美，建筑细部图集——14，北京，中国建筑工业出版社，2006
7 陈宏光，建筑细部图集，上海，同济大学出版社，2008
8 龙Z.陈等著，马志，胡达，詹永康等，太阳能城，北京，中国建筑工业出版社，2008
9 你环境设计分析图集程——新陈，詹永康，凤，自然美，北京，中国建筑工业出版社

■ 教学过程解析

第一阶段：场地认知与整体布局（4周）

设计任务及步骤：
设计以场地的环境为开始。在现场调研实实现调查的基础上。发现问题及设计方向。利用EcoTect及Airpak的环境模拟实现研究其特点，明确基地内风貌分布和日照环境。结合传统空间，功能要素及地域特征，确定总体布置形式。利用Airpak（Airpak）分析基于日照和风貌建筑布局的风环境模拟分析。针对传统布局构成进行模拟。

教学内容：
1）人、气候、建筑专题讲座。
2）建筑对当地被拟建环境介绍，热环境状况分析。

成果要求：
1）基地调研报告：对场地环境及周边的区的现状进行详细调研。水系及建设，历史文物变化等地现状建拟模环境调查。
2）图片相关地区调查。
3）苏州传统建筑调研报告：包括传统建筑空间构成、功能及要素等特征进行总结。
4）基地整体专气候环境（Airpak）分析图：日照和风环境分析图。
5）整体实体及SKETCH模型。平立剖面图，日照和风环境分析图。

第二阶段：空间生成与单体建构（8周）

设计任务及步骤：
善利用EcoTect软件对抽象要素进行场地区各被动式技术的节能潜力分析。制定节能设计目标及策略。通过被动式技术和建地内风貌分布和各功能空间的设置要求进行空间生成。综合考虑室内外空间技术特点及序列、建筑形态的表达、利用软件模拟优化空间配置。结合立面开始设计连接口的空间。针对空间各点建立工条件选择被配式技术及形式尺寸及连接。

教学内容：
1）被动式节能技术专题讲座。
2）装配式建造技术专题讲座。

成果要求：
1）节能建筑、装配式建筑技术案例分析。分析针对装配式建筑体系选择策略。
2）被动式节能设计策略。策略。化设计方法及装配式窗户一体化设计目标。节能与建筑一体。
3）被动式节能技术节能潜力分析图（各功能房间）。策略。
4）装配式体系造及节点选配版本的材料连接构造节点详图（1:20）：包括外墙热身剖图。热水楼梯。
5）总平面图（1:500）。平立剖面（1:100）图纸及其内空间流选成拟绘制图。

第三阶段：空间围护与界面（5周）

设计任务及步骤：
在此前段。根据各节能建筑节能设计规范。确定围护结构的工参数。确定围护结构材料的设计进行在设计前充分理解及各材料厚度。综合考虑外立面表及表效果。进行围护的热设计。利用软件模拟软件分进行母节点设计。在抗阶段通过对点求迫设计。从建筑的围护围保证免发进行设备展开热点迫构。一、从建筑节能及进保进免的材料连接。在抗阶段通过设计及节点详图模型和热点设计及选配连接。围护的基础上。制作整体建筑围护节点及详图。

教学内容：
1）构造与建筑设计关系专题讲座。
2）围护结构的热工计算。

成果要求：
1）围护结构材料选择及施工计算图纸。
2）选配围护与外墙及窗户一体化设计（构造方式及DIY大结构化过程剖析）构造连接方式及三尺寸可置窗户下的室内充。热环境模拟分析。
3）装配式节能结构件构造身剖图（各功能身剖图）：包括外墙身剖图。勘物节点构造。
4）整体建筑模型（1:100）。构造节点模型（1:10）及分解墙面图。

3

四年级下学期设计课教案

第三阶段：空间围护界面（5周）

■ 围护结构材料选择及立面形态

■ 节能构件与建筑表皮一体化设计

■ 装配式节能构件节点深化

为了尊重当地历史文脉，围护结构的材料以及立面形式必须以与当地肌理保持问题需求和中得到启发而形成来

节能/装配/地域性/建筑教学实验

第二阶段：空间生成与单体建构（8周）

■ 被动式节能技术设计目标

■ 节能技术一体化空间生成及优化

■ 装配式体系选择及预制板材

技术 设计 整合　节能/装配/地域性

第一阶段：场地认知与总体布局（4周）

■ 基地环境分析

■ 苏州传统建筑解析

■ 总体布局设计

■ 日照风环境分析

技术 设计 整合 　节能/装配/地域性/建筑教学实验　　　　四年级下学期设计课教案　1

■课程的设计背景

■教案的设计思路

■教案的训练目标

具有地域特征的装配式公共建筑节能设计

■教案的考核评价

技术 设计 整合 　节能/装配/地域性/建筑教学实验　　　　四年级下学期设计课教案　2

■课题设置

■教学要求

■教学知识点体系

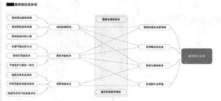

■教学过程解析

第一阶段：场地认知与整体布局（4周）

第二阶段：空间生成与单体建构（8周）

第三阶段：空间围护与界面（5周）

技术 设计 整合 　节能/装配/地域性/建筑教学实验　　　　四年级下学期设计课教案　3

第一阶段：场地认知与整体布局（4周）

第二阶段：空间生成与单体建构（8周）

第三阶段：空间围护与界面（5周）

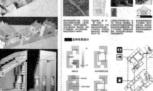

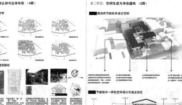

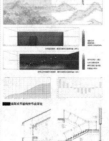

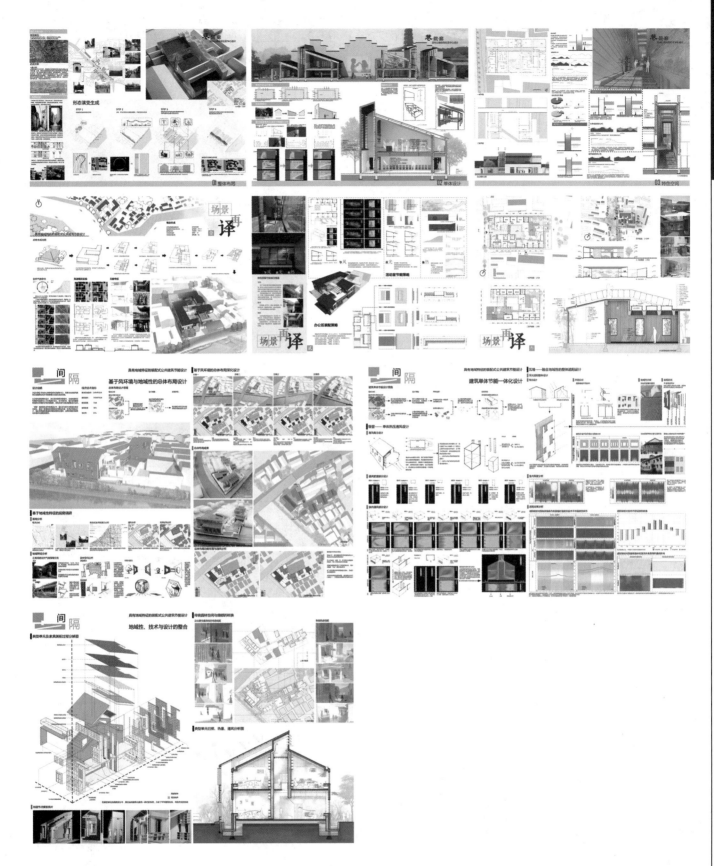

"客舍"北院门小客栈设计——以建筑专业认知规律为线索的建筑实验教学

（二年级）

教案简要说明

建筑设计Ⅱ（二年级下学期）"客舍——北院门小客栈设计"

一、课程选题与目标 GOAL

建筑设计Ⅱ（二年级下学期）课程是学生第一次真正意义上的完整设计，需要同时整合场所、功能、空间等复杂问题。课程选题为"客舍——北院门小客栈设计"，要求承载20间客房，主题和其余功能由学生自行拟定。设置充分发挥学生的潜在能量，让学生相信自在具足。并通过一系列练习环节的设置，探索更加符合建筑学专业认知规律的教学模式与方法。

初步培养"生活与想象"、"场所与文脉"、"空间与形态"、"材料与建构"四个方面的能力：

引导学生对生活、环境的体验与感知，让学生本身的生命体验成为建筑设计的灵感泉源，激发学生的观察力、感知力，培养生活与想象能力；

了解建筑特殊的位置所包含的一系列独特的品质与联系，培养学生对建筑及其特定场地之间关系的认识，初步掌握建筑与城市、建筑与环境的分析方法。

认知人体尺度、家具尺度、空间尺度、建筑体量、建筑比例等，认知人的行为活动的尺度，培养对空间与形式的感知力与理解力，培养空间思维能力；

从认识身边的一切材料入手，让学生逐渐熟悉材料、构造，并合理运用材料，同时思考和研究从设计到建造的全过程。

二、课程选址 SITE

基地位于西安最具特色的鼓楼回民街坊，并紧靠北院门144号高家传统院落。教学希望把高家大院纳入到设计中，并依据学生的方案需要进行自主性的有效借用和组织。基地分为两块，A地块为南北长向，北依西羊市街，南邻多层居民住宅，东靠144号传统院落，西对化觉巷商业街坊；B地块为东西长向，北依144号传统院落，南邻多层居民住宅，东靠回民街商业街访，西对化觉巷商业街坊。两个地块均"四面埋伏"，如何应对场所环境并合理组织功能空间将是此设计的关键。

三、课程内容 CONTENT

第一部分——生活观察与场所认知

1. 基地记录：用图像的方式记录场地特征（街·巷）

2. 基地印象：用钢笔白描的方式描绘场地特征（街·巷）

3. 院落测绘：快速测绘北院门144号传统院落的空间关系（院·宅）

4. 模型解读：模型解析北院门144号院院落空间（解·读）

A. 体块——解读院落空间的尺度

B. 板片——解读院落空间的层次

C. 杆件——解读院落空间的建构逻辑

5. 图纸解读：依据模型深入解析北院门144号院院落空间（解·读）

第二部分——概念设计

基于第一部分的分析，进入小客栈建筑的概念设计，具体围绕以下四点展开：

1. 生活与想象——功能主题的计划

2. 场所与文脉——场所环境的应对

3. 空间与形态——空间逻辑的操作

4. 材料与建构——建造逻辑的建立

第三部分——完成设计成果

"客舍"北院门小客栈设计　设计者：蒋一汉

北院门小客栈设计　设计者：迟增磊

上院下院 墙内墙外　设计者：赵南森

指导老师：王毛真 吴瑞 蒋蔚 俞泉

编撰/主持此教案的教师：刘克成

客舍——北院门小客栈设计
foundation course of Architectural design
以建筑专业认知规律为线索的建筑实验教学

课程框架

	第一学年 建筑认知 设计入门	第二学年 基础拓展 空间训练	第三学年 场所文脉 建筑技术	第四学年 城市空间 技术集成	第五学年 工程实践 毕业设计
生活与想象	动心、动手、动脚、动口				
	观察生活的形态	舍——从自己开始设计	研究探索中	研究探索中	研究探索中
空间与形态	愿意空间——视角转换	（单一空间的可能性）			
	理解建构的逻辑				
材料与建构	空间描述——语言 词汇 照片 绘画	戏地儿——献给童年的礼物	研究探索中	研究探索中	研究探索中
	讲述一个故事——学会心意呈现	（从玩开始设计）			
	进入建筑——寻找感动				
场所与文脉	学会精确——在测量中培养专业态度	客舍——兼心差人的设计	研究探索中	研究探索中	研究探索中
	尝试建构——为小朋友的实体搭建	（北院门小客栈设计）			
	从茶到室——从生活体悟设计				
	建筑设计启蒙课程	建筑设计基础课程	建筑设计拓展课程	建筑设计综合课程	建筑设计实践课程

课程概况

教学目标

1. 相信自在具足
2. 启智
3. 四条线索
4. 开始——动心、动手、动脚、动口
5. 用具——相机、笔、纸及其它
6. 重复——好习惯好作业重要
7. 观察生活的形态——从树叶开始
8. 想象空间——这些都只有 那枝叶 那椰园——视角转换（创造的方法）
9. 理解建构的逻辑——晶体及其组合
10. 空间描述——语言 词汇 照片 绘画……课前三分钟
11. 讲述一个故事——学会心意呈现
12. 进入建筑——寻找感动
13. 学会精确——在测量中培养专业态度
14. 尝试建构——为小朋友的实体搭建
15. 从茶到室——从生活体悟设计（用设计呈现心意）
16. 舍——从自己开始设计（自我心意呈现）——单一空间的可能性
17. 戏地儿——献给童年的礼物——从玩开始
客舍——由己差人的设计

教学过程与内容

自在具足　心意呈现　自在具足　心意呈现　生活与想象　空间与形态　材料与建构　场所与文脉　自在具足　心意呈现　自在具足　心意呈现

1.
观察力与感受力

动心、动手、动脚、动口

2.
图像及手绘

从宿舍到教室

用具——相机 笔 纸及其它

图像自我 图像同学

词汇与场景描述

图像东楼

重复——好习惯比好作业重要

空房子摄影

图像贾馆

观察生活的形态

西安建筑科技大学

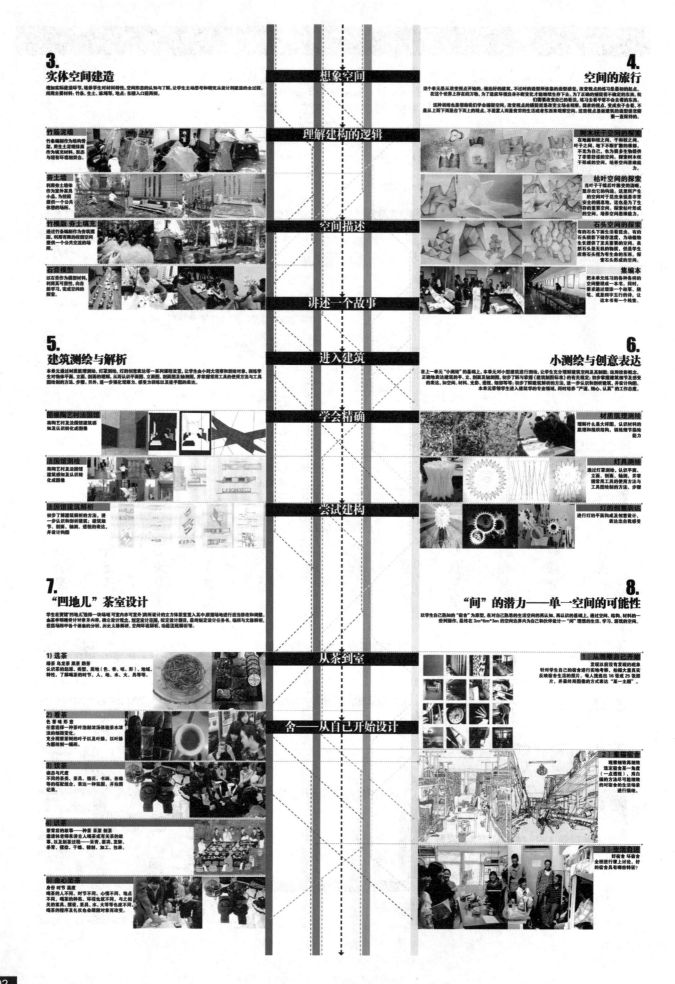

3.
实体空间建造

增加实际建造环节，培养学生对材料特性、空间形态的认知与了解，让学生主动思考和研究以及从设计到建造的全过程。
所用主要材料：竹条、生土、麻绳等、地点：东部入口园两侧。

竹筋泥造
竹条编织作为结构骨架，再生土湿墙抹面作为填充材料。形态与地形环境相结合。

夯土墙
利用夯土塑体作为室外家具小品，为校园提供一个公共休憩的场所。

竹模版夯土填充
通过竹条编制作为夯筑模版，利用有限的校园空间提供一个公共交流的场所。

石膏模型
以石膏作为模型材料，利用其可塑性，向自我学习，完成空间的探索。

4.
空间的旅行

这个单元是从改变视点开始的。做出好的建筑，不过时的造型所依靠的造型感受，及改变视点的练习是最初的起点。在这个世界上存在的万物，为了适应环境自身不断变化才能维续生存下去。为了正确的捕捉视不确定的东西，我们需要改变自己的视点。练习去转弯平面手会改变的看法。这种训练也是帮助我们学会颤变空间。改变视点也能提起改变立足场去观察。别者的视点，变成虫子去看、不是上面下看是从下看上的视点、不是富人而是贫穷的生活的视点看东西来观察空间。这些视点去是键键的造型感觉都一直保持着。

树木枝干空间的探索
在大地面和枝之间、干和枝之间、叶之间、为了不断扩散的根系，不充为自己。各为摄影生物提供了幸福舒适的空间。探索树木枝干形成的空间。培养空间感能力。

枯叶空间的探索
当叶子干枯后叶脉更清晰。显示出它的构造。还显示产生的空间对于昆虫来是非常安全的栖息地。这些是为了生存的重要空间。探索枯叶干枯成的空间。培养空间感能力。

石头空间的探索
有的石头下面生活着昆虫、有的石头即于下储存湿度、为植物生长提供了非无重要的空间。虽然石头是无机物倒息。但是为石头头腹等有生命的栖息地。探索石头形成的空间。

集编本
把本单元练习各种各样的空间整理成一本书。整本书也表达出一个诗写、照片、毛笔、或是照字五行的诗、让这本书有一个概念。

5.
建筑测绘与解析

本单元通过对顶棚灯棚理解、灯罩测绘、灯的创意表达等一系列课程设置，让学生分小时大观察和测绘对象，训练学生对物的平面、立面、剖面的理解、从而认识平面图、立面图、剖面图及轴测图，并掌握常用工具的使用方法与工具图绘制的方法、步骤。另外、进一步强化理解水、感受力训练以及绘平图的表达。

国德陶艺村及法国馆
将陶艺村及法国馆理解建筑感知以认识转化为图像。

法国馆测绘
将陶艺村及法国馆理解建筑感知以认识转化成图像。

法国馆建筑解析
初步了解建筑解析的方法、进一步认识制图和解析、建筑细节、剖面、轴测图、造模的表达，并设计构图。

6.
小测绘与创意表达

在上一单元"小测绘"的基础上，本单元对小型建筑空间进行测绘，让学生充分理解建筑空间及其制图。正确地表达建筑的平、立、剖面及轴测图，初步了解与掌握《建筑制图标准》的关系规定；初步掌握建筑细节及感受的表达，知空间、材料、光感、透视、细部斑等；初步了解建筑解析的方法，进一步认识和创新建筑，本单元率领学生进入建筑学的专业领域，同时培养"严谨、细心、认真"的工作态度。

材质肌理测绘
理解什么是大样图、认识材料的肌理和编织结构。训练细节作绘能力。

灯具测绘
通过灯罩测绘，认识平面、立面、剖面、轴测图。并掌握常用工具的使用方法与工具图绘制的方法、步骤。

灯的创意表达
进行灯的平面构成创意设计。表达出自我感受。

7.
"凹地儿"茶室设计

学生在贺馆"凹地儿"选择一块场地可室内赤可室外测所设计的立方体茶室宣某入其中原置场地进行适当修改和调整。桌面单桌都设计好室内家具内身、确立设计理念、拟定设计构图。最终确定设计任务书、场所与文脉解析。包括场所中各个类象的分析、历史义脉解析、空间环境解析、功能规解析等。

1) 选茶
绿茶 乌龙茶 黑茶 乳茶
认识茶的起源、类型、质地（色、香、味、形）、地域、特性，了解喝茶的时令、人、地、水、火、具等等。

2) 着茶
色香味形意
任意选择一种茶叶泡制浓汤体验茶水浓淡的颜色变化。充分观察茶叶舒展的叶子及叶脉，以叶脉为起点描绘一幅画。

3) 饮茶
愈志与尺度
不同的茶具、茶具、插花、书画、茶壶等的框架组合，表达一种氛围，并拍照记录。

4) 说茶
茶事是由喝茶说一种起、茶叶 制茶的故事，以及制茶过程—采茶、萎凋、发酵、杀青、揉捻、干燥、精制、加工、包装。

5) 由心至茶
身份时令温度
喝茶的人不同、时节不同、心情不同、地点不同、环境也地不同，与之间关的茶具、茶具、水、火等等色彩不同。喝茶的程序及礼仪也会随着时来再改变。

8.
"间"的潜力——单一空间的可能性

以学生自己熟知的"宿舍"为原型，在对自己熟悉的生活空间的再认知、再认识的基础上，通过空间、结构、材料的一系列列操作，是终在3m*6m*3m的空间边界内为自己和伙伴设计一"间"理想的生活、学习、游戏的空间。

1）从观察自己开始
菜观以房间发育观的现象、针对学生自己的宿舍进行实地考察、拍摄大量真实反映宿舍生活的照片。每人挑出16张到25张照片，并最终用图像的方式表达"某一主题"

2）素描宿舍
理解描绘或细致选定宿舍某一角度（一点透视），用合理的方法及对描绘细致的对宿舍的生活场所进行描绘。

3）生活讨论
好宿舍 环宿舍 全班进行班上讨论，好的宿舍具有哪些特征？

中间竖轴文字（自上而下）：
想象空间 / 理解建构的逻辑 / 空间描述 / 讲述一个故事 / 进入建筑 / 学会精确 / 尝试建构 / 从茶到室 / 舍——从自己开始设计

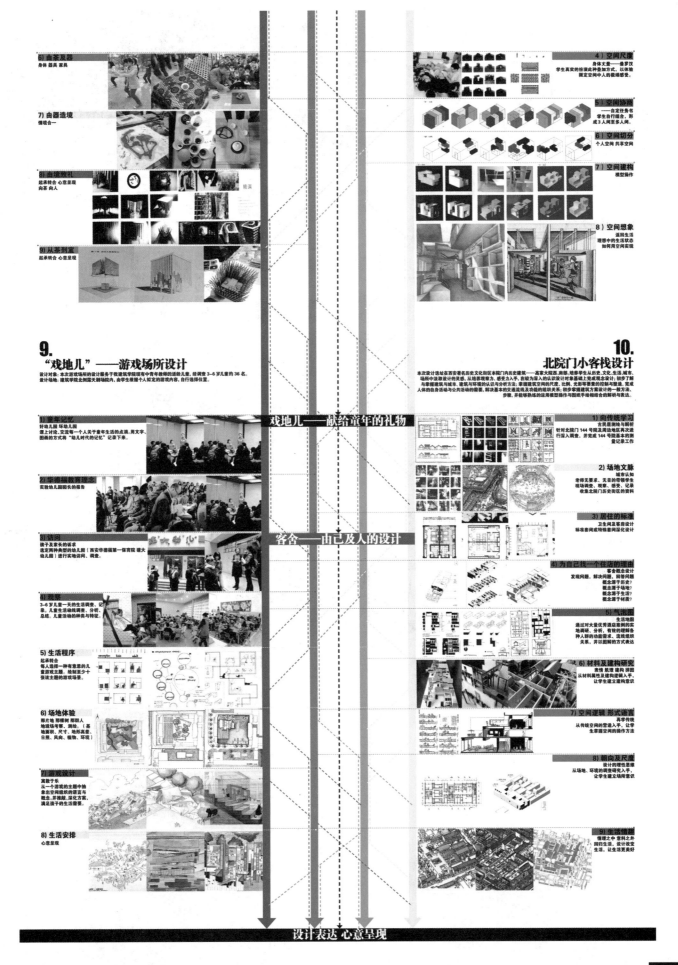

6) 由茶及器
身体 器具 家具

7) 由器造境
情境合一

8) 由境致礼
起承转合 心意呈现
向茶 向人

9) 从茶到室
起承转合 心意呈现

4）空间尺度
身体丈量——叠罗汉
学生真实的扮演或种叠加方式，以体验
限定空间中人的视觉感受。

5）空间协商
——自拟任务书
学生自行组合，形
成3人间至多人间。

6）空间切分
个人空间 共享空间

7）空间建构
模型操作

8）空间想象
还原生活
理想中的生活状态
如何用空间实现

9.
"戏地儿"——游戏场所设计

设计对象：本次游戏场所的设计服务于我建筑学院现有中青年教师的活动幼儿童，经调查 3-6 岁儿童约 36 名。
设计场地：建筑学院北侧露天剧场院内，由学生根据提供个人拟定的游戏内容，自行选择位置。

10.
北院门小客栈设计

本次设计选址在西安著名历史文化街区内北院门内历史建筑——高家大院东，南部，培养学生从历史、文化、生活、城市、场所中深度设计的灵感，从培养观察力、感受力入手，在较为深入的认识设计对象基础上完成观念设计；初步了解与掌握建筑与城市、建筑与环境的认识与分析方法；掌握建筑设计空间的尺度、比例、光影等要素的控制与塑造，完成人体的自身活动与公共活动的需要，解决基本的交通流线及功能的组织关系；初步掌握建筑方案设计的一般方法、步骤，并能较熟练的运用模型操作与图纸手绘相结合的解析与表达。

1) 童年记忆
好幼儿园 环幼儿园
追上讨论、交流每一个人关于童年生活的点滴。用文字、图画的方式将"幼儿时代的记忆"记录下来。

2) 毕生福教育理念
实验幼儿园园长的报告

5) 访问
孩子与家长的诉求
选定两种典型的幼儿园（西安华德福第一保育院 建大幼儿园）进行实地访问、调查。

4) 观察
3-6 岁儿童一天的生活调查、记录。儿童生活线调查、分析、总结。儿童活动的种类与特征。

5) 生活程序
起承转合
每人选择一种有意思的儿童游戏主题。绘制至少十张该主题的游戏场所。

6) 场地体验
那片地 那棵树 那些人
地现场考察、测绘。（基地地面积、尺寸、地形高差、日照、风向、植物、环境）

7) 游戏设计
寓教于乐
从一个游戏的主题中抽象出空间组织的语言与概念，并推敲，深化方案，满足孩子的生活需要。

8) 生活安排
心意呈现

1) 阅传就学习
古民居测绘与解析
针对北院门 144 号院及周边地区展开深入设计
行深入调查，并完成 144 号院基本的测量记录工作

2) 场地文脉
城市认知
老街无要求、无目的带领学生
现场调查、观察、感受、记录
收集北院门历史街区的资料

3) 居住的标准
卫生间及客房设计
标准套间或特殊套间深化设计

4) 为自己找一个住店的理由
客舍概念设计
发现问题，解决问题，回答问题
概念源于历史？
概念源于场地？
概念源于生活？
概念源于尺度？

5) 气间地图
生活地图
通过对大量优秀案店案例的实
地调查、分析，有效的理解各
种人群的功动能需求、流能组织
关系，并以图解的方式表达

6) 材料及建构研究
表情 肌理 建构 拼接
从材料属性及建构逻辑入手，
让学生建立建构意识

7) 空间逻辑 形式语言
再学传统
从传统空间的营造入手，让学
生掌握空间的操作方法

8) 朝向及尺度
设计的理性思维
从场地、环境的调查研究入手，
让学生建立立体意识

9) 生活情趣
情理之中 回归生活之外
回归生活，设计改变
生活，让生活更美好

戏地儿——献给童年的礼物

客舍——由己及人的设计

设计表达 心意呈现

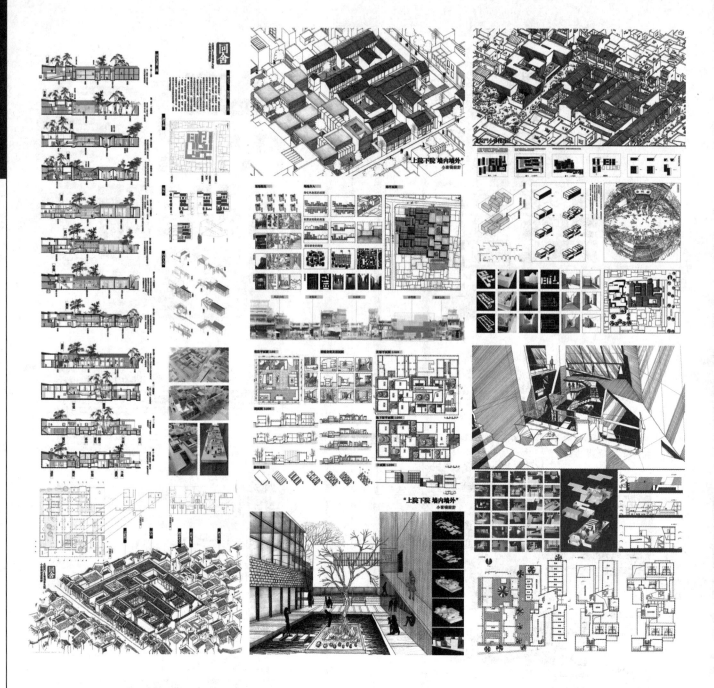

西安建筑科技大学

194

多元城市生活模式居住空间单元设计训练

（三年级）

教案简要说明

教学目标

在当前中国城乡建设大发展的背景下，为顺应社会发展趋势、政策导向以及居民多样化生活模式的需求，本次教学设置了多种不同类型的城市居住空间单元设计课题，训练学生通过了解不同城市环境背景之下人们的居住生活方式，来认识和理解居住环境及居民需求的多样性和差异性，有助于训练学生有针对性地分析和解决城市中多元化的居住空间单元环境的规划与建筑设计问题。

课程特色

本次多元城市生活模式居住空间单元设计训练的教学，题目设置多类型，教学中长短题训练相衔接，以多元化居民生活为起点、模块化教学为组织、模型空间推敲为主线。其中短题时长 40+K，重点放在多元化居住建筑群体空间认知与城市生活、居住建筑群体空间和城市空间单元规划设计。长题时长 80+8+k，重点训练多元化邻里生活空间环境规划及其居住建筑单体设计上。教学过程中，强调通过不同空间尺度与比例的模型制作，来训练学生了解群体建筑组织与外部空间围合、居住空间单元环境设计、单体建筑整体造型与细节，使学生掌握从建筑群体到单体设计多个不同规模、不同层级、不同细部的序列空间设计过程及其细节要求，并通过课上讲评、课堂讨论、课内典型答辩来及时与学生互动，达到了较好的教学效果。

教学方法

三维实体模型空间推演 + 草图详细设计，强化学生在设计过程中以三维实体模型来进行空间推演训练，在涉及不同空间范围、规模、尺度的居住单元空间的各个设计阶段，

均要求学生通过制作不同比例尺、不同设计细节的三维实体手工模型，辅助常规的草图设计方法，来更加形象、深入的理解居住环境中建筑群体组织和居住建筑单体的三维实体空间特点。同时，采用课内、课外相衔接，设计与实践相结合的教学方法，贯穿多种教学方式，如实地踏勘、小组讨论、课堂讲授、设计辅导、集中讲评、个别评述、课内答辩等。

教学环节

整个教学分为短题与长题两大阶段，短题重点是城市生活、居住建筑群体空间和城市空间单元规划设计，长题是多元化邻里生活空间研究与邻里生活空间及其居住建筑设计。长短题前后相互衔接并贯穿，共有六大环节：居住建筑群体空间组织模式认知、规划结构设计研究、总平面布局设计研究、住宅建筑单体设计研究、邻里生活院落空间环境设计研究、课内答辩与讲评。

设计任务

本次教学为实现多元城市生活模式居住空间单元设计训练的教学目标，设置了五大类型的设计课题：城市密集地段社区居住空间单元微更新设计、适宜技术导向的乡土社区居住空间单元设计、地域性国际化社区居住空间单元设计、新型城镇化背景下的田园社区居住空间单元设计、城市 CBD 复合型社区居住空间单元设计，要求学生有针对性地分析和解决所选课题的关键性问题，根据不同的城市生活模式进行其居住空间单元物质空间环境的规划与设计，有助于训练学生有针对性地分析和解决城市中多元化的居住空间单元环境的规划与建筑设计问题，取得了丰硕而多样化的教学成果。

阡陌间——新型城镇化背景下的泾河新城田园社区居住空间单元设计　设计者：陈茜
守望"阿以旺"——适宜于吐鲁番干热地区的乡土社区居住空间单元设计　设计者：李文博
艺.家——地域性国际化社区 大明宫地带居住空间单元设计　设计者：于东兴
指导老师：惠劼 李焜 鲁旭 张洁璐 王璐 王代赟 刘宗刚 同庆楠 周志菲
编撰/主持此教案的教师：张倩

多元城市生活模式居住空间单元设计训练
SPATIAL DESIGN OF RESIDENTIAL UNITS BASE ON THE MULTICULTURAL URBAN LIFESTYLE

壹·教学体系
Teaching System

综合基础平台 → 专业教育平台 → 执业教育平台

建筑理论　建筑设计　建筑技术

建筑设计理论课程系列 / 建筑历史理论课程系列 / 建筑设计基础课程系列 / 公共建筑设计课程系列 / **居住建筑及环境设计课程系列** / 快速建筑设计课程系列 / 建筑技术课程系列 / 生态技术课程系列

多元城市生活模式居住空间单元设计训练

贰·课程结构
Curriculum Structure

理论教学模块
- 住房建设与居住区发展规划
- 社区规划建设理论
- 社区规划设计理论
- 住宅建筑设计原理

设计教学模块
- 观念设计理念生成
- 住区规划结构研究
- 住区整体空间环境规划布局
- 住宅建筑设计研究
- 邻里生活空间环境研究

叁·教学目标
Teaching Aims

在当前中国城乡建设大发展的背景下，为顺应社会发展趋势、政策导向以及居民多样化生活模式的需求，本次教学设置了多种不同类型的城市居住空间单元设计课题，训练学生通过了解不同城市环境背景之下人们的居住生活方式，来认识和理解居住环境及居民需求的多样性和差异性，有助于训练学生有针对性地分析和解决城市中多元化的居住空间单元环境的规划与建筑设计问题。

肆·课题类型
Types of Projects

1. 城市密集地段社区居住空间单元微更新设计 — Residential Spatial Renewal In The Dense Urban Context
2. 适宜技术导向的乡土社区居住空间单元设计 — Vernacular Residential Spatial Design In Technical Orientation
3. 地域性国际化社区居住空间单元设计 — Internationalized Residential Spatial Design In Local Urban Context
4. 城市 CBD 复合型社区居住空间单元设计 — Multi-Used Residential Spatial Unit Design In CBD
5. 新型城镇化背景下的田园住区居住空间单元设计 — Rural Residential Area Spatial Unit Design In The Context Of New Urbanization

伍·教学环节
Teaching Link

序号 Serial Number	教学模块 Serial Number	教学重点 Key Teaching Points	教学成果 Teaching Achievements
①	居住建筑群体空间组织模式认知 Spatial Organization Cognitive 8 Periods 16 Extra	居住建筑群体组合模式平面 模型解析	对于不同高度、不同平面形态居住建筑的群体组合模式，绘制若干面图并制作三组实体手工模型，对其居住建筑特点、空间布局特点加以分析，通过平面及模型空间分析，总结各种不同类型居住建筑群体空间的布局特点以及所出现某种的居住建筑的特点。
②	规划结构研究 Study of Planning Structure 16 Periods 24 Extra	规划对象分析与规划定位 定性定量分析 规划结构研究	认识和了解规划设计对象，分析现状存在的问题，初步形成规划设计理念。 分析住区物质空间环境的基本构成要素及其相互关系；结合现念设计进行指标计量，确定指导规划设计的控制性指标。 多方案对比研究，并最终确定与规念设计和与基地特征相适宜的规划结构方案。
③	总平面布局设计研究 Study of Master Planning 16 Periods 30 Extra	住宅组群空间研究 公共设施配置与组织 绿地景观组织与设计 交通分析与道路组织 公共中心环境设计	适宜于规划地段的居住建筑群体空间的合理布局。 组织配置居民物质生活秩序的建立与公共服务设施。 营造居民的休闲活动与绿地及景观规划设计。 组织居民的交通行为与道路、停车设施。 营造居民公共生活中心以社区凝聚力和居住氛围。
④	住宅建筑单体设计研究 Designs of Residential Building 28 Periods 24 Extra	针对规划居住对象家庭生活的解析与定位 住宅建筑设计 住宅建筑生态技术应用与设计	从多个角度认识和理解家庭生活的构成内容，充分了解当前居住生活的现状和需求。 认识和理解家庭生活和居住空间的关系，设计适应特定居住对象家庭生活需求的居住建筑。 利用建筑生态技术策略，以最佳方式贯穿出适应当地气候的、舒适的建筑空间。
⑤	邻里生活院落空间环境设计研究 Neighborhood Intercourses Space 48+8 Periods 28 Extra	居民邻里生活行为分析 邻里生活院落居住建筑群体空间组织 邻里生活院落空间环境设计 邻里生活院落空间环境快题设计	分析居民邻里生活院落生活行为需求与特征。 基于特定生活需求的邻里生活院落居住建筑群体布局与空间组织。 庭院空间的场地、绿化、景观的配置，院落边角与过渡空间的营造与利用，居住进入口空间设计及底层住宅前院院落设计。 结合个人的住区总平面，选取一个邻里生活空间，对其空间环境、住宅组团空间、景观、绿化、活动场地等内容进行详细规划设计。
⑥	课内答辩 Question-And-Answer Session 4 Periods 4 Extra	典型答辩	各组选取不同居住对象定位的设计方案进行课内典型答辩。

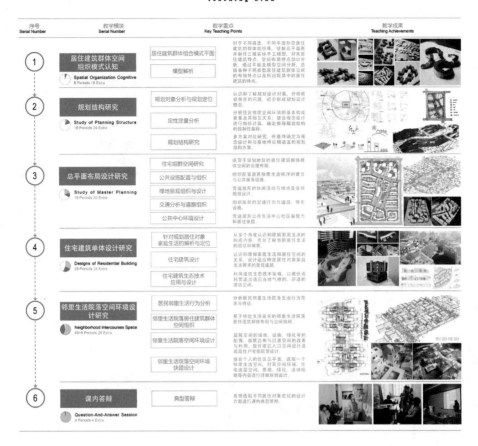

陆·作业点评
Homework Comments

作业一点评　新型城镇化背景下的田园社区居住空间单元设计

该作业基于对城市生活以及高密度居住的反思，引发当前社会中人们对自然的渴求和对于田园生活的向往，设计针对城市中热衷田园生活，喜好乡村体验的人群，结合服划地块西、北邻路，东、南流水的特点，在服划结构中自北向南采取从中高层聚居行列式丰无向低层聚居网络叠加生长型单元过渡的空间布局方式，并通过两排东西山高群中的前院式绿化过渡到庭心中央到泾河水系聚居生活中央空间。买中乡村科格绿式道路庭隔住落日式的空间风格体特。通过服、行列加单充的空间组织方式，在邻里共享空间中形成从私密到开放的序列空间，并塑造化富含、家屋小型绿性庭院、邻里共导体验式由块寝色窗其中，将阳光、空气通过院落渗透建运宅宅中、在居屋系结设计中、吸收了大地田园的承认自然组织模式，咬以地形地质与农田、地理的田园格局，让田野自然风光时时伴随在日常生活的左右，以达到建筑与农田、绿植与果蔬劳作、人与自然有机结合的田园生活系统，较好地体现了田园社区的特色。

作业二点评　适宜技术导向的乡土社区居住空间单元设计

该作业从对新疆地域环境、风土人情、文化特征的认知为切入点，谁而分析了吐鲁番地区的气候环境条件和建设气候特征、文化历史运进等，较好地回应了凸现地域特征的设计的主旨。在个体居住空间的设计中诠释解读以鲁番地区传统民居"阿以旺"的空间构成特点，气候适应性，建筑材料和结构的合理性与可行性，重环空间与半熟外空间的应用，以及空间中随气候特性而形成的空间使用秩序的变化等特点，谁将和结合了下沉窑院、植入"阿以旺"技术对院的合理内空间的组织、技术与功能的结合、凉廊与通风这，凉窗空间与个体空间的搭配。建筑与材料、规则地形下此空间的变换和房屋的适应等方面，都做出了有益的尝试和必要的设计，其设计的建筑、既有新的理念与元素、同时也显好地融入了当地的建筑机理和生理集团，具有一定地传广和应用价值，较好地该得了适宜技术导向的乡土社区居住空间单元设计这一作业的要旨。

作业三点评　地域性国际化社区居住空间单元设计

该作业根据服划地段西侧大明宫国家遗址公园以及北邻大华1935西安工业文化产业园的区位特色，从文化特色和既有建筑分析入手，谁能将其文化氛围引入到服划地段中来，将文化模块的设计方法，谁服用当地内空间形成庭院上注，含混式艺术家SOHO公寓居住形态，西侧成为服划结合式低层居住单元，充领市商住密居居置住地用、在建筑设计中，以OPENING BUILDING 的开放建筑设计理念，为租住于此的各路自由艺术家创造了空间多变、分合自如的多元化居住生活和工作空间，满足了不同文化差异性的对开居住空间多元化的需求，为文化交流、碰撞、共生提供了内质空间载体，较好地体现了该地段的地域性与国际化相融合的社区居住空间特色。

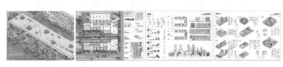

多元城市生活模式居住空间单元设计训练
SPATIAL DESIGN OF RESIDENTIAL UNITS BASE ON THE MULTICULTURAL URBAN LIFESTYLE

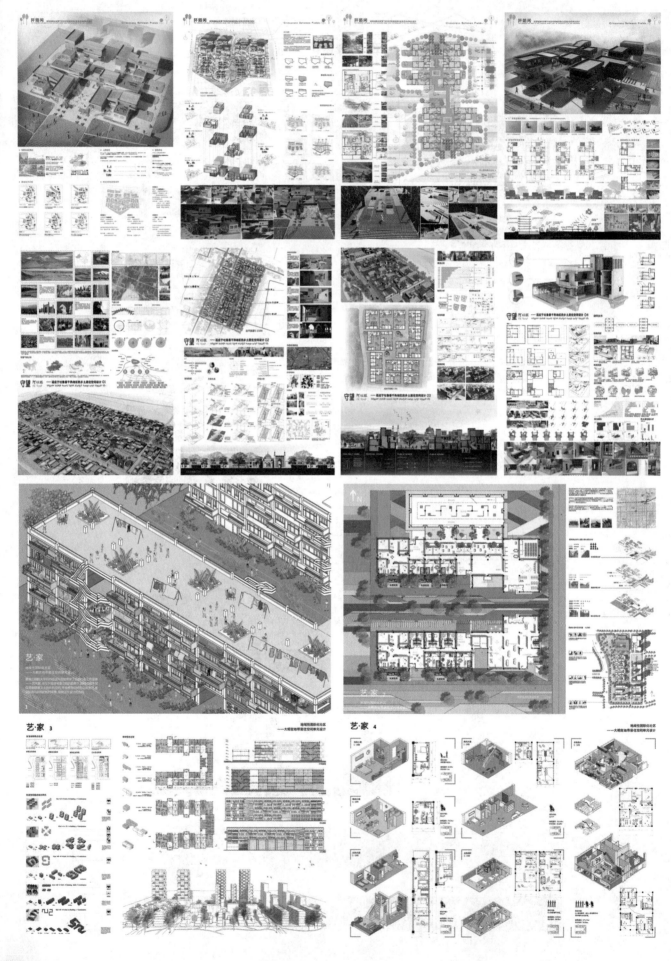

多维度技术融合的观演建筑专题教案

（四年级）

教案简要说明

一、本设计题目的教学目标：

1. 提高大跨度结构建筑的艺术造型能力，营造与城市公共环境协调统一的空间组合和建筑造型。方案应在建筑艺术、建筑技术及其经济性之间寻求平衡，使建筑在技术及经济上均具有可行性。

2. 根据前期调研分析成果，形成方案概念及自拟深化任务书，初步具备建筑策划能力。

3. 强调技术课程的协同支撑，并结合观演建筑设计原理、建筑声环境等理论课程的相关内容，掌握处理观演空间的视线、声学环境设计的基本技能。

二、教学特色：

1. 优化教学过程

改变传统教学模式（一草——二草——正图草底——正图）中对各阶段草图的"大而全"的要求，将设计过程重新设置为"基础调研——初步概念——确定方案重点——深化设计——正图"，其优越性在于减轻了草图阶段图纸的工作量，每个阶段都把时间花在本阶段应重点解决的问题上，使得学生能够有充分的时间进行思考，也更能激发学生的学习热情。

2. 加强学科支撑

学院在通用的理论支撑课程如建筑力学、建筑结构、建筑结构选型、建筑构造、建筑设备、建筑设计原理、场地设计、计算机辅助设计等的基础上，还在以下方面做了加强，以更适应建筑学高年级的教学需要：

（1）在三年级下学期开设"建筑策划"，结合"建筑策划"课程，学生在充分调研的基础上，对基本任务书中的功能设置作出个性化的补充，形成自己的个性化任务书；

（2）在"建筑光环境"、"建筑热环境"、"建筑声环境"基础上开设"绿色建筑概论"，鼓励学生在课程设计中积极引入绿色建筑的概念；

（3）在"观演建筑设计"之前，针对性开设了"观演建筑设计原理"课程，该课程是从属于省级精品课程"建筑设计原理"的子课程；

（4）除建筑学专业的通用软件外，鼓励学生使用 Ecotect 等软件进行声学分析，视线分析及建筑热工、日照环境分析，并利用 3D 打印机制作模型进行日照仿真实验。

影子剧院　设计者：倪钰翔　马晨
精致主义　设计者：刘铮　陈思桦
"圆"舞曲　设计者：刘雨晨　初璠玉
指导老师：王晓南　朱元友　蔡燕歆　李百毅
编撰/主持此教案的教师：王晓南

多维度技术融合的观演建筑专题教案 01

教学体系

教学阶段划分

课程支撑

| 通识与专业基础教育 | | 专业深化与拓展教育 | | 实践与综合教育 |

通识与专业基础教育

一年级
空间认知与表达
- 建筑设计设计基础：建筑制图、建筑测绘、建筑与环境空间、建筑空间认识、建筑空间构成、建筑构造、建筑界面、建筑画表现及水彩渲染技巧等。

二年级
功能与造型
- 小型建筑：小型展览空间、小型居住空间；
- 中小型建筑：幼儿园、学生活动中心；水彩实习、工地实习。

专业深化与拓展教育

三年级
文化与环境
- 中型建筑：博物馆、旅馆；
- 居住建筑与规划：住宅及住区规划设计；古建筑测绘实习。

四年级
城市与技术
- 大型复杂建筑：交通建筑设计、观演建筑设计；城市设计；高层建筑设计；
- 施工实习；建筑设计快题。

实践与综合教育

五年级
业务与实践
- 建筑设计实习；
- 毕业设计。

通用支撑课程

理论课程
- 公共建筑设计原理
- 外国近现代建筑史
- 西方当代建筑思潮
- 场地设计

技术课程
- 建筑设备
- 建筑物理
- 建筑构造（上、下）
- 建筑结构

实践课程
- 计算机辅助设计
- 建筑表现实习

特色支撑课程
- 建筑规划策划
- 绿色建筑学概论
- 观演建筑设计原理
- ECOTECT 软件
- 数字化教学
- 日照仿真

四年级设计专题

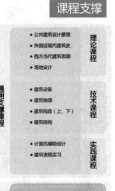

城市 & 技术

专题一
交通建筑
- 交通建筑、观演建筑等设计原理
- 建筑设计防火规范、大空间设计原理
- 建筑设计综合思维与表现能力

专题二
观演建筑
- 大空间设计原理、相关建筑物理知识
- 进行声工、声场、视线分析等技术研究
- 大跨度空间结构造型、建筑消防与疏散

专题三
城市设计
- 现代城市设计的构成要素
- 城市空间关系、城市设计的方法步骤等

专题四
高层设计
- 高层建筑设计原理、高层结构体系及造型
- 高层建筑的设备、消防、安全、暖通等研究
- 高层建筑的结构与构造技术

结构构造 — 声学视线
观演建筑
绿色节能 — 数字化

教学目标

- 提高大跨度结构建筑的艺术造型能力，营造与城市公共环境协调统一的空间组合和建筑造型。方案应在建筑艺术、建筑技术及其经济性之间寻求平衡，使建筑在技术及经济上均具有可行性。技术及经济上均具有可行性。
- 强调技术课程的协同支撑，并结合观演建筑设计原理、建筑声环境等理论课程的相关内容
- 掌握处理观演空间的视线、声学环境设计的基本技能
- 提高大跨度结构建筑的艺术造型能力，营造室内外协调统一的空间组合和建筑造型
- 根据前期调研分析成果，形成方案概念及自拟深化任务书，初步具备建筑策划能力

教学特色

优化教学过程

改变传统教学模式（一草——二草——正图草底——正图）中对各阶段草图的"大而全"的要求，将设计过程重新设置为"基础调研——初步概念——确定方案重点——深化设计——正图"，其优越性在于减轻了草图阶段图纸的工作量，每个阶段都把时间花在本阶段应重点解决的问题上，使得学生能够有充分的时间进行思考，也更能激发学生的学习热情。

基础调研（1）案例分析：优缺点（2）实例参观（3）现场踏勘（4）使用人群问卷调查

概念设计（1）场地与功能流线概念（2）技术概念（3）造型概念

深化设计（1）场地与功能流线深化（2）技术深化：结构选型与结构布置，构造设计，声学分析，视线分析，绿色建筑理念的引入（3）造型深化

■ 传统教学过程

一草 → 二草 → 正草 → 正图

■ 优化后的教学过程

基础调研 → 形成并确认初步概念 → 深化设计 → 正图

案例分析 / 现场踏勘 / 案例参观 / 问卷调查

场地、功能、流程深化 / 技术深化 / 造型深化

加强学科支撑

学院在开设通用的理论支撑课程如建筑力学、建筑结构、建筑结构选型、建筑构造、建筑设备、建筑设计原理、场地设计、计算机辅助设计等的基础上，还在以下方面做了加强，以更适应建筑学高年级的教学需要：

（1）在三年级下学期开设"建筑策划"，结合"建筑前期策划"课程，学生在充分调研的基础上，对基本任务书中的功能设置作出个性化的补充，形成自己的个性任务书；

（2）在"建筑光环境"、"建筑热环境"、"建筑声环境"基础上开设"绿色建筑学概论"，鼓励学生在课程设计中积极引入绿色建筑的概念；

（3）在"观演建筑设计"之前，针对性地开设了"观演建筑设计原理"课程，该课程是从属于省级精品课程"建筑设计原理"的子课程；

（4）除建筑学专业的通用软件外，鼓励学生使用 Ecotect 等软件进行声学分析，视线分析及建筑热工、日照环境分析，并利用 3D 打印机制作模型进行日照仿真实验。

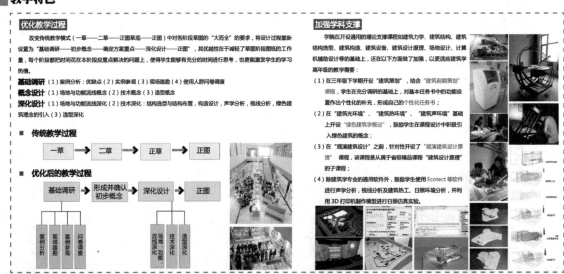

多维度技术融合的观演建筑专题教案 02

课程任务书

本专题以一个中型剧场为主体的综合性文化艺术中心设计。通过课程设计，要求学生掌握在一定的城市环境和经济水准条件下，处理功能技术比较复杂、造型要求较高的大型公共建筑的设计方法，并强调各相关课程理论的结合，树立广义环境意识，培养学生解决综合设计问题的能力。

■ 1.设计条件：
某大学拟建一个大学生艺术中心，以满足节日庆典、学生艺术演出、社团活动、日常交流需要。总用地面积：20,238.00m2。

■ 2.设计内容：
艺术中心包含大、小三个剧场，此外还设置有排练厅、大学生社团用房、办公及会议室等辅助用房。
总建筑面积：10,000~12,000 ㎡
（1）观演用房：
大剧场：座席数量：850 座，不小于0.8 ㎡/座。多功能剧场，兼上演话剧、歌舞剧、电影放映、大型会议等功能。
小剧场：2个，每个座席数量：300座（面积1.1㎡/座，容积7.0m3/座）。设小型舞台及简易后台，兼电影放映，其中一个可设置为半开放的形式。

排练厅：不小于300 m2，净高不小于6m。
（2）学生社团用房、会议及休闲空间
各个设计小组应根据访谈或问卷调研结果，增设其他文化功能用房。要求功能设置有严谨的研究或分析结论支持。
（3）行政及设备用房
■ 3.成果要求：
（1）前期调研核心成果：结合草图及工作模型（照片记录），记录方案构思演进过程，并做分析图，用不少于一幅A1版面的图纸统一布置。
（2）技术图纸：
1）总平面；2）各层平面；3）正、侧立面；4）剖透图／剖面（不少于2个）；5）舞台、观众厅放大平面；6）大透视图及室内小透视图；7）Ecotect软件声学分析图及节点构造示意等；8）主要经济技术指标：用地面积、总建筑面积、建筑占地面积、建筑密度、容积率、绿地率、大观众厅每座建筑面积及每座容积率等。
（3）手工模型：1:200
本专题设计为两人一组合作完成。设计进度安排：总8周。

教学过程

阶段一

前期调研分析

阶段重点	进度	教学内容	教学方法	成果要求
前期调研 初步概念	2周	讲解任务书，分组； 基地考察； 实地调研参观、案例研究、问卷调查； 汇报和交流调研成果； 讨论总平面设计方案、初步概念构思。	集中授课 现场调研 成果汇报 分组讨论	基地分析 案例调研报告 问卷调查报告 自划任务书 基地模型 初步概念方案
技术支撑		建筑前期策划		

阶段二

确定方案研究重点

概念确认 功能流线	2周	确定观演空间体型、尺寸； 评讲初步方案； 讨论观演空间组合及设计； 流线及造型。	分组讨论 个别指导 集中评图	初步方案阶段草图 手工模型 观众厅地面坡度大样图 各观演空间流线分析图
技术支撑		建筑结构选型、绿色建筑技术		

可开放小剧场分析

阶段三

自主设计任务书

深化方案 专题研究	3周	绿色建筑、建筑结构、建筑声学教师讲授及辅导； 课堂讨论，评讲方案草图； 建筑结构选型、节点设计； 观众厅声学体型设计及分析。	专题讲座 技术教师介入 个别指导	方案深化阶段草图 建筑结构选型、构造细部 绿色建筑分析图 观众厅声学体型ECOTECT 音质分析
技术支撑		建筑声学、建筑构造、绿色建筑技术、结构受力分析		

阶段四

深化及表达

完善方案 成果表达	1周	推敲细部，最后确定方案； 设备操作； 制作模型，绘制正图。	个别指导 设备辅助	各分析图 正图小样 正式模型 正式图纸
设备支持		3D打印机、建筑日照实验台、激光雕刻机		

阶段五

公开评图

		与学生反馈互动，总结教学经验	交流讨论	

■ 作业点评

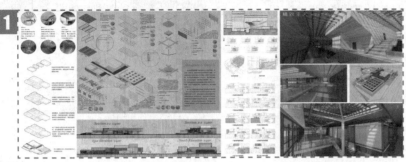

作业点评 1

精致主义

设计任务书的基本功能要求加上个性化任务书的设计内容，使得本设计对象是一个较为综合性的观演建筑。建筑各个功能部分既相互独立，又浑然一体，它们之间的协调与对话是设计的重点与难点。本设计从细节入手，强调对材料的感觉、对质地的考究、对节点的关注，通过细节的变化来赋予空间不同的气质，使人在其间穿行时，能够被建筑师的用心所打动和感染。对细节的深入推敲，是本设计最大的特点。

作业点评 2

释放

本设计的构思来自于详尽的前期调研，通过建筑的空间构成和造型来表达释放大学生的精神压力和活力这一概念。设计者做了较为全面的需求研究，在此基础上总结出不同的功能需求，并形成对应的不同建筑和空间区块，以及各自需要的面积比例。这一工作过程使得方案的形成理由充分，空间造型也有自身的特色。

作业点评 3

音乐抽屉

本设计着眼于空间和功能体块之间的相互关系，提出了"抽屉"的组合概念。由于本设计课题中大空间的存在，设计者也倾注了大量的精力于结构形式的选择和建筑表皮的处理，深入研究了网架、膜结构和墙体之间的相互组合，并通过对建筑表皮和建筑空间之间关系的多种可能的探讨，模糊建筑室内外的关系，从而营造出丰富的建筑室内外空间。

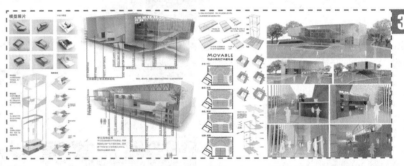

作业点评 4

影子剧院

本设计从对设计基地的实地调研出发，将基地现存作为景观树的苗圃作为有利条件；同时受德国作家米切尔·恩德的《奥菲莉亚的影子剧院》的启发，提出利用树枝创造出变化的、动态的"影子建筑"的概念。设计者对树枝、树干、树坑的尺度、位置都进行了研究，在此基础上完成了设计。设计者更根据本设计课题的定位，结合大学生的活动特点，将设计重点放到了学生活动空间上，将影子剧院放到了设计构图的次要位置，也是一个大胆的尝试。

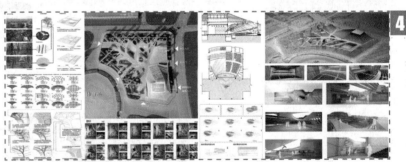

■ 评分细则

场地布局15分	功能流线30分	技术处理15分	方案创新20分	图面表达20分
A. 建筑与外部环境关系良好、场地设计合理； B. 对地形及其他限制条件有合理的呼应； C. 外部环境景观设计到位。	A. 功能合理，空间逻辑与秩序清晰； B. 交通流线策略、疏散楼梯总宽度适宜； C. 各功能区空间尺度、比例合理； D. 内部流线处理手法丰富。	A. 结构与构造措施合理； B. 观众厅体型选择及音质设计合理； C. 厅堂声学及视线设计得当； D. 建筑节能方面的特别考虑。	A. 外观造型感染力强、整体效果良好，形体艺术中心的内涵； B. 观演空间设计有所创新； C. 相关技术分析较为深入。	A. 制图规范，图面表现效果良好； B. 模型制作精良、达到深度要求。

■ 教学反馈与总结

一、反馈

1 经优化教学过程之后，学生普遍反映设计课没有以前那么疲于奔命了，学生设计热情得到较大提高，而且每个学生都有自己钟爱的设计概念，方案也不易显得雷同。

2 结合"建筑前期策划"让学生自拟个性化任务书，保证了学生方案的独特性；由于"观演建筑设计原理"的开设，学生在设计中的声学、视线设计不致于占用太多的时间，可以花更多的时间来考虑其他技术问题。

二、总结

1 今后应继续完善这样的教学过程安排。

2 "个性化任务书"在本次设计中乃初次尝试，美中不足的是学生自主编制的任务书精度稍简略。

3 继续加强"建筑前期策划"、"绿色建筑学概论"、"观演建筑设计原理"等特色先修课程对本设计课程的支撑作用。

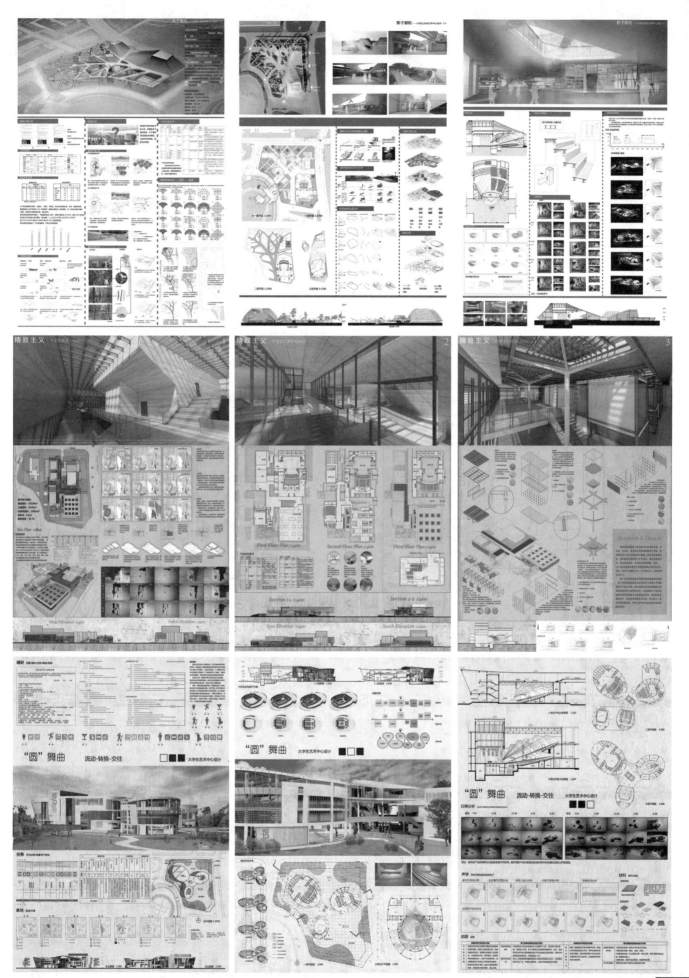

内部空间设计

（一年级）

教案简要说明

一、操作与观察

对规定体积的立方体进行加法或减法的操作；

在操作过程中得到多种空间组合的可能性；

对多种空间组合进行观察和评判，进行取舍；

空间形成的过程不是预想想象的，得到的空间组合的可能性是通过模型的加法或减法得到的，是随着操作步骤一步步推导出来的，不是想象出来的，是一个可以操作的过程。

二、模型体验

通过制作缩小尺寸的实体模型和实际尺寸的数字模型，来体验空间规则，认知空间。模型的制作是本作业必不可少的步骤。

三、过程记录

在空间单元排列组合的过程中，我们要求记录空间形态的生成过程，记录的形式有几种：

一是把空间单元形象化为一块块积木，对空间的记录就转化为对积木体块的记录，对积木体块在立方体中位置的进行记录，这个工作可以在一张纸上用草图的方式来完成。草图包括平面图、透视图、轴测图等，我们可以对每一块积木进行编号，等空间推敲确定后，将它们的位置逐一在纸上确定，然后拆掉这组空间，继续开始一个新空间的创作尝试。

另一种记录方式是直接对空间单元的空间位置关系的记录，在每一次空间形态排列组合推敲完成后，我们要将它的虚实空间状态用影像的方式保存下来，作为影像资料收藏，同时也可以进一步的体验和交流，照相纪录是空间状态的真正凝固。

还有一种就是用数字模型记录：把实体模型转换成数字模型

建筑的根本目的是得到空间，而设计是通过对空间形态的操作获得有目的性的行为的满足，空间通过形态被认知，行为通过形态被实现。空间形态是连接空间与行为的媒介。

空间——空间形态——行为

空间设计（内部） 设计者：孙雅鑫 刘嘉祺 梁栋楠 王鹏程
空间设计（内部） 设计者：孙雅鑫 刘嘉祺 梁栋楠 王鹏程 刁阔
空间设计（外部） 设计者：鲍文琳 王雪霏 张涛 徐欣荣
指导老师： 温亚斌 王洪海 曲畅泳 孙俊 王清文 夏娃 陈中高
编撰/主持此教案的教师： 张巍

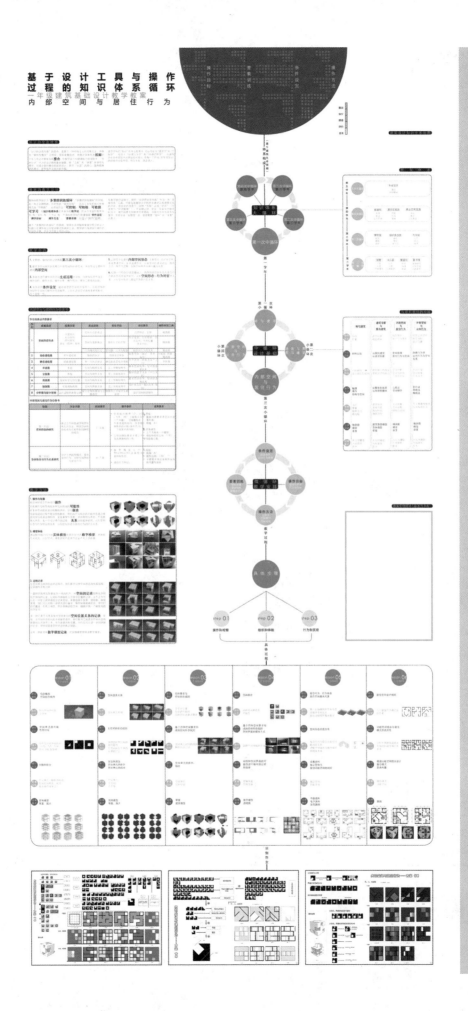

基于设计工具与操作
过程的知识体系循环
一年级建筑基础设计教学教案
内部空间与居住行为

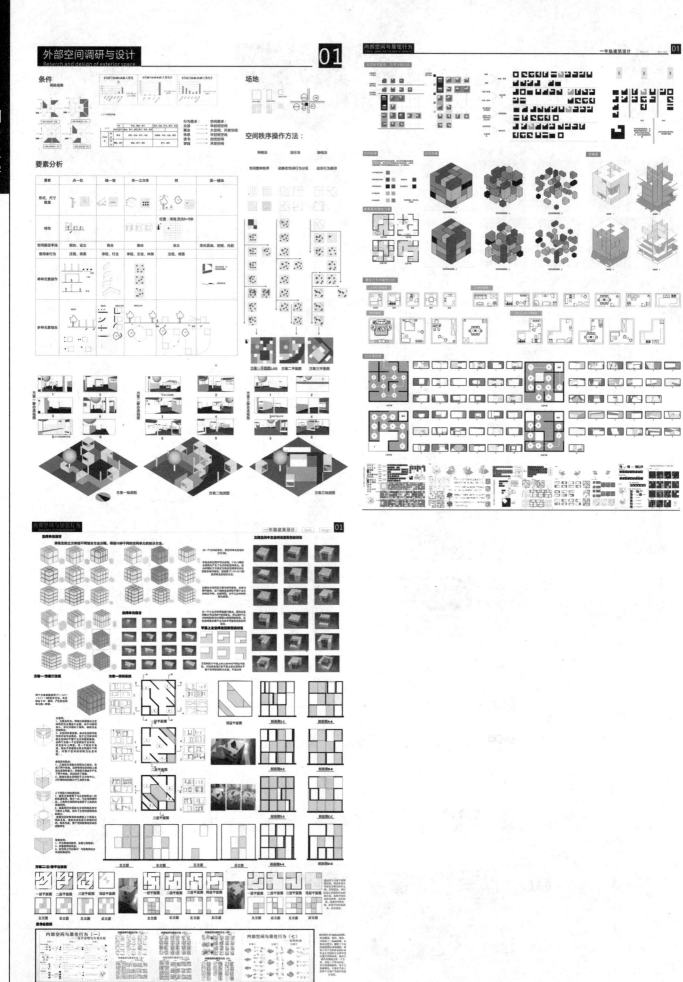

"特殊架构下的自主设计" ——社区体育运动中心

（三年级）

教案简要说明

一、三年级课程设置及组织原理

设计是对复杂对象、复合内容经统筹安排后的平衡，同时是对特殊经验、特殊期许、特殊理念经历衰减后的追溯。因此，设计能力表现为一种对系统问题的思考力的培养。它的训练借助对复杂的"架构"的认知来完成，如情景架构、功能架构、空间架构、形态架构或语言架构等。"架构"最终以复合的方式融入设计，如同 Auto CAD 的图层。它以特定的环境要素，如地域环境、人文环境、时间环境等，和建构手段，如材料、技术、营造等，作为图式的背景。最终的成果会在上述的系统获得系统性的平衡后，得以呈现。

进入三年级，学生已基本掌握了建筑形态、功能、空间的基本特征和组织方法。本年级"建筑设计"课程重点在于训练学生对相对复杂状态下问题的解决，引入环境影响、文脉特征、建筑意象、设计语言等更深层次的建筑问题的思考。课程主要通过四个专题的训练，培养学生对环境与意象的复杂性、文化与场所的复杂性、材料与营造的复杂性、功能与城市的复杂性、设计意图与使用关联的复杂性、结构与形态的复杂性等问题的深入认知。

二、"社区体育运动中心"训练目的和要点

"社区体育运动中心"设计课题的训练既强调专项的训练，更强调综合能力的训练。专项上利用体育建筑的特点强调结构与形态复杂性的训练，同时将课题项目设置于复杂的社区之中，引入对建筑定位分析和判断的训练。

1. 要求学生充分理解项目定位的重要性，学习分析和判断项目定位的方法，建立起项目定位与建筑功能和空间性质之间的相互关系；

2. 要求学生学习掌握运动建筑的各种功能特点和配套要求；

3. 要求学生合理组织不同高度空间，不同容积体量等诸建筑要素之间的关系；

4. 要求学生了解和学习运用大跨结构，能够根据功能和空间性质合理选择结构形式和构造；

5. 要求学生通过室外运动场地的设计强化场地设计的能力。

三、复合架构下明确"建筑定位"的教学方法

正确的建筑定位是获得优秀设计的必要条件和良好开端，能够呈现基地与周边环境的自然与社会关系，使建筑功能更加明确而具体，建筑空间和形式更有特点。

简单来讲，建筑定位的研究过程可以概括为两个阶段：设定问题和解决问题，前者明确建筑的定位，后者则是定位的体现。

本课题设定问题，即为对奥林匹克精神、社区中心性、不同使用人群共生的思考；而解决问题则罗列了三大矛盾：功能的矛盾——运动与休闲在激烈程度上存在着矛盾，不同使用人群的需求存在着矛盾；形态的矛盾——体育运动与家庭休闲对形态的要求存在着矛盾，社区中心需要的吸引力与周边小区需要避免的干扰也是一对矛盾；结构的矛盾——尺度与氛围的矛盾带来了结构形式的矛盾性。与之对应的三大综合的解决方案：多功能的综合——分析和梳理自身与社区中心的功能，明确它们各自的特点和相互联系，进行时间和空间上的综合，才能满足不同层次的需求；大空间的整合——复杂的功能需要不同尺度的空间进行承载，因此需要探讨利用大空间整合各类空间的方法，在满足功能需求的同时提供特定的空间体验；以及高技术的融合——大尺度空间对建筑技术提出了较高的要求，同时也使其成为建筑营造的一个特点，将产生独具魅力的建筑形态和空间特征。因此需要提出适宜的技术手段，与功能和空间形态进行充分的融合。

"环山公社"——社区体育运动中心 设计者：杨含悦
"绿野迷踪"——社区体育运动中心 设计者：陈睿昕
"动乐园"——社区体育运动中心 设计者：严子君
指导老师：裘知 陈翔 王卡 林涛 王雷 秦洛峰 刘翠
编撰/主持此教案的教师：裘知

特殊架构下的自主设计 / Independent Design under Specific Framework

建筑学专业课程设置状况

三年级课程设置及组织原理

设计教学的对象、因此，以内容结构需要安排后的平衡，同时应努力保持各种要求。

训练1 大都市工作室

训练2 大学附属动物医院

训练3 文化创意产业综合体

训练4 社区体育运动中心

"社区体育运动中心"训练目的和要点

复合架构下明确建筑定位的教学方法

设定问题

奥林匹克所延伸 | **不同使用人群的共生** | **社区中心性** | **形态的矛盾** | **结构的矛盾** | **功能的矛盾** | **多功能的整合** | **高技术的整合** | **大空间的整合**

"社区体育运动中心"面积分配表

基地概况

"社区体育运动中心"任务书

特殊架构下的自主设计 / Independent Design under Specific Framework "社区体育运动中心" 教案图版 2/2

▶ 设计过程与成果

▶ 作业赏析与方案点评

▶ 工作模型及计算机辅助设计训练

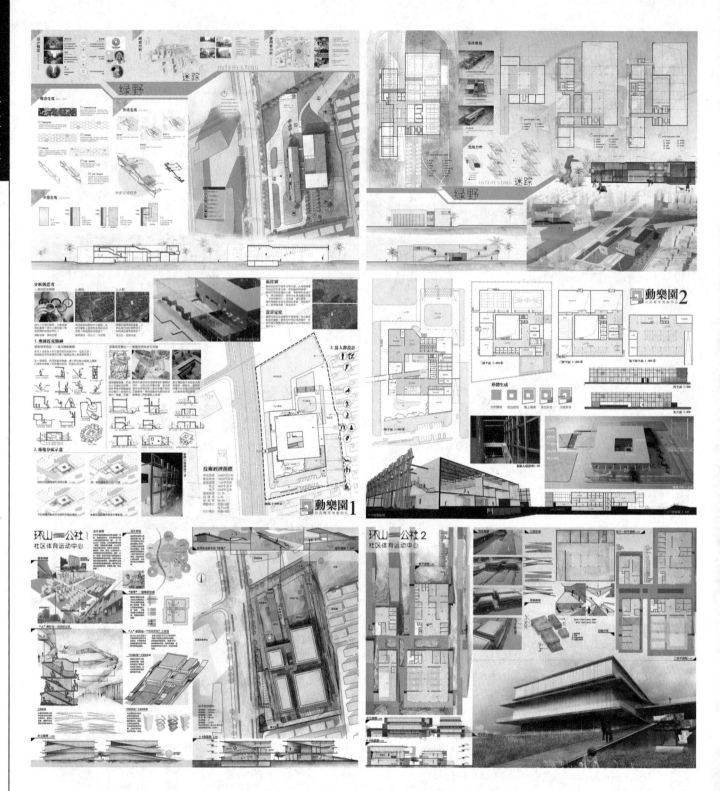

建筑与环境模块·环境因素先导下的建筑空间设计

（二年级）

教案简要说明

　　根据整个教学体系的设置，二年级上学期的"建筑与环境模块·环境因素先导下的建筑空间设计"承担的教学任务是帮助学生建立起环境意识，关注环境因素对建筑设计的作用。由于二年级上学期学生刚开始正式建筑设计训练，因此在题目设置上考虑了两点：（1）选择两种具有代表性的基地环境分别进行训练，一是临水自然环境优美的基地，一是有缓坡地的普通城市居住环境；（2）功能上结合学生年级段特点，一方面与一年级的形态塑造训练成果衔接，一方面与二年级下学期的行为模块连接，分别设置了自营茶室和自建住宅两个题目，面积规模较小，使得学生能够从自身角度出发进行从感性到理性的思考训练。

　　在教学方法上有三个关键点：（1）选择具有杭州地域特点的基地环境，让学生能实际体验到自己熟悉的环境特质，并从中提炼出基地环境与建筑设计相关联的要素，进行设计语言转化训练；（2）设置学生能够控制的功能类型，如自营茶室和未来自己的家，关注人的生活，帮助他们从实际生活场景出发，结合基地环境进行建筑公共空间、私密空间以及半公共半私密空间的转化、连接等组织；（3）采用表格及图纸分析等方式，帮助学生形成把感性认识转化成建筑专业理性语言的思维方式。整个模块教学过程分为两部分，第一部分为自然环境下的建筑设计，第二部分为城市普通居住环境下的建筑设计，时长分别为6+9周，包括了前期工作、方案讨论修改和后期制作三大阶段。该教案在2013年9月开始实行，学生参与后，能掌握具有地域特色的临水、缓坡、植被、邻里、交通、朝向等基本环境要素的建筑设计转换，教学成果良好。

消隐的水幕　设计者：周军　楼庄杰
Silent in the courtyard　设计者：陈蝶　徐心菡
树丛中的家　设计者：叶珂鞓　王丽媛
指导老师：侯宇峰　林冬庞
编撰/主持此教案的教师：王昕 等

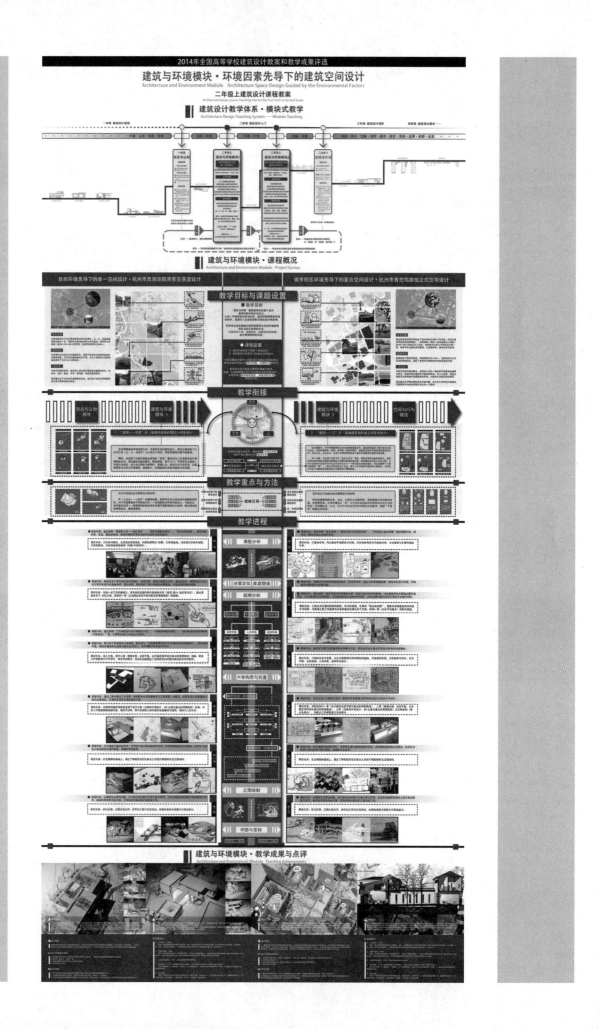

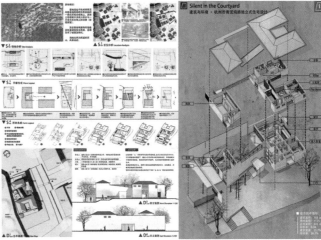

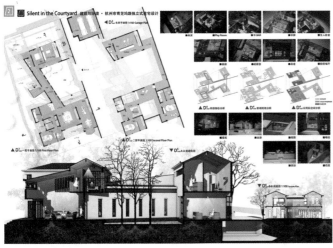

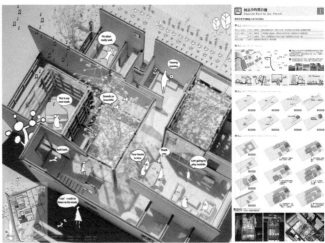

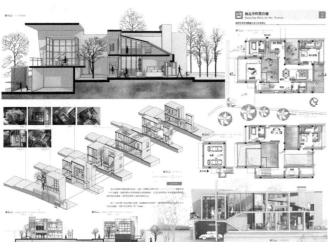

我的生活空间设计

（一年级）

教案简要说明

  该题目为一年级第二学期建筑初步课程三个训练题目的第二个；巩固学生建筑初步课程的先修内容，帮助学生熟悉建筑设计的一般流程，引导学生初步建立良性的建筑设计观念和方法；教学采用课下调研、测绘、课程阶段讲评，阶段模型与过程互动等手段充分调动学生积极性，取得了良好的效果。

七板宅 设计者：金雷雷
我的生活空间设计 设计者：牛新
指导老师：黄华 徐维波 张彧辉 谷溢
编撰/主持此教案的教师：张颖宁

建筑初步 122
我的生活空间设计
课 题 教 案

一至五年级教学大纲

整体框架

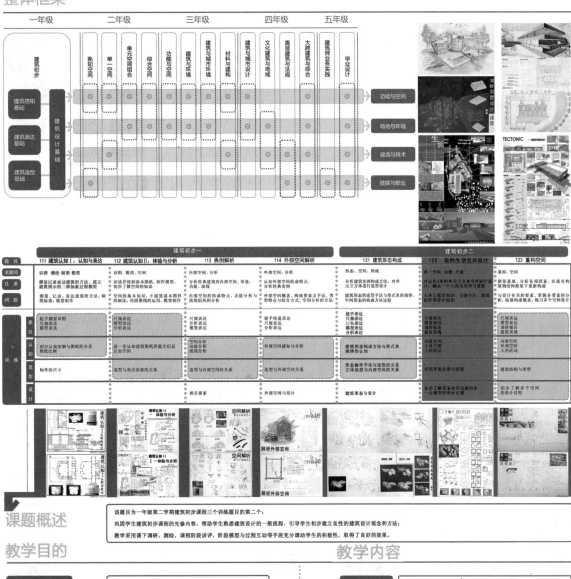

| 一年级 | 二年级 | 三年级 | 四年级 | 五年级 |

建筑初步

建筑感知基础 | 建筑设计基础 | 建筑表达基础 | 建筑造型基础

热知空间 | 单一空间 | 单元空间组合 | 综合空间 | 功能与空间 | 建筑与环境 | 材料与建构 | 建筑与城市环境 | 建筑与城市设计 | 文化建筑与地域 | 高层建筑与法规 | 大跨建筑与综合 | 建筑师业务实践 | 毕业设计

功能与空间
场地与环境
建造与技术
技能与职业

	建筑初步一				建筑初步二	
题目	111 建筑认知 I：认知与表达	112 建筑认知 II：体验与分析	113 典例解析	114 外部空间解析	121 建筑形态构成	122 我的生活空间设计	123 重构空间
关键词	识图 测绘 制图 模型	识图、模型、空间	内部空间、分析	外部空间解析	形态、空间、构成	单一空间 尺度	重构、空间

课题概述

该题目为一年级第二学期建筑初步课程三个训练题目的第二个；
巩固学生建筑初步课程的先修内容，帮助学生熟悉建筑设计的一般流程，引导学生初步建立良性的建筑设计观念和方法；
教学采用课下调研，测绘，课程阶段讲评，阶段模型与过程互动等手段充分调动学生的积极性，取得了良好的效果。

教学目的

建筑设计基础　了解与设计有关的因素：功能、空间、环境、结构等

建筑造型基础　复习并扩展空间构成的概念，练习单一空间的设计方法

建筑表达基础　了解设计的基本过程，能针对不同设计阶段运用恰当的表现手法

教学过程中提出的问题

建筑会受到什么因素影响？在设计中如何体现？

如何理解功能、结构、空间、环境之间的关系

群体与个体的关系

建立结构概念

教学内容

目标确立　分析发现、认识可能影响空间的要素，对建筑形态的构成手法进行复习，有针对性的进行指导，使学生了解两者如何相互作用，形成设计。
根据课程在教学大纲中的位置，因此此题目更强调帮助学生在设计中完成抽象性的体量、空间向具体生活场景的转化。

要求提出　生活空间4mx4mx4m可能承载功能包含：休息、交流、娱乐、学习、盥洗、储藏、就餐等；
满足1个人生活使用；
考虑场地内生活空间可能的到达路径；
明确建筑支撑结构与围护的概念。

基地概况

1

教学过程

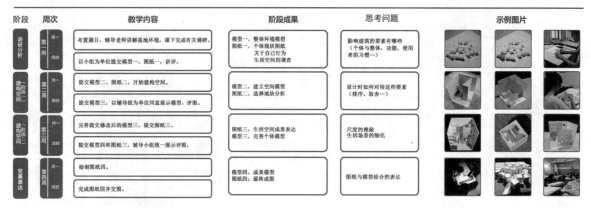

阶段	周次	教学内容	阶段成果	思考问题
调研分析	第一周 周一~周四	布置题目，辅导老师讲解基地环境，课下完成有关调研。	模型一，整体环境模型 图纸一，个体现状图纸 关于自己行为 生活空间的调查	影响建筑的要素有哪些 （个体与整体，功能，使用 者的习惯…）
建构空间（阶段二）	第二周 周一~周四	以小组为单位提交模型一、图纸一，讲评。		
		提交模型二、图纸二，开始建构空间。	模型二，建立空间模型 图纸二，选择地块分析	设计时如何对待这些要素 （排序，取舍…）
		提交模型三，以辅导组为单位同意展示模型，评图。		
建构空间（阶段二）	第三周 周一~周四	完善提交修改后的模型三，提交图纸三。	图纸三，生活空间成果表达 模型三，完善个体模型	尺度的推敲 生活场景的细化
		提交模型四和图纸三，辅导小组统一展示评图。		
完善表达	第四周 周一~周四	绘制图纸四。	模型四，成果模型 图纸四，最终成图	图纸与模型结合的表达
		完成图纸四并交图。		

各阶段成果形式及要求

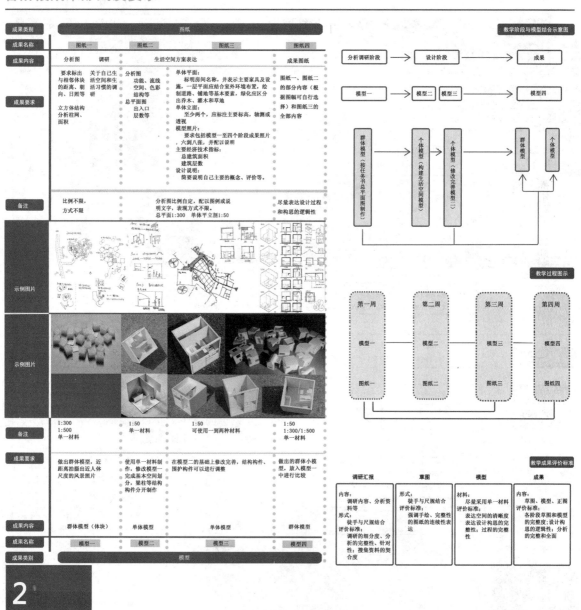

成果类别	图纸			
成果名称	图纸一	图纸二	图纸三	图纸四
成果内容	分析图 调研		生活空间方案表达	成果图纸
成果要求	要求要标出与相邻地块的距离、朝向、日照等 立方体结构 分析柱网、面积	关于自己生活空间和生活习惯的调研	分析图 功能、流线 空间、色彩 结构等 总平面图 出入口 层数等	单体平面： 标明房间名称，并表示主要家具及设施，一层平面应结合室外环境布置，绘制道路、铺地等基本要素，绿化应区分出乔木、灌木和草地 单体立面： 至少两个，应标注主要标高，轴测或透视 模型照片： 要求包括模型一至四个阶段成果照片，六到八张，并配以说明 主要经济技术指标： 总建筑面积 建筑层数 设计说明： 简要说明自己主要的概念、评价等。	图纸一、图纸二的部分内容（根据图幅可自行选择）和图纸三的全部内容
备注	比例不限， 方式不限		分析图比例自定，配以图例或说明文字，表现方式不限。 总平面1:300 单体平立剖1:50	尽量表达设计过程和构思的逻辑性
示例图片				
备注	1:300 1:500 单一材料	1:50 单一材料	1:50 可使用一到两种材料	1:50 1:300/1:500 单一材料
成果要求	做出群体模型，近距离拍摄出近人体尺度的风景照片	使用单一材料制作，修改模型一完成基本空间划分，梁柱等结构构件分开制作	在模型二的基础上修改完善，结构构件、围护构件可以进行调整	做出的群体小模型，放入模型一中进行比较
成果内容	群体模型（体块）	单体模型	单体模型	群体模型
成果名称	模型一	模型二	模型三	模型四
成果类别	模型			

教学阶段与模型结合示意图

分析调研阶段 → 设计阶段 → 成果

模型一 → 模型二 → 模型三 → 模型四

群体模型（按任务书总平面图制作）→ 个体模型（构建生活空间模型）→ 个体模型（修改完善模型三）→ 群体模型 / 个体模型

教学过程图示

第一周	第二周	第三周	第四周
模型一	模型二	模型三	模型四
图纸一	图纸二	图纸三	图纸四

教学成果评价标准

调研汇报	草图	模型	成果
内容： 调研内容、分析资料等 形式： 徒手与尺规结合 评价标准： 调研的细分度、分析的完整性、针对性；搜集资料的契合度	形式： 徒手与尺规结合 评价标准： 强调手绘、完整性的图纸的连续性表达	材料： 尽量采用单一材料 评价标准： 表达空间的清晰度表达设计构思的完整性；过程的完整性	内容： 草图、模型、正图 评价标准： 各阶段草图和模型的完整度；设计构思的逻辑性；分析的完整和全面

优秀作业

建筑初步 122
我的生活空间设计
课题教案

优秀作业

建筑初步 122
我的生活空间设计
课题教案

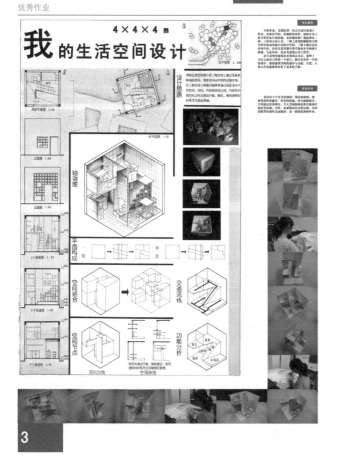

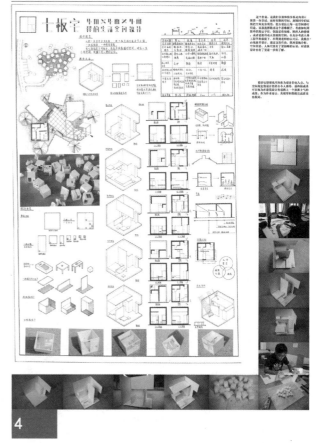

郑州大学

重构·重生 ——锅炉房更新改造设计研究

（三年级）

教案简要说明

教学目标：

1. 掌握旧建筑改造的基本方法，明确旧建筑"更新改造"概念、意义、作用。了解旧建筑为适应新时期新功能如何进行调整，发现旧建筑存在的意义，在其更新改造过程中能适度地保留该建筑的特点，使新旧建筑能有机的协调与共生。

2. 强化整体设计的观念，明确建筑环境要素，从结构、功能等多方面认识新旧建筑空间关系，适度把握功能单元分区和联系。

3. 秉承创新理念，开拓创作思路，在建筑形式上应展现时代特色。

4. 了解建筑师职责，参与任务书拟订和细化。根据调研情况和业态分析，每班按小组细化和完善任务书。要求确定建筑类型、用地面积、总建筑面积、分类建筑面积、房间种类和数量。

5. 能够比较熟练运用建筑模型分析、计算机辅助设计及表现。

教学方法：

1. 场地调研。对老校区的废弃锅炉房进行调研，探究建筑改造的可能性，以及历史与文脉的延续和创新。

2. 空间解析。以"重塑空间，工业记忆"为核心，从功能、空间、形式、技术等方面对旧建筑进行改造。

3. 模型推敲。前期要求以手工模型推敲为主，数字模型为辅，成果表达必须包括模型。

设计任务书：

一、建筑用地

拟对中国矿业大学文昌校区老锅炉房建筑进行更新，改造为"建筑与城市研究所"。建筑用地可在原用地范围内，根据调研、新功能要求、所关注的议题等进行适当调整。需熟悉基地环境，并根据关注的议题对基地展开调研，并以调研为基础展开设计。

二、建筑设计内容

本设计要求在现存建筑的基础上进行更新设计，总建筑面积约为 3600m²。各组成部分可参考如下面积分配，在使用功能合理的情况下，亦可根据设计适当调配，但总面积增减不大于 5%。

1. 研究部分

建筑创作研究室：100m²

城市设计研究室：100m²

历史与遗产保护研究室：100m²

建筑技术研究室：100m²

景观与绿色建筑研究室：100m²

图书资料室：200m²

打图、图档室：25m²x2

计算机房：150m²

2. 辅助部分

展厅：200m²

多功能厅：200m²

茶室：100m²

3. 办公部分

所长、书记室（含会客室）：50m²x2

副所长、书记室：25m²x4

行政办公：25m²x4

接待室：50m²

会议室：100m²x150m²

值班室：15m²

4. 门厅、楼梯、配电间、卫生间等面积自定。

5. 考虑室外停车场。

具体功能和房间分配可根据调研分析及更新需求调整。应选择合理建筑形式和空间语言进行设计，也可以根据设计概念加入公共服务设施和功能。

共话——锅炉房改造建筑研究院　设计者：黄志强
林间风话——锅炉房的更新　设计者：丁鹏程
"涅槃"——锅炉房更新改造设计　设计者：杨婷
指导老师：段忠诚 韩大庆 朱冬冬 王磊 林祖锐 朱文龙
编撰/主持此教案的教师：段忠诚

重构·重生——锅炉房更新改造设计研究

① ARCHITECTURE DESIGN BASIS

三年级建筑设计·教学体系

建筑设计系列课程体系

认知	设计	深化	拓展	综合
入门	基础	提高	创新	应用
（一年级）	（二年级）	（三年级）	（四年级）	（五年级）
小品建筑	小型建筑	中型建筑	建筑专题设计	综合应用
立方体生活空间	别墅设计	社区活动中心	城市设计	实习
建筑小品	幼儿园设计	建筑系馆	住宅与住区设计	
外场地设计	社区图书馆设计	汉文化艺术馆	高层建筑设计	毕业设计
茶室	山地旅馆设计		建筑设计综合	

建筑改造
锅炉房更新改造设计研究

教学目的

功能置换 了解建筑全寿命周期发展过程，关注建筑与社会的关系。

空间重塑 从建筑绿色技术创新、再生利用以及设计方法来体现绿色建筑的可持续性和可实施性。

绿色技术 从技术进步、产业发展、历史文脉、生态环境等方面综合分析，探索建筑空间塑造的可能性。

教学方法

场地调研 对老校区的废弃锅炉房进行调研，探究建筑改造的可能性，以及历史与文脉的延续和创新。

空间解析 以"重塑空间，工业记忆"为核心，从功能、空间、形式、技术等方面对旧建筑进行改造。

模型推敲 前期要求以手工模型推敲为主，数字模型为辅，成果表达必须包括模型。

数字优化 用分析软件对初步成型的方案进行深一层次的分析和优化。

教学要点

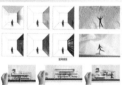

	基础理论	设计过程	重点难点
空间组织	行为感受	空间计划	路径安排
绿色技术	生态技术	结构构造	综合运用
造型形态	文化传承	形式形态	环境融合

教学描述

基地选址 中国矿业大学文昌校区锅炉房位于校区内文昌山西路，距矿大西门约200 m。东侧、南侧紧邻自然山体，由挡土墙分隔；西侧为校内主要交通道路；北侧距原后勘楼约为65 m，主体2层，高17.7 m，建筑面积约为2220㎡，排架结构。

性质定位 拟对中国矿业大学文昌校区老锅炉房建筑进行更新改造为"建筑与城市研究所"，建筑用地可在原用地范围内，根据调研、新功能要求、所关注的议题等进行适当调整。需熟悉基地环境，并根据关注的议题对基地展开调研，并以调研为基础展开设计。

训练目的 本案拟以文昌校区老锅炉房更新改造为例，从旧建筑再利用入手，立足建筑本身，探求城市、文化、建筑可持续发展之路。

设计内容 本设计要求在现存建筑的基础上进行更新设计，总建筑面积约为3000㎡。各组成部分可参考如下面积分配，在使用功能合理的情况下，亦可根据设计适当调整，但总面积增减不大于5%。

建筑创作研究室：100㎡	展厅：200㎡	所长、书记室：50㎡x2
城市设计研究室：100㎡	多功能厅：200㎡	副所长、书记室：25㎡x4
历史与遗产保护研究室：100㎡	茶室：100㎡	行政办公：25㎡x4
建筑技术研究室：100㎡	图档案：25㎡x2	接待室：50㎡
景观与绿色建筑研究室：100㎡	计算机房：150㎡x3	会议室：100㎡
图书资料室：200㎡		值班室：15㎡
打图、图档室：25㎡x2		
计算机房：150㎡	门厅、楼梯、配电间、卫生间等面积自定。考虑室外停车场。	

重构·重生——锅炉房更新改造设计研究

三年级建筑设计·任务与过程

准备阶段

第①周

原理讲授

实地调研

设计理论
前期调研
初步构思

第②周

资料收集

场地模型

构思阶段

第③周

模型推敲

草图分析

设计理念
方案形成
功能布局

第④周

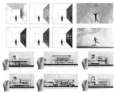

方案形成

理念构思

中期答辩

模型成果

方案表达

中期成果
答辩汇报

中期汇报

深化阶段

第⑤周

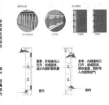

结构优化

节能分析

建筑构造
建筑技术
节能措施

第⑥周

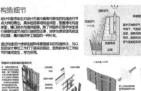
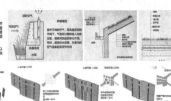

构造细节

表达阶段

第⑦周

图纸绘制

细部设计

方案完善
图纸表达

第⑧周

排版布图

模型制作

成果评价与答辩

重构·重生——锅炉房更新改造设计研究

三年级建筑设计·成果展示（建筑设计4）

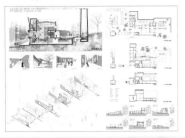

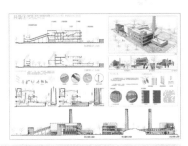

① 共话——锅炉房改造建筑研究院

设计简介：

本案是一锅炉房改造成建筑设计研究院的设计，着重解决建筑对于群体需求和公众需求中的矛盾，打破旧建筑与场地的隔离，在不影响使用者的正常使用的前提下，促进不同人群的交流活动，提升空间的归属感。

对于建筑本身，改造的介入既与原建筑框架相互贯穿，激发建筑与历史的对话，同时利用地景处理的手法，以唤醒厂区现存的为力量和自然环境矛盾关系的思考。

方案点评：

该案切入点十分巧妙，在原定锅炉房改造成设计研究所的计划中介入公众的活动空间，将原本单一性质的空间活动进行丰富的补充。

在体块课题上强调构和体块的对比，隐含对比强烈又不失协调，功能空间布局合理。工作区和公众区分布得当，互不干扰。另外，有较充分的节能考虑和处理。

方案体现设计者的解决问题的创新性，但在疏节处理上还需考虑和深化。

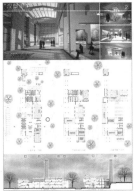

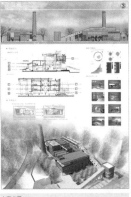

② "涅槃"——锅炉房更新改造设计

设计简介：

本次建筑设计的课题是锅炉房的更新与改造，该锅炉房位于矿大老校区，承载着矿大人许多的记忆，锅炉房并非文物建筑，是一般性旧建筑，不能是保护性的建筑，而是结合其特性的传承和再生。明确了这一点，本次改造便就此开始。

方案点评：

本方案提炼原有工业建筑的构架，设计者用这些构架元素的的胚空间，同时利用空间扩大区后构建元素，此种处理手法贯穿了整个建筑本身，两者相辅相成，令人印象深刻。

在立面处理上使用大面积的铝板，质能保持旧建筑的历史感，又能改善原本原状的室内环境，同时对外观整体协调有序，充分体现题目"涅槃"之意。

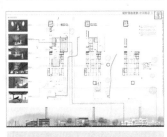

④ "片段"——锅炉房更新改造设计

设计简介：

设计从新建空间结构出发，在原锅炉房抽象保存的结构片段下发展空间构架，去除其结构意义形成"构架"，构架和这个场地相契、通过较弱

一个置备、与新结构共同形成空间的意义，力求使结构与场所发生关系，升华成文化的概念。

③林间风话——锅炉房的更新

设计简介：

本案一矿大老校区锅炉房，为上世纪80年代建筑，它所面对的最现实问题不外乎是根本的经济问题，而本案所具有的历史价值无疑又为人们保留他提供了依据，故对其进行改造便成当务之急。

将可持续的绿色生态技术合理地运用到锅炉房的改造中去，充分考虑环境。引入风和林，调整场地，使得本案成为人们茶余饭后的休憩场所，让老建筑在林下风中为人们讲写一曲浪漫的故事。

方案点评：

本方案在考虑了锅炉房的历史背景和周边环境后，以林间风话为意向。绿色节能技术切入，从经济又舒适的角度着手设计，注重以人为本的设计思想，创造舒适办公空间。

在绿色技术方面有较大的创新和突破，在环境意识塑造有较深刻的思考。

设计简介：

该方案从开放式办公角度，通过剖面进行设计为我们提供了一个解决问题的新思路。

空间组织强调渗透性与连续性，通过隔墙的划分传统式的办公空间同有效地分隔出开放与私密空间，立面处理要深度不够。

方案总体表现出设计者的创新性，在概念的表达上有进一步深入人的可能性。

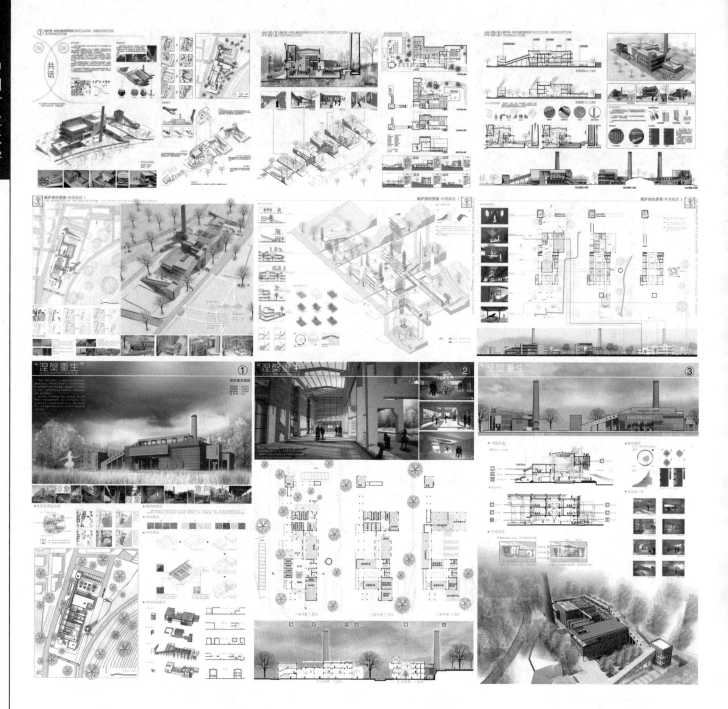

环境意识下的"空间建构"课题策划

（一年级）

教案简要说明

建筑设计基础是针对一年级学生的设计启蒙课程，其实质是一门关于如何认知、理解和建构建筑空间及其环境的设计基本素质训练课程。空间教学的目的是在设计中更加关注空间本质属性以及空间与环境的对话、人对空间使用的行为心理研究，发现隐藏在空间表象背后的真实问题，获取解决空间问题的不同途径，从而超越单纯的以形态构成为主的教学模式。由于空间教学对于建筑院校一年级新生设计启蒙的重要性，重庆大学建筑城规学院的建筑设计基础课程已经从单纯的建筑形式表达和体块模型操作，转向以培养环境意识下的空间建构为核心的设计基础能力为主。

1. 环境空间认知与思维

空间认知是从对室内外空间环境的测绘、体验与分析，目的在于引导初学者对建筑室内外空间的认知、体验空间的各种属性、理解空间尺度与人体尺度的关系、强化空间分析与表达，为空间设计做准备。同时，测绘作为一种认知手段，不能仅仅是一次建筑综合表达练习，而且还引导初学者认知体验建筑及环境空间。

对既成建筑及其内外环境进行实地测绘和空间认知，不仅使学生掌握测绘技巧，而且在测绘中体验建筑空间与人体尺度的关系，有意识培养学生对建筑本体、历史、文化、技术等相关属性的认识，树立整体的环境观、流动的空间观、以人为本的设计观，为下阶段对空间解析和空间构成打下坚实的基础。所选作业思路清晰、条理清楚、解析准确，较好地还原了测绘对象的真实尺度与环境，表达出学生扎实的基本功。

2. 空间解析与空间构成

通过对大师作品的学习，解析出建筑空间与材料、结构、构造等方面的关系，学习利用结构手段来创作空间，并分析利用材料自身的物理性能和力学性能来创作空间的效果，并通过形式美法则进行构件的组合训练，初步了解材料、结构、构造对丰富建筑造型的意义。

在此基础上，学生在给定的环境条件下，考虑空间基本的使用要求、尺度，运用构成原理及点、线、面、体等形式构成要素，进行空间组合设计和形体设计。课题以山地、曲水、古树、顽石、片墙等限定外部环境要素，思考空间、形体、人的行为、环境要素在设计中的互动关系，建立一个从环境出发来进行空间操作的设计思维。课题注重对空间环境整体设计意识的培养，引导学生从环境分析入手，以空间问题带动设计思考和推动设计发展，并通过不同比例、不同性质的模型制作来辅助空间研究。

课题在上阶段空间认知的基础上，由两个学生一组进行空间操作。使学生了解环境、空间与形体的逻辑关系，掌握空间的各种基本属性以及空间效果的具体体现。所选方案重视设计的生成逻辑，始终围绕设计主题逐步推进，思路清晰，条理明确，基本功较强。

3. 建造与空间实现

在对大师建筑的解析和空间构成的学习后，进入建造与空间实现环节训练，让学生通过建造实践，获得对材料性能、建造方式及过程的感性及理性认识，并让学生在自己建造的建筑空间中进行的活动体验，初步把握建筑使用功能、人体尺度、空间属性的基本要求。在此基础上，根据学生的设计理念，由教师指定一处场所，或者选择给定的场所进行设计方案的概念生成。

在此基础上，进一步把空间与使用功能、人体尺度、环境要素结合起来，让学生理解建筑空间的适用性，并对建筑的结构逻辑、形式逻辑、材料逻辑与空间的真实性有初步认知。通过本课题策划，使学生强化环境意识与空间生成逻辑；进一步学习空间与结构、材料、构造的关系。所选作品提出的设计概念及功能组织模式较好地体现了其对特色地域环境中概念建筑设计任务的理解，并对建筑与周边场地关系做了恰当的解答。

建筑测绘与分析——实验楼　设计者：谢雨晴　杨森琪
寄畅一梦——限定环境要素的空间构成　设计者：刘楚　陈文军
概念性建筑设计　设计者：李超
指导老师：杨威　黄小寅　刘剑英　张斌　陶以欣　宋晓宇　张翔　刘智　邓蜀阳　龙灏　刘彦君
阎波　马跃峰　罗强　戴秋思　刘志勇　李臻赜　梁乔　曾引
编撰/主持此教案的教师：杨威　等

环境·空间·建造
一年级建筑设计基础教案 01
ENVIRONMENT · SPACE · CONSTRUCTION
Fundamental Lesson Plans for First-year Undergraduate Architectural Design

重庆大学

建筑学本科总体教学体系 》》
ARCHITECTURE UNDERGRADUATE TEACHING SYSTEM

本科一年级教学体系
TEACHING SYSTEM OF UNDERGRADUATE GRADE ONE

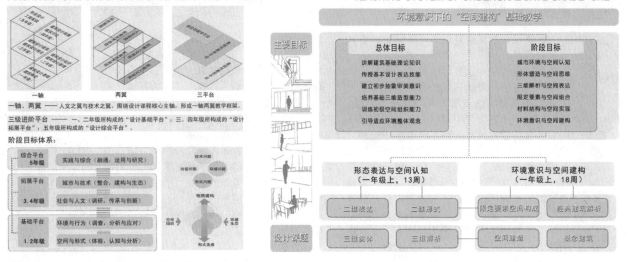

一轴　　两翼　　三平台

一轴、两翼 —— 人文之翼与技术之翼，围绕设计课程核心主轴，形成一轴两翼教学框架。

三级进阶平台 —— 一、二年级所构成的"设计基础平台"；三、四年级所构成的"设计拓展平台"；五年级所构成的"设计综合平台"。

阶段目标体系：

综合平台 5年级	实践与综合（融通、运用与研究）
拓展平台 3.4年级	城市与技术（整合、建构与生态）
	社会与人文（调研、传承与创新）
基础平台 1.2年级	环境与行为（调查、分析与应对）
	空间与形式（体验、认知与分析）

环境意识下的"空间建构"基础教学

主要目标

总体目标	阶段目标
讲解建筑基础理论知识	城市环境与空间认知
传授基本设计表达技能	形体塑造与空间思维
建立初步抽象审美意识	三维解析与空间表达
培养基础三维造型能力	限定要素与空间组合
训练初级空间组织能力	材料结构与空间实现
引导适应环境整体观念	环境意识与空间建构

形态表达与空间认知（一年级上，13周）	环境意识与空间建构（一年级上，18周）
二维表达　　二维形式	限定要素空间构成　　经典建筑解析

设计课题

| 三维实体　　三维解析 | 空间建造　　概念建筑 |

环境空间 认知.思维 》》
ENVIRONMENT SPATIAL CONGNITION . SPATIAL THINKING

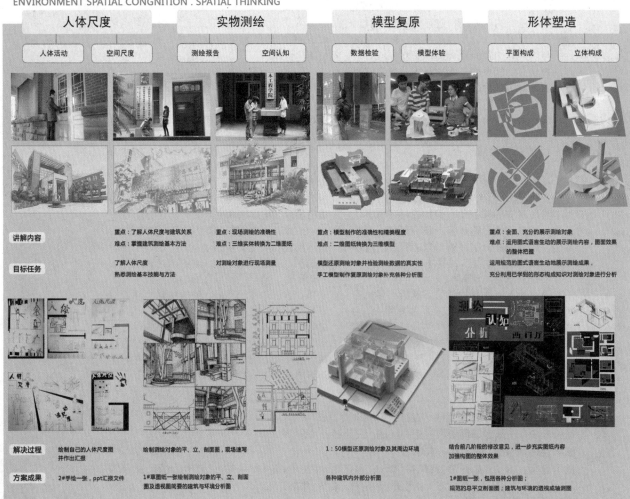

人体尺度	实物测绘	模型复原	形体塑造
人体活动　空间尺度	测绘报告　空间认知	数据检验　模型体验	平面构成　立体构成

讲解内容	重点：了解人体尺度与建筑关系	重点：现场测绘的准确性	重点：模型制作的准确性和精美程度	重点：全面、充分的展示测绘对象
	难点：掌握建筑测绘基本方法	难点：三维实体转换为二维图纸	难点：二维图纸转换为三维模型	难点：运用图式语言生动的展示测绘内容，图面效果的整体把握
目标任务	了解人体尺度	对测绘对象进行现场测量	模型还原测绘对象并检查测绘数据的真实性	运用规范的图式语言生动地展示测绘成果，
	熟悉测绘基本技能与方法		手工模型制作复原测绘对象补充各种分析图	充分利用已学到的形态构成知识对测绘对象进行分析

解决过程	绘制自己的人体尺度图并作出汇报	绘制测绘对象的平、立、剖面图，现场速写	1：50模型还原测绘对象及其周边环境	结合前几阶段的修改意见，进一步充实图纸内容加强构图的整体效果
方案成果	2#手绘一张，ppt汇报文件	1#草图纸一张绘制测绘对象的平、立、剖面图及透视图简要的建筑与环境分析图	各种建筑内外部分析图	1#图纸一张，包括各种分析图；规范的总平立剖面图；建筑与环境的透视或轴测图

环境·空间·建造
一年级建筑设计基础教案 02

ENVIRONMENT·SPACE·CONSTRUCTION
Fundamental Lesson Plans for First-year Undergraduate Architectural Design

空间解析构成教学框架
TEACHING FRAMEWORK OF SPACE ANALYSIS AND COMPISITION

空间解析	空间环境	空间行为	空间形态
环境分析　空间解读	限定要素　空间构思	行为模式　空间组织	形体逻辑　空间分析

空间解析
SPACE ANALYSIS

教学目标
● 通过典例分析关注"概念生成逻辑性"与"形式生成逻辑性"。
● 学习和掌握将"形式建构"原理与方法运用到具体的行为空间设计中。强化环境重视与空间特性生成逻辑。
● 进一步学习空间与结构、材料、构造关系。

教学任务
● 对象：依据指定的建筑材料，按要求在指定场所原设计并亲手建造一个"建筑物"。
● 方法：通过对经典建筑的解析，学习并初步掌握一定的建筑知识，关注材料、结构等与建筑空间及形态的关系，并以此基础上开展建筑设计。
● 表达：建筑综合语汇表达（二维图示、三维模型及实物建造）。

教学阶段
● 单元课题讲解：经典建筑分析讲解。
● 分析演化与过程推敲：组织分组讨论；学生分组展示讨论分析结果；分析研究空间及材料特性；分组建造小比例真实建筑物。
● 成果表达：二维图纸表达讲解；模型制作技法及工具；工具仪器使用讲解。

课题讲解

结合经典案例的空间与形式，讲解"课程框架"及"建构基本原理"了本单元任务设计要求的意义

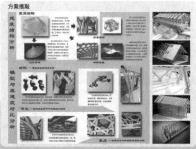

方案推敲

基于优秀的建构作品案例，对既成作品的建构规律进行分析，抽取出其基本体及建构规律。

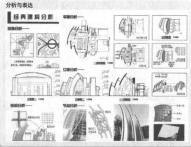

分析与表达

在典例分析的基础上，对典例进行模型重构，注意典例对形式美法则的运用，以及典例的建构方法。

空间构成
SPACE COMPOSITION

教学目标
● 训练学生在限定的地形条件下，从环境分析入手进行空间组织和把握空间构成关系的能力。
● 初步培养学生在设计中的环境景观意识，体会空间、形体、人的行为以及环境要素在设计中的互动关系；
● 理解和掌握空间限定和空间组合的基本方法以及与空间关系相对应的形式审美规律。

教学任务
● 在给定的环境条件下，考虑空间基本的使用要求、尺度，运用构成原理及点、线、面、体等形式构成要素，进行空间组合设计和形体设计，其中必须将已给定的环境要素——树、石、水、墙融入整体的空间构成之中，从而为场地提供一个具有景观价值和满足人们某种特定需求的空间场所。
● 环境与空间的组织应结合具体设定的行为模式进行考虑。结合点、线、面、体等形式元素的构成关系，运用连锁、邻接、向心、线性、辐射、群聚等方式对空间进行组织，建构以基本几何形体为基础的具有体感的空间场所。

教学阶段
● 阶段1：空间联想——借助文字性的空间想像与游历进行空间场景的预先感知与描述，为即将进行的空间设计勾勒一个若隐若现的轮廓。
● 阶段2：空间构成——通过同比例，不同性质的模型制作来研究不同的空间设计构想，对空间、形体、人的行为、环境要素的互动关系展开思考，进而推动设计发展。
● 阶段3：空间体验——借助DV影像和系列照片等多种媒介进行模拟性空间体验，进而展开空间系列分析。

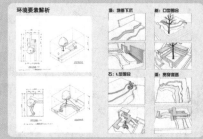

从环境分析出发进行空间构思与设计，将树、石、水、墙等环境要素融入整体的空间构成中

认识一元空间的限定方式和多元空间的组织方式，结合起、承、转、合进行空间秩序的编排。

结合具体设定的行为模式进行环境与空间的划分和创造，认识空间尺度与人体尺度的关联性

成果展示
ACHIEVEMENT EXHIBITION

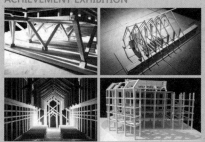

环境·空间·建造
一年级建筑设计基础教案 `03`
ENVIRONMENT · SPACE · CONSTRUCTION
Fundamental Lesson Plans for First-year Undergraduate Architectural Design

重庆大学

建造、空间实现教学框架
TEACHING FRAMEWORK OF CONSTRUCTION & SPACE EXPERIENCE

建造材料	结构体系	操作工法	空间实作
肌理组织　性能比较	力学体系　受力节点	操作工艺　实施工序	搭建实验　品评空间

建造
CONSTRUCTION

教学目标
- 通过建造实践，让学生获得对材料性能、建造方式及过程的认识。
- 把握建筑使用功能、人体尺度、空间属性的基本要求。

教学任务
- 以瓦楞纸板为材料在给定空间搭建一单体建筑，必须合理组合建筑空间关系，建构建筑形体关系，关注空间尺度及相应的功能要求，表达材料性能。

教学架构
- 课题讲解：纸板建造任务讲解
- 过程推敲：分析研究纸板的材料特性　分组建造真实建筑物
- 成果表达：模型制作技法及工具仪器使用讲解　二维图纸表达讲解

探索给定材料性能　　在运用材料进行建造的过程中，对结构体系、力学结构的重视　　运用给定材料，以相应的建造方法，创造建筑空间及概念。

空间实现
SPACE EXPERIENCE

教学目标
- 通过设计关注"概念生成逻辑性"与"形式生成逻辑性"。
- 强化环境意识与空间生成逻辑，领会"环境-行为-空间-形式"的互动关联性。
- 逐步设计思维的理性表达与逻辑演绎。

教学任务
- 初步了解和掌握建筑方案设计的基本步骤和方法，从任务与环境分析开始，逐步学会从选择、优化直至到正式方案表现的全过程。
- 学习基本的"概念性"设计方法，培养学生理性与感性相结合的设计意识。
- 训练学生灵活运用徒手草图与草模相结合的方法。

教学架构
- 课题讲解：讲解概念性建筑设计任务书
- 过程推敲：组织分组讨论　与学生一对一交流方案　中期评讲
- 成果表达：模型制作技法及仪器使用讲解　方案表达讲解

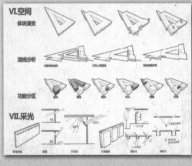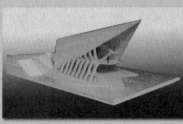

从环境分析入手，探索"概念生成逻辑性"与"形式生成逻辑性"

成果展示
ACHIEVEMENT EXHIBITION

教学总结
TEACHING SUMMARIZATION

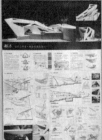

226

地域·传统·文化认知下的乡土建筑设计

（四年级）

教案简要说明

我国古代传统建筑及建造行为在"适应环境、保护生态、合理利用自然资源及独特的建筑技术和创造独特的建筑美学意境"等方面都具有不可忽视的成就与经验，卓然于世界建筑文化之林。这些成功延续了千年的营造技术和设计方法体系在今天仍然具有重要的借鉴和参考价值，为了继承传统，振兴民族文化，向中国传统建筑文化的宝库吸取营养成为培养新时代中国建筑师的重要步骤。

本课程希望学生通过"阅读经典，虚拟实作、情景带入"等工作方法的学习，在研究分析传统大木作各部分营造制度，传统民居营造技术和古典园林造园手法的基础上，掌握传统建筑、园林在组群布局、空间形态、流线组织、造型手法、意境塑造、文化诠释等多方面的设计方法。

古典大式建筑设计——佛像博物馆　设计者：范兴雷
重檐叠唱——贵州道真县仡佬族民族博物馆设　设计者：张雅鹏
凿冰园——江南古典园林设计　设计者：何思琪　陈博宁
指导老师：张兴国　陈蔚　冷婕　戴秋思　龙彬　郭璇　胡斌　廖屿荻　汪智洋　罗强　李臻赜　唐森　冯棣　熊海龙
编撰/主持此教案的教师：张兴国 等

重庆大学

地域·传统·文化认知下的乡土建筑设计课程教案

建筑设计核心教学体系　　　　开放性——乡土建筑设计课题策划

核心教学框架：

阶段目标体系：

课程总体目标

- 深化对传统建筑文化的认知
- 培养"文化-环境"整体性设计思维
- 掌握传统建筑及环境设计的手法

开放性选题

| 古典大式建筑设计 | 民族与民间建筑设计 | 古典园林与建筑设计 | 地域建筑设计 |

- 古典大式建筑设计
  教学目标侧重点
  （1）理解中国传统大式建筑中的哲学思想、掌握大式单体建筑设计的关键构造技术。
  （2）熟悉并尝试中国古典建筑建筑设计中，从环境要素出发探寻中式建筑设计思想。

- 民族与民间建筑设计
  教学目标侧重点
  （1）培养对民居、民族建筑多样性特征，理解存在乡土文化状态下的建筑及群体特点掌握民居建筑布局形态、空间特征。
  （2）学习运用传统建筑营造方法，突出地域性与民族特色进行建筑设计创造。

- 古典园林与建筑设计
  教学目标侧重点
  （1）熟悉分析江南古典园林布局方式、造园手法，运用传统造园方法进行园林创造。
  （2）掌握传统建筑营造方法和在庭园中的作用，通过主题立意布置设计进行设计，景观手段和审美等方面的分析、创造情趣深度层级。

- 地域建筑设计
  教学目标侧重点
  熟悉若干分析典型传统建筑为例，分析传统建筑特色要素，进一步熟悉中国传统建筑特色色系因构建本地域建筑设计理论、理解本地域地域性建筑设计方法。
  （2）学习采用富有特色的地域建筑表达汇集，进行地域建筑设计表达。

核心教学框架：

综合	五年级	实践与综合（运用、研究与贯通）
拓展	四年级	传承与技术（整合、建构文化）
	三年级	社会与人文（评判、创新与发展）
基础	二年级	环境与行为（调查、分析与应对）
	一年级	空间与形式（体验、认知与分析）

毕业设计工程实践（五年级）
综合平台

建筑设计计建筑设计原理（三年级）
配套技术类课程

建筑设计基础建筑设计原理（一年级）
拓展平台　基础平台
配套人文类课程

体系化——乡土建筑设计支撑课程建设

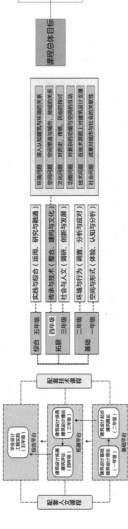

类型		课程名称	开设时间	开设专业	学时
理论课程	基础类	《建筑史与历史》	一年级第二学期	建筑学	16（必修）
		《中国建筑史（古代）》	二年级第一学期	建筑学	56（必修）
		《中外近现代建筑史》	二年级第一学期	建筑学	36（选修）
		《中外城建史》		风景园林学	36（选修）
	拓展类	《中国传统建筑空间与环境》	四年级第一学期	城乡规划学	36（选修）
实践环节		《古建筑测绘》	三年级第二学期	建筑学	36（必修）
		《历史建筑实录与调查》	三年级暑期	建筑学	80（必修）
设计环节		《建筑名作分析》	四年级第一学期	建筑学	12（选修）
		《建筑与环境》	四年级第二学期	建筑学	72（必修）
		《乡土建筑设计》	三年级第一学期	建筑学	72（必修）
		《毕业设计》	五年级第一学期	建筑学	72（选修）

理论部分　　实践部分
核心板块

- 中国建筑史（史略）
- 中国建筑史（古代史部分）
- 中国近代建筑史部分
- 中国建筑史（专题进程）

- 古建筑参观
- 模型制作与解析
- 古建筑测绘
- 乡土建筑设计
- 毕业设计

一年级 课程启蒙
二、三年级 初步认知
四、五年级 专业深化

拓展板块

- 历史遗产保护
- 中外城建史
- 传统建筑空间与环境
- 中外园林史
- 室内设计史

229

地域·传统·文化认知下的乡土建筑设计课程教案

教学方法与特色

教学进度

工作阶段	任务要求与阶段目标	学生工作内容	教师工作内容
准备阶段（1-3年级） 理论讲授 测绘认知	通过任务书的先修理论基础课和实践拓展课，与本设计课题同步开设的理论课（《中国传统建筑》与乡土环境）、以及三年级暑期的传统建筑测绘实践，从文化、地域、技术等多个层面建立起对传统建筑的认知。	学习中国建筑史的基本知识，争与传统建筑空间、初步掌握设计方法 建筑研究的基本内容和方法	教学课题组研讨 拟定具体课题任务
阶段一（第1周） 理论准备 实践认知 集中授课 学生汇报	通过实地调研，从具体环境出发、深入分析和理解当地城的历史文化环境和自然环境，作为设计切入点的起点。	踏勘现场 自主收集资料 查阅相关主题 尤其注重对基地环境及传统建筑设计资料的收集整理，强调对人文要素的理解	由不同课题组的老师进行专题授课。注重从人文、地域的角度认知识课，讲解任务书、设计方法、设计重点等内容。
阶段二（第2-3周） 现场调研 环境认知 资料收集 任务理解 合作研讨 个别辅导	通过对典型案例的抄绘与充分剖析，结合本课题的任务，从环境出发（自然环境和人文环境）进行设计方案的初步构思和立意。	抄绘与分析 明确设计方向与构思 注重对整体环境空间的营造	点评构思，分组研讨，设计构思与生成。
阶段三（第4-5周） 典例解析 快题演练 构思生成 专题研讨 方案比较 完善构思 研讨深化	在明确的设计主题下进行多方案的对比，不断推进方案。重点从建筑的群体空间组合、形态特征、窗墙方法等方面准确把握传统建筑的特征。	在明确问题进行反复推敲，较尝试、在概念与形态，观察与研讨中，拓展思路，寻找恰当的发展方向，修改并充实方案。	在阶段成果展基础上，对方案发展的方向不偏离，为学生进一步深入推进建设。
阶段四（第6-7周） 交流评价 逻辑推进 技术深化 集中评图	通过对传统建筑营造技术的学习，将传统的建筑营造技术运用于方案设计中，利用计算机建模方式构建传统建筑空间结构与空间尺度。	深化方案并进文本解析图成果，结合评图老师意见与传统建设细做下一阶段方案修调整思路方向，利用计算机建模设计对传统建筑空间结构与空间关系。	组织中期评图，提交学生下一阶段的目标差现建设思路方向，解决深入推进问题。
阶段五（第8-9周） 成果整合 综合平衡 反馈总结 师生交流	通过最终成果的合理表达与完善，深化表达的深度与表达能力，力求准确地表达传统建筑文化内涵的意境。	最终成果并完整地提炼出方案构思，方案精进则成果表达各阶段的内容，争与正面积中进行综合评价。	引导学生进入方案表达从方案构思，纪成果审查完善交流活动，组最终在纪成果审查中进行综合评价。

团队配合与分题教学

学生总人数（建学四年级约120人）

教师团队（教授X人，副教授X人，讲师X人）

教学团队

依赖程度 ← → 关联程度

测绘课程先导

专题讲座并行
- 古典文学赏析
- 古代建筑文献选读
- 传统建筑空间与环境
- 古典园林文化与空间营造

网络教学配套
- 精品课程《中国建筑史》

典例临抄绘剖析
- 文化内涵解析
- 环境营造要点
- 空间组织构建
- 建筑符号提炼
- 材料技术构筑

文化主题启发
- 地域维度
- 时间维度
- 表现主题的差异

叙事思维引入
- 寻找叙事线索
- 组织叙事结构
- 推敲叙事手法

模型辅助推进
- 群体模型
- 单体模型
- 构架模型
- 节点模型

教师集体点评

认知阶段

设计阶段

地域·传统·文化认知下的乡土建筑设计课程教案

教学任务书

一、课题背景
作为中国建筑文化传承延续的重要环节之一，地方性与乡土性，是中国当代建筑创作所面临的重要课题……

二、设计要求
古典大木建筑设计
1) 了解古典建筑构件的设计方法……
2) 通过 多地调研，提炼学习，收集资料……
3) 在深入研究分析传统大木设计基础上……

民居与园林建筑设计

三、设计内容（民族与民间园林建筑设计课题）
用地面积：3000平方米……
总建筑面积：控制在1000～1500平方米……

四、进度安排（8周学时进度）

五、成果要求
1. 分析图与构思（案例分析与方案分析）2. 总平面图 3. 各层平面图
4. 剖立面图
5. 剧 立面图（并不少于4个）
6. 鸟瞰效果图1个
7. 内部院落透视图

成果展示

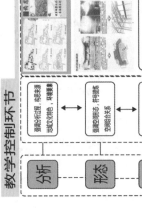

教学控制环节

分析	形态	技术	表达

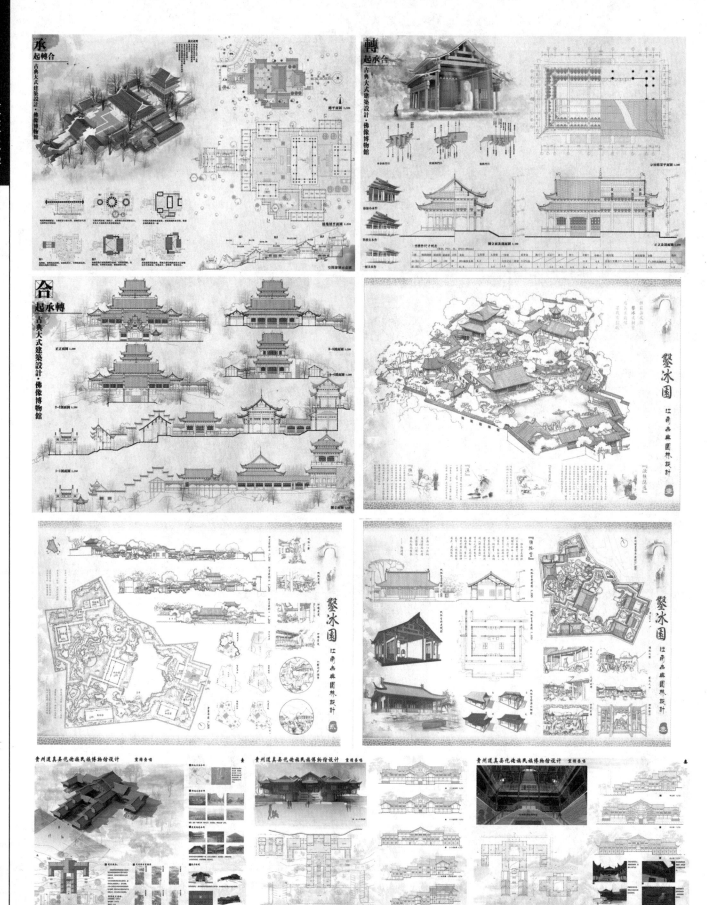

基于城市发展的矩阵式城市设计教学

（四年级）

教案简要说明

当代城市设计理论与实践的新动向，着重强调两个特征：（1）城市设计不再是关于城市物质形态终极蓝图的描述（结果为导向），而是一个以过程为导向的空间场所的制造过程；（2）作为一个过程的城市设计不能以形态或者美学为唯一评价维度，而应该综合环境、社会、功能、经济、管理等多维评价标准。

而四年级在整个建筑学本科教育中的定位，应该有两个重点：（1）前三年的建筑学教育以类型学建筑为主，具有较强的结果设定与成果预期，城市设计教学在此基础上应更强调过程训练，允许甚至鼓励在合理的过程引导下产生多样化的成果；（2）对于建筑学本科生来讲，城市设计应是整个本科阶段评价标准最多、最全面的一次课程教学，要求从城市的角度出发，进行综合的多维度的分析与设计训练。

因此我们在教学过程中把教学目标简要地分为两类：（1）观念目标——建立正确的城市设计认识：围绕"过程导向"与"多维评价"这两个关键点，总结出简洁明确的城市设计价值观要点；（2）手段目标——掌握全面的城市设计方法：提出城市设计必须综合考虑环境、社会、功能、经济、形态、管理六大维度，从而提出了以教学步骤为时间轴向，以六大维度为内容轴向的矩阵式城市设计教案，使得学生在同一教学步骤之下，通过对不同维度的轻重判断，以及老师对不同维度的判读，从而形成不同的方案结果。强化学生在逻辑推理及对城市设计多要素的综合、归纳能力。更使得城市设计教学逻辑清晰，结构完整。

共生旅游系统——水岸城市空间再定义　设计者：游航　熊子楠
城市细胞——城市区域更新城市设计　设计者：李懿轩　何思琪
小镇再生——磁器口与特钢厂之间的城市设计　设计者：詹越　湛洋
指导老师：褚冬竹　黄颖　黄海静　杨震　杨宇振　刘彦君　周露　武晓勇　黄珂　梁乔　邓蜀阳
龙灏　卢峰　翁季
编撰/主持此教案的教师：褚冬竹 等

过程导向·多维评价
四年级课程设计教案

基于城市发展的矩阵式城市设计教学
THE MATRIX EDUCATION BASED ON URBAN DEVELOPMENT

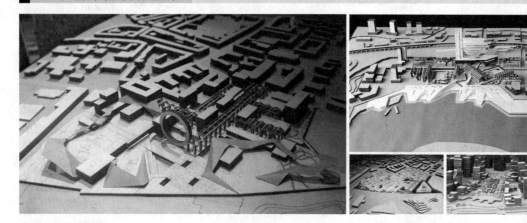

教学体系

建筑学专业五年教学规划

建筑设计系列课程目标体系				
基础平台	一年级	空间与形式	体验 认知 分析	
	二年级	环境与行为	调查 分析 应对	
拓展平台	三年级	社会与人文	调研 传承 创新	
	四年级	城市与技术	整合 构件 生态	
综合平台	五年级	时间与综合	融合 运用 研究	

1. 一年级至三年级专业教学以类型学建筑为主，具有较强的结果设定与成果预期，城市设计在此基础上更加强调过程训练，鼓励在合理的过程引导下产生多样化的成果。

2. 在本科建筑学教育中，城市设计是整个本科阶段评价标准最多、最全面的一次课程教学，要求从城市的角度出发，进行综合的多维度的分析与设计训练。

教学立场

1. 城市设计不再是关于城市物质形态终极蓝图的描述（结果为导向），而是一个以过程为导向的空间场所的制造过程。

2. 作为一个过程的城市设计不能以形态或者美学为唯一的评价维度，而应该综合环境、社会、功能、经济、管理等多维评价标准。

教学目标

▽ **观念目标**——建立正确的城市设计认识

- 促进理解城市局部地段与更大城市范围之间的关系
- 促进理解城市公共空间与城市社会生活之间的关系
- 处理复杂的建筑群体关系

▽ **手段目标**——掌握全面的城市设计方法

		设计原则	设计重点
环境		促进自然与建成环境的融合	自然与建成环境交接的界面
社会		创造平等融合的社会环境	不同用地功能的分区和混合
功能		具备可持续发展的城市功能	不同用地功能的分区和混合
经济		具备切实可行的开发策略	关于建设规模与强度的分布
形态		创造尺度宜人风景秀美的形态	天际线与主要界面设计
管理		与规范结合，具备可实施性	设计导则与指引选择性制作

本设计在四年级教学体系中的关系

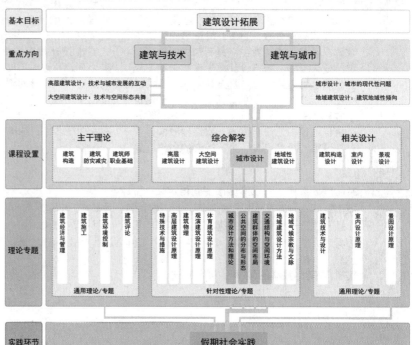

基本目标：建筑设计拓展

重点方向：建筑与技术 建筑与城市

高层建筑设计：技术与城市发展的互动
大空间建筑设计：技术与空间形态共舞

城市设计：城市的现代性问题
地域建筑设计：建筑地域性倾向

课程设置：
主干理论｜建筑构造 建筑防灾减灾 建筑师职业基础
综合解答｜高层建筑设计 大空间建筑设计 城市设计 地域性建筑设计
相关设计｜建筑构造设计 室内设计 景观设计

理论专题：
建筑经济与管理 建筑施工 建筑环境控制 建筑论
特殊技术与措施 高层建筑设计原理 建筑物理 观演建筑设计原理 体育建筑设计原理 城市设计方法和理论 公共空间的空间环境 建筑群体的空间布局 交通结构与空间布局 地域建筑设计方法 地域气候宗教与文脉
建筑技术与设计 室内设计原理 景园设计原理

通用理论/专题　　针对性理论/专题　　通用理论/专题

实践环节：假期社会实践

1 整合性 需引导学生明确，四年级是整个五年建筑学教育整体框架中重要的一个环节，紧密依托于前三年的基础教育。

2 相关性 四年级目标重点在于强化学生"建筑设计的拓展"，课程的贯彻与实施需与其它工程学、社会学和人文学等的教学相配合，并应经常保持各学科间教学信息的互通。

3 系统性 课程设置围绕总体目标，系统性地选择设计类型，使学生逐步、系统、全面地掌握设计知识和提高设计能力。

4 多样性 课程设计的选题紧密围绕教学目标，在每一大类课题的范围内允许内容的多样化，以使学生可以根据各自的兴趣做出个性化的选择。

过程导向·多维评价 四年级课程设计教案
基于城市发展的矩阵式城市设计教学
THE MATRIX EDUCATION BASED ON URBAN DEVELOPMENT

2

课题示例

城市缝合—城市区域更新城市设计

关键词：
旧城
更新
衔接

场地：
金碧街
磁器口
特钢厂

溯源本土，回归人本

关键词：
本土文化
城市因由
城市特色

场地：
平江古镇
朝天门
深圳

教学安排

城市设计原理讲课
学生基地调研、案例分析、分小组讨论
指导学生进行一草设计
阶段一评图 小组讨论与启发教学
讲解城市设计具体方法与设计要点
指导学生进行方案二草设计
组织阶段二方案的评图
讲解计算机辅助设计的要点
指导学生进行正草设计
讲评正草问题，针对学生方案具体指导
指导正图设计与绘制
组织正图交叉评图
师生沙龙

教学阶段

理论准备
开题
课题讲授

设计过程
一次草图
二次草图
正式草图
正式成果

成果评估
年级评图
信息反馈

教学内容

城市设计基本原理讲解及课题解读。教师带领学生在场地进行实地考察、记录并分析。布置课后任务。
对单个学生的一二草设计进行辅导。

教师对城市设计深入内容进行讲解，并指导学生对方案进行深化设计和推敲，并对原始概念进行讲解。过程中要求学生同时运用草图和草模进行推敲。总评后最后设计成果。

矩阵式维度控制系统

载体维度

功能　　形态　　管理

目标维度

	功能	形态	管理
环境	学习结合环境的城市设计原则、理论与案例，调研场地生态环境特性与问题，梳理生态敏感元素以及可持续发展潜力，确定环境维度的设计发展方向	学习关于城市功能划分与组织的城市设计基本原则与方法，分析场地内及周边现状与愿景功能利用草图和草模进行初步的功能构成推演	进一步学习和掌握基于环境保护的城市设计方法与手段：如GIS分析、反规划、生物多样性与生态景观导向设计手法，设定明确的环境保护与重构的目标与路径	结合目标维度的设定，深入进行场地合理性与可行性布局比较，解决分区、交通、绿化、消防、公共设施配套等问题
社会	学习关于促进社会融合、社区人文环境提升的城市设计原则、理论与案例，调研场地人文现状了解城市居民需求，确定社会维度的设计发展方向	学习关于城市形态认知和建构的城市设计原则与方法，梳理场地内及周边重要的廊道、标志物道路系统等形态要素，利用草图三维建模、草模进行初步形态设计	进一步学习和掌握基于社会人文的城市设计方法与手段：如新进性更新、有机发展、社会参与式设计等，设定明确的人文因素保护与社区更新的目标与路径	结合目标维度的设定，充分利用模型深入进行形态比较，重点关注天际线、街区尺度、场地边界、标志性场所空间、建筑风貌等方面
经济	学习基于经济发展与区域改造更新的城市设计原则、理论与案例调研场地经济发展、空间结构、土地属性、现状建筑规模等数据，确定经济维度的设计发展方向	了解城市设计与法定规划及规划管理体系的关系，掌握上位规划与本次城市设计的互动联系，学习关于城市设计具体措施的案例	进一步学习和掌握基于经济提升发展的城市设计方法与手段：如开发强度测算与分布、项目策划、商业策略导向等，确定重点的开发目标与区域更新策略	结合目标维度的设定，判断城市设计与法定规划衔接的可行性与合理性，绘制土地利用规划图，考虑城市设计控制的刚性、弹性要求

综合利用各种表达手段完成正图

交叉评图，设计回顾，通过教师点评让学生对目标维度与载体维度的矩阵式结合有更清晰的认知

从功能方面对目标维度的实现进行全面表述，对场地内外前后功能变化进行定量定性的对比
环境维度导向的设计成果

从形态方面对目标维度的实现进行全面表述，强调对场地内外形态的再造融入分析与对比
社会维度导向的设计成果

从管理方面对目标维度的实现进行全面表述，选择重点地块制作细致的城市设计导则及分图则原则
经济维度导向的设计成果

过程引导

阶段1：前期认知调研　　　　阶段2：方案目标设定，反复推演　　　　阶段3：完成方案过程评价

教学手段

构思形成 设计草图 → 收集能力 分析能力

草模制作 三维模型 功能设计 空间建构 → 概括能力 提炼创新 技术规范

深化方案 设计表达

完整方案 正图制作 → 深入设计 技术要点

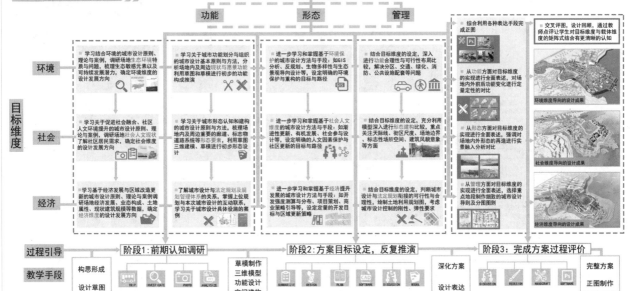

  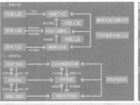  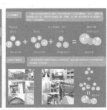

过程导向·多维评价
四年级课程设计教案

基于城市发展的矩阵式城市设计教学
THE MATRIX EDUCATION BASED ON URBAN DEVELOPMENT

3

设计任务书

一、设计课题：城市设计：回顾本土，回应人本
二、选题背景
三、教学目的及要求
四、设计内容

五、设计成果
六、流程安排（10~18周，共9周）

教学方法及特点

教学方法

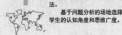

教学图片

境外选址

1

依托外籍教师教学资源的独立国际化教学，将城市设计基地选址延展到境外（德国）。

培养学生多元文化下因地制宜的城市研究，强调遵循地域环境的城市设计方法。

基于问题分析的场地选择，有效拓展学生的认知角度和思维广度。

国际联合

2

"专业联合 + 国际联合"的多重联合教学模式。

"规划+建筑"的专业联合，通过不同专业特点下设计敏感点与分析方法的相互学习，加强学生跨专业交流与协作。

"中国·重庆大学 + 美国·爱达荷大学"的国际联合，通过不同文化背景下设计思维的碰撞，培养学生多元文化的交融与合作。

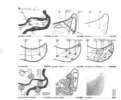

过程导向

3

城市设计不再是关于城市物质形态终极蓝图的描述（结果为导向），而是一个以过程为导向的空间场所的制造过程。

重视"城市感知"与"理性分析"，掌握"分析+设计"的递进式工作方法，培养学生资料搜集、调查分析、设计处理、图文表达等的综合工作能力。

强调过程训练，建立起在实践中不断吸收新方法和理论的自学能力，允许、甚至鼓励在合理的过程引导下产生多样化的成果。

Network Elongation　网络延展　　Town Character　特征理解　　Layered Architecture　建筑分层　　Hierarchical Path　道路分级

多维评价

4

作为一个过程的城市设计不能以形态或者美学为唯一评价维度，而应该综合环境、社会、功能、经济、管理等多维评价标准。

注重城市设计的多维度思维拓展，思考如何利用城市设计进行城市空间结构的调整与优化，掌握多角度发现问题、分析问题、解决问题的方法。

不同维度下不同的城市设计原则与重点，在表象的城市空间和物质形态背后深入到社会、经济、文化、历史和生态等方面，树立全面正确的城市整体观、生态观、文化观和环境观。

Landscape　景观生态　　View Analysis　视线控制　　Water System　水运系统　　Public Space　公共空间

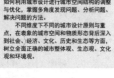

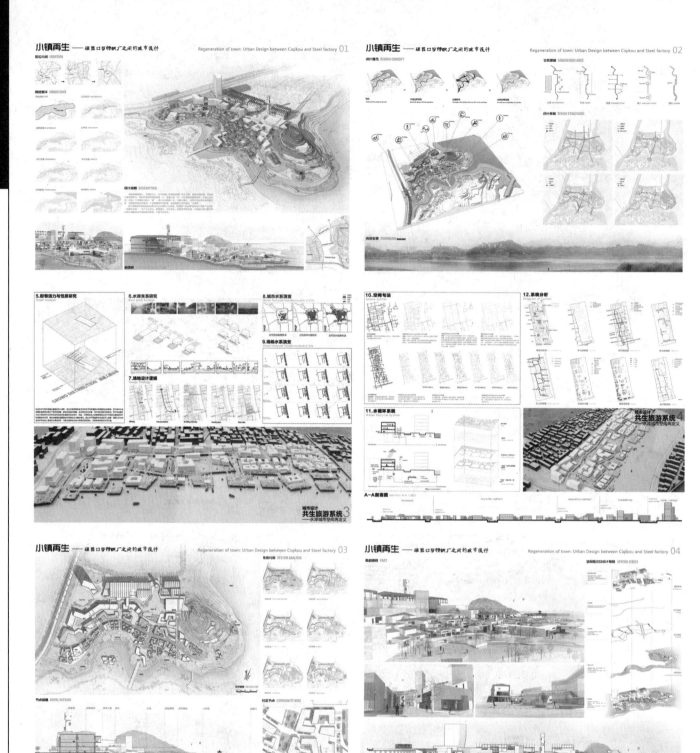

网上增值服务说明

为了给广大读者提供优质、持续的服务，我社针对本书提供网上免费增值服务。

增值服务的内容主要包括：

全国高等学校建筑学专业指导委员会组织的"全国大学生建筑设计作业观摩与评选"和"全国建筑院系建筑设计教案和教学成果观摩"所评选出历年优秀学生作业、优秀教案的电子图片浏览。

使用方法如下：

1. 登录中国建筑出版在线（www.cabplink.com）。

2. 免费注册用户并登录会员中心，点击"我的赠卡"栏目输入封面或封底的网上增值服务标涂层下的卡号（ID）及密码（SN）进行激活。

3. 在会员中心点击"设计作品集服务"栏目进入享受增值服务。

如果输入 ID 及 SN 号后无法通过验证，请及时与我社联系。

联系电话：4008-188-688；010-58934837（周一至周五工作时间）

为充分保护购买正版图书读者的权益，更好地打击盗版，本书网上增值服务内容只提供在线阅读，不限定阅读次数。

防盗版举报电话：010-58337026

网上增值服务如有不完善之处，敬请广大读者谅解并欢迎提出宝贵意见和建议，谢谢！